地理信息系统现代理论与技术系列丛书

数字地形建模与地学分析

陈 刚 张 笑 薛梦姣 等编

U0380168

东南大学出版社
·南京·

内容简介

数字高程模型(DEM)作为基础测绘地理信息数字成果和国家空间数据基础设施(NSDI)的核心内容,也成为地理信息科学研究与教学的主要内容之一。基于数字高程模型,开展数字地形建模与分析,在地理信息、测绘工程、资源管理、环境保护、农业监测、林业工程、生态评价、灾害预警、城市规划、景观设计、水利水电、交通工程、数字战场等领域得到广泛应用。全书分九章,内容围绕DEM导论、数据来源、数据获取、数据预处理、数据内插、数据组织、数字地形建模、数字地形分析与地学应用等环节,系统介绍了数字地形建模与分析的基础理论、技术方法和软件工具,同时注重强化学生的综合地学分析与实践动手能力的培养。全书各章均附参考文献及思考习题,以便引导学生课外延伸阅读、复习与练习。

本书可作为高等院校地理、环境、地质、测绘、海洋、生态、气象、水利、农林等专业本科生和研究生参考教材,也可供相关学科各类专业技术人员阅读参考。

图书在版编目(CIP)数据

数字地形建模与地学分析 / 陈刚等编. — 南京:
东南大学出版社,2019.1
(地理信息系统现代理论与技术系列丛书)
ISBN 978-7-5641-7974-8

Ⅰ.①数… Ⅱ.①陈… Ⅲ.①影像地形图
Ⅳ.①P931

中国版本图书馆 CIP 数据核字(2018)第 203750 号

数字地形建模与地学分析

编　　者:陈　刚　张　笑　薛梦姣　等
责任编辑:宋华莉
编辑邮箱:52145104@qq.com

出版发行:东南大学出版社
出 版 人:江建中
社　　址:南京市四牌楼 2 号　邮编:210096
出 版 人:江建中
网　　址:http://www.seupress.com
电子邮箱:press@seupress.com

印　　刷:南京玉河印刷厂
开　　本:787mm×1092mm　1/16
印　　张:16.75
字　　数:344 千字
版 印 次:2019 年 1 月第 1 版　2019 年 1 月第 1 次印刷
书　　号:ISBN 978-7-5641-7974-8
定　　价:56.00 元

经　　销:全国各地新华书店
发行热线:025-83790519　83791830

前　言

　　数字高程模型(DEM)是国家基础测绘地理信息数字成果(4D产品)的重要组成部分,也是其他各类专题地理信息的载体。同时,DEM及其衍生产品——数字地形模型(DTM),作为国家空间数据基础设施(National Spatial Data Infrastructure,NSDI)的核心内容,在现代地理信息产业和科学研究中发挥着越来越重要的作用,成为地理信息科学研究与教学的主要内容。

　　自从美国麻省理工学院Miller教授在1958年首次提出DEM概念以来,经过60年的发展,关于DEM的理论、方法、技术与应用研究已逐步成熟与深入,并在地学研究中形成了令人瞩目的空间分析领域——数字地形分析,有力推进了地理格局、过程及机理研究,对促进数字地貌学、数字流域、数字战场、城市规划、景观设计等发挥了重要作用。近二十年来,高等院校相关专业,如地图学与地理信息系统、自然地理学、水文学、地理信息工程、摄影测量与遥感、测绘工程等,开始将数字高程模型列为本科生、研究生的必修或选修课程。

　　南京大学自2000年起在城市与资源学系(现名地理与海洋科学学院)开设"数字地面模型"课程,并列为专业核心课,由笔者承担教学任务。在课程建设之初,能看到的参考书只有李志林、朱庆主编的《数字高程模型》(武汉测绘科技大学出版社,2000),柯正谊、何建邦等编的《数字地面模型》(中国科学技术出版社,1993)等少数几种。为配合专业教学工作,笔者在十多年的教学实践中,面向地理学中GIS专业人才培养目标,大量收集、阅读与消化吸收国内外文献,并针对教学资源不足、实验数据缺乏和地学综合分析训练难等问题,在DEM地学分析实验教学、地形提取与分析算法等方面进行了大量准备,不断积累教学素材,逐步提升教学内容与质量。2005年,联合国国际山地综合开发中心(ICIMOD)在西藏拉萨主办的Geo-Informatics for Water Resource Management研讨班,本人担任实验教学工作,准备了拉萨市达孜等三县的流域水文建模及DEM分析案例(感谢主办方提供的教学数据)。通过交流,还从中学习其成功的Teamwork项目团队训练经验,并吸纳为本课程的教学内容。2009年,笔者作为中加交换教师,在加拿大滑铁卢大学地理与环境学系全程聆听Douglas J. Dudycha教授主持的两门课程"Spatial Analysis Using GIS"、"Spatial Databases",其中关于数字地形分析的教学内容也极为丰富与深入,特别是课程中综合地学分析与学术论文撰写的训练,让本人受益颇深,也为丰富教学内容与方法等提供了有益借鉴。2013年起,南京大学在庐山地理学综合实习教学中,全面引入数字地形图、数字高程模型与GIS空间分析等内容。

本人开始承担相关教学任务,并主要负责"数字庐山"建设项目,开始引导地理学各专业本科生使用数字地形分析与制图手段,来加强地貌、水文、土壤、植被、人文、旅游等模块的研究性学习,取得了良好成效。

同时,近十多年来,学术与工业界在数字地形建模与分析研究方面取得了长足进步。香港理工大学李志林教授等主编的 *Digital Terrain Modelling:Principles and Methodology*(CRC Press,2004)、南京师范大学汤国安教授等主编的《数字高程模型教程》(科学出版社,2005 年第一版、2010 年第二版)、香港浸会大学周启鸣教授与南京师范大学刘学军教授合著的《数字地形分析》(科学出版社,2006)等集中反映着国际学术界关于 DEM 教学和科研的最新进展,也为本课程建设提供了有力支持与补充。

2013 年,为配合学科建设,本课程正式更名为"数字地形分析"。教材编著正式列入南京大学地理与海洋科学学院教材建设计划,得到了学院领导,特别是王腊春教授的大力支持,也得到 GIS 学科带头人李满春教授的热忱指导。考虑到综合性大学人才培养的要求,教材编写是在多年教学讲义基础上展开,并作进一步梳理与提高。全书分九章,内容围绕 DEM 导论、数据来源、数据获取、数据预处理、数据内插、数据组织、数字地形建模、数字地形分析与地学应用等环节,系统介绍了数字地形建模与分析的基础理论、技术方法和软件工具,同时注重强化学生的综合地学分析与实践动手能力的培养。

教材由陈刚总体策划,并拟定编著大纲,具体参与本书编写任务的人员有陈刚(第一章、第二章、第四章部分、第五章、第九章部分)、张笑(第三章、第六章部分)、薛梦姣(第七章、第八章)、夏楠(第四章部分、第六章部分)、张扬(第九章部分)、马昕宇(第九章部分)。全稿由陈刚统稿,并由陈刚、罗丹、马昕宇等负责校对。在本书编著过程中,还得到研究生于靖、段淼然、曹飞飞、于丙辰、徐海洋、刘玉轩,本科生张晨晔等的支持与帮助。同时,本书得到了王结臣教授、马劲松副教授、蒲英霞副教授的指导与建议。此外,教材编写过程中还大量参阅、引用了国内外学者们的学术论文、专著与教材,本书各章后列出其中主要部分。在此一并致以诚挚的感谢。

本书出版得到东南大学出版社的大力支持,感谢在编辑与出版各环节中辛勤付出和给以支持的各位老师。

由于编者的水平所限,书中难免存在各种错误和不足之处,敬期读者批评指正,以便在未来修订中不断完善与改进。

陈刚

2018 年 8 月于南京大学仙林校区

目　录

1 导　论

数字地形表达是利用现代计算机技术对地形地貌的数字建模与可视化描述,也是现代信息测绘、地理信息系统建设的主要产品与技术手段,已成为地理信息科学(Geographic Information Science,GIS)研究与应用的重要分支。自 20 世纪 50 年代以来,随着数字高程模型(Digital Elevation Model,DEM)及其衍生产品——数字地面模型(Digital Terrain Model,DTM)的出现,迅速在测绘工程、地理研究、地质勘测、土木工程、道路设计、军事工程、水文水工等领域得到广泛应用,成为重要的基础地理信息产品,并作为地球空间信息框架的基本内容和其他各种空间信息的载体。

地球表层是人类生活、工农业生产与社会发展的自然基础与承载体,是构筑在地球之上和人类社会赖以存在的自然界(自然环境);其中,地形地貌又是地表自然环境的基础要素。区域地形特征一方面深刻影响着人类活动;另一方面,人类活动,特别是土地利用方式的变化,又在逐步影响和改变着地表形态。鉴于地形信息在地质、地形、水文、自然灾害监测、自然资源调查等诸多领域的重要性,人们从很早以前就开始研究地形信息的获取、管理表达与分析技术。

1.1 地形表达方法

1.1.1 现代科学体系中的地形表达研究

在现代科学体系中,与地形表达密切相关的学科主要有地理学与测量学。地理学是一门研究地球表面,即人类生活在其中的地理环境的科学,可分为自然地理学、人文地理学与地理信息科学三个二级学科。作为自然地理学的主要分支,地貌学(Geomorphology),或称"地形学",主要研究地球表面(陆地和洋底)或某一地区地表起伏形态特征、成因、发育规律、分布和改造利用的科学,对于区域规划、城镇建设、军事活动、水工建筑、水土保持、地质灾害防治、地质勘探等具有重要的科学指导意义。同时,地图学及现代计算机技术支持下的地理信息科学也主要关注地理环境的专题制图与可视化表达,对于地表形态的地理表达与信息传输发挥着重要作用。

地理学主要关注地理环境及其组成要素的特征、格局、分异及其发展变化的规律,而测量学作为工程科学,主要研究地球的形状、大小以及确定地面(包括空中、地下和海底)点位的技术方法,并对地理空间分布有关的信息进行采集处理、管理、更新和利用。其中,地形测量学(Topography)主要针对地形地貌,研究如何利用地球表面局部区域内的地物、地貌及其他有关信息测绘制作地形图的理论、方法和技术。

1.1.2 地形、地貌及地形表达的意义

地形,在地理学上现多称"地貌",是地表各种形态的总称。地形是由于地球表层物质在内、外营力(内营力主要指地壳运动、火山活动、地震;外营力主要指流水、冰川、风、波浪、洋流等)综合作用下,经长期演变而逐步形成,并广泛分布的高低起伏、千姿百态的地表空间实物形体。一般而言,地形又可分为自然形体(自然地形景观)和人工形体(人工地形景观)两大类;受人类活动的影响,在地球表层上未经人类改造(或扰动)的自然地形越来越少,而以城市建筑景观为代表的人工地形景观则变得越来越普遍。地球表层包括陆地、海洋,地形变化复杂,仅以我国陆地区域为例,中国地域辽阔,从海拔 8 844 m 的珠穆朗玛峰至海平面以下 154 m 的艾丁湖湖面,大略分三个地势阶梯,地形起伏很大,地貌形态、类型错综复杂,地貌成因也多种多样,为地貌表达研究提出重要课题。

在现代地理学中,"地形""地貌"在术语表达中有着细微的差异。地貌是一类地形特征的总体叫法,如按地表形态的差异,可分为山地地貌、丘陵地貌、高原地貌、平原地貌、盆地地貌等;或者按照地形成因,可分为构造地貌、流水地貌、侵蚀地貌、堆积地貌等。而"地形"则多用于偏向于局部地表形态的描述中,如鞍部地形、坡面地形等。

地形、地貌是地表自然地理环境的基础要素,地形的高低起伏与走向在一定程度上决定着地球表层的热量、水分的再分配,影响水系发育和流域形态,制约植被和土壤的形成,对居民地、道路也有较大的影响,在国防建设和军事行动上有重要的意义。一个区域所在地貌区划及其特征,往往刻画了该区域的整体地理景观,成为区域生态环境、农业布局、建筑风貌、生活方式的基础,如我国西北地区黄土高原上城市风貌就与长江中下游平原地区的城市有着巨大差别。

地貌形态是人类认识地貌现象和地貌分类的主要指标。描述地貌形态的指标多种多样,其中,地面高度及其起伏度是最基本的形态指标,包括海拔高度、坡度、坡向、地表起伏度、地表粗糙度、形态结构、形态密度(如河网密度等)等。

1.1.3 地形表达手段的发展

古往今来,人类一直在寻求如何描述周围及其大区域范围的地形地貌形态及其地表现象的有效表达方式,也成为地理学、测量学长期以来研究与实践的主要课题。

总体而言,人类描绘地形的手段主要是伴随着人类社会需求的进步及地貌学研究、测绘技术的发展而不断演进,大体经历了模拟表达和数字表达两大阶段。在模拟表达阶段,现代地形图是其进步和发展的最高阶段,反映了人类认识与表达地形地貌的科学水平。而随着 20 世纪中期计算机技术的出现和快速发展,以数字高程模型(DEM)的出现为代表,标志着地形表达已进入了数字化时代,也是本课程的主要研究内容。

1) 地形写景方式——从图画到地图

古代地理学、测绘学最初诞生于人类生产、生活的需求。上古时期,古埃及金字塔的建造、尼罗河泛滥与农田整修以及中国大禹治水的传说,都反映了早期测绘技术的发明与使用。古代汉字中亦出现了描述地貌的相关内容,比如《诗经·大雅》中记载的岗、塬和隰等。同时,配合文字方式,人类开始使用绘图、实物造型等形象化方式来描述各种地形现象。

在古代测绘科技还未充分发展之前,人类主要采用绘图方式直观描绘地形景观,这种方法称为地形写景法(或称"绘景法")。写景法图形逼真,能清楚地显示山脉、主要河流的大体走向及重要山峰的相对位置。但是,它仅能反映一两个侧面,任意性很大,也不能在图上进行高程、坡度等各种量测。

在中国,大约自魏晋时期开始兴起山水画,中国山水画主要采用单色或彩色水墨,以写意手法描绘自然山川,形象化地再现地表景观,反映了山水等地貌现象的形态特征和色彩特性,并赋予自然界以文化内涵和审美的主体意识。如南宋《临安志》所附《西湖图》采用鸟瞰视角,配以中国画手法表现西湖及其周边山水风景及人文风貌,直观易读,富有艺术感染力,是我国现存最早的杭州西湖地图,也是我国现存最早的园林地图之一(图1-1)。

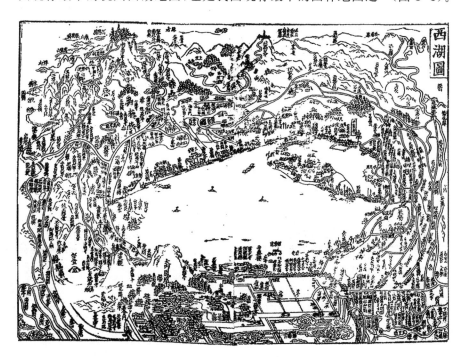

图1-1 南宋咸淳四年(1268)《临安志》附图《西湖图》(选自清同治六年刊本)

在西方,主要是以地景素描方式,运用透视法则和素描画法概略地表示地貌形态和分布位置的方法,又称透视法。这种方法在18世纪以前为西方各国普遍采用,特别是地理大发现时代以来,西方的探险家与地理学家,主要采用这种方法来描绘地理景观(图1-2)。

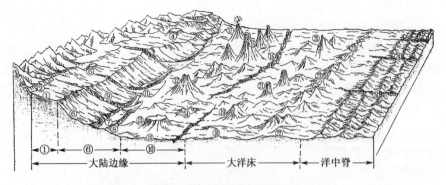

图 1-2　洋底地形地景素描图（郝庆祥　供图）

　　同时，地景绘图方式一般也是古地图的主要表现手段。古代地图除了采用地形绘景方式外，还采用象形符号，如山体用多组"∧"符号（如中国方志地图）或毛虫法（西方近代地图），海洋、河流用波浪纹符号表达。我国很多古地图对山的表示都是很粗略的，而马王堆出土的两千多年前的帛地图中甚至采用了有投影概念的"山形线"画法，来具体表现山体范围、大小、走向等特征。同时，在山形线上加绘了"月牙形"符号，大概是表示山体外侧突出的具有军事上制高意义的山头、山嘴等。此外，在闭合的山形线内还辅以晕线，并以俯视侧视相结合的方法表示九疑山区耸立的峰丛，这与现代地形图上利用等高线配合山峰符号的画法是相似的。

　　2）地形实物模型

　　地形的实物模型主要是指地形沙盘、地球仪等（图1-3）。这种方式起源很早，由于直观形象的特点，在如军事指挥、城市规划、景观设计、工程建设、景区展示、地理教育等应用中得到广泛应用（图1-4）。不过，目前的地形实物模型和现代地形图、数字地形表达甚至3D地形打印等产品应用紧密结合在一起（图1-5，图1-6）。

图 1-3　实物地形沙盘（瑞士英格堡）
（来源：Toni Mair 制作（1：10 000），
http://www.mair-relief.ch/）

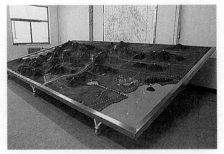

图 1-4　军事沙盘
（来源：北京四维灏景科技有限公司，
http://cn.made-in-china.com/）

　　传统地形实物模型一般是指以石膏、塑料等材料根据等高线按一定比例缩小塑造、压膜成型来表示地形起伏的实物模型。而在现代数字战场应用中，军事仿真沙盘系统充分运用传统地形沙盘、数字仿真、多媒体展示等综合技术，具备实训教学、军事模拟、应急预案、动态仿真、形势推演等多种功能。

近年来,在地形实物建模中,引入光电控制、多媒体、虚拟现实等先进技术,把独特的声、光、电、水等高新技术不断应用到地形模型制作当中,加入光控、遥控、感应控制、语音控制功能,分区演示功能,真水真喷和雾化功能,利用特殊光源和动感胶片制作动感水等。在较大规模的建筑模型中,还可与多媒体电脑联网,建立触摸式信息平台。

图 1-5　3D 打印地形图　　　　　　图 1-6　3D 打印数字沙盘(东京地区)

(来源:日本国土地理院 http://www.gsi.go.jp)

3) 地图与地形图

地图是一种古老而有效、一直沿用至今的精确表选地表的方式。古代地图运用半符号、半写景的方法来表示地形,实现了在二维介质平面上对实际三维地形表面的表示和描述(图 1-7,图 1-8)。现代地图按照一定数学法则,运用符号系统概括地将地面上各种自然和社会经济现象表示在平面上。现代地图的最大优点在于具有可量测性。

图 1-7　天水放马滩纸地图　　　　　图 1-8　现存最早在中国制作的地球仪

(来源:甘肃省博物馆(收藏地)　　　　(来源:大英博物馆(British Museum))

http://www.gansumuseum.com)

地图上表示地貌,一般有以下要求:

- 便于确定地图上任意一个地面点的高程。
- 便于判断地面的坡向、坡度并量测其坡度。
- 便于清楚地识别各种地貌的类型、形态特征、分布规律和相互关系,量测其面积和体积。

现代地形图主要采用等高线来表现地形要素。在各种地图中,用来准确描述地貌形态的是等高线地形图。在等高线地形图上，所有的地形信息都正交投影在水平面上，用线划符号或点状符号表示按比例缩小后的地物，而地物高度和地形起伏的信息则有选择地用等高线进行表达。现代地形图一般是运用航空摄影立体测图原理，基于航空立体像对，采用透视法则，制作等高线，这样绘出的地图图形（等高线）能较为科学地表示地貌的形态、位置、高度等，保证显示的地貌具有科学性，但立体效果、精度仍不够理想。

等高线法（Contouring Method）几乎与晕滃法同时出现，都是以测量技术为基础而产生的。实际上在制作晕滃地图时，晕滃线的描绘就以假想的等高线为控制线，即将每一根晕滃线的两端定位在相邻的"等高线"上。但最早的等高线地图，是在 1920 年代航空摄影测量技术出现之后才大量生产的，该技术提高了测图的速度和精度。等高线以一种简洁而又严谨的方式来记录和传播地貌的几何形态、高程与高差、坡度与坡向。然而，它的缺点也很明显：缺乏立体感，难以直观理解。为此，地图学者通过改变等高线的线划粗细（或颜色）来改良其三维效果。常用的方法包括"粗细等高线"和"明暗等高线"。前者的做法之一是高程越大，等高线的线划越粗，同一海拔高程的等高线等粗，此法绘制技术简单，但三维效果不明显。做法之二是遵循光影原理，山体越暗的部位，等高线线划越粗，因此，每根等高线在不同位置上的线粗不同。此法立体感强，但绘制复杂，明暗等高线法也遵循光影原理，所不同的是要在图上均匀渲染一缕中等亮度的颜色，处于迎光面的等高绘以较亮色（游雄，2000）。

对具有三度空间的地貌，如何表示到地图这个二度空间平面上，使之既有立体感又有一定的数学精度，以便进行上述的各种量测，人类经历了漫长的历程和多种尝试，创设了多种地图上表示地貌的方法。这些方法又往往与地形图上等高线表示法结合起来，可称为地形图的立体表示法。

现代地形图的立体表示方法一般包括写景法、地貌晕滃法、地貌晕渲法和分层设色法四种：

（1）写景法（Scenography）

在现代地图制作中，一般以地形图为基础，参用古代地图中的写景表示法，既可以运用西方地景素描法，利用透视法则来展示地表形态及其景观特征；也可以运用中国古代写意画法来描绘山水地貌（图 1-9，图 1-10）。这种表示手段，一般以现代地图的表示手段为主，辅助性采用写景法，来增加地图的立体感与艺术表示力，因此除了地貌要素多用俯视写景表示外，其他地图要素仍多用正射投影图形。

以透视写景法为例，常用的绘制方法有：①传统素描绘法；②三度空间定点法：先定出主要山头及其特征点的空间位置，再用线条或着色造成光线暗影以塑造立体形态；③用平行地形剖面，然后按一定方法叠加，再经地貌塑形。

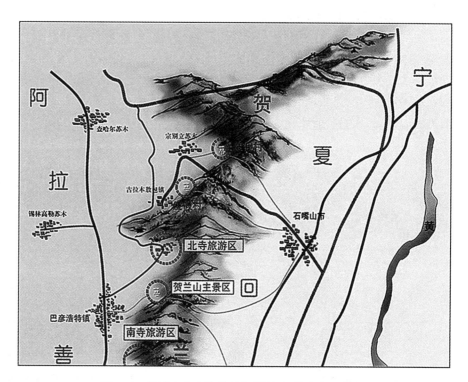

图 1-9　贺兰山生态旅游区规划图（写景法表示山脉）

图 1-10　地景素描图（Upper Delaware，Pennsylvania）

（来源：http://www.shadedrelief.com/）

目前，根据等高线和遥感影像图编绘影像地图，也成为现代写景地图的主要表示方式，它使地貌和各种景观的表示具有一定科学基础。

（2）地貌晕滃法（Hachure）

晕滃法是早期地图绘制中主要的地形表示方法，一般是在地形坡面上顺着流水线方向绘制一系列不连续的短线（晕滃线），利用不同长短、粗细和疏密的线条表示地形起伏形态。晕滃线往往是近于平行的短线，用线条的粗细和疏密程度来反映地形坡度的平缓与陡峻程度。在坡度低平和缓的地方，用细长而稀疏的线条表示；在地形陡峭的地方，用粗短而密集的线条表示（图 1-11）。

图 1-11　晕滃法绘图　　　　　　　图 1-12　青藏高原鸟瞰图（地貌晕滃法）

（来源：Zhao Songqiao. Physical Geography of China[M]. New York：Science Press，John Wiley & Sons，Inc.，1986.）

晕滃法最早出现在 17 世纪中叶，后来由奥地利人莱曼（J. Lehmann）于 1799 年系统化与科学化。他把地形坡上的受光量，根据直照原则设定水平面上的单位受光量为 1，则在倾斜面上的受光量 $H=1\times\cos\alpha=\cos\alpha$（$\alpha$ 为倾斜角），以此算式为基础，制定了晕滃尺，将晕滃线的宽度与晕滃线间空白的宽度之比与地形坡度建立对应关系。晕滃法因其绘制方便，表现地表形态直观、形象而受到当时人们的推崇，并成为 19 世纪广泛采用的地形表示法（图 1-12）。

（3）地貌晕渲法（Relief Shading 或 Hill Shading）

晕渲法也称"阴影法"，是早期地图上常用的地形表示方法之一。晕渲法应用光照阴影原理，在选定光源位置后，根据地形各部分受光强弱的不同，用深浅不同、冷暖变化（彩色）的色调表示地面明暗变化，从而表现地形起伏的立体形象。晕渲法最早出现于 18 世纪初期，1701 年俄国所编的西伯利亚地图集中的部分地图，以及 1716 年德国所绘的世界地图，都采用该方法显示地形。晕渲通常用毛笔及美术喷笔为工具，用水墨画单色晕渲，或用水彩（或水粉）绘制彩色晕渲。

在等高线发明以前，晕渲法广泛地出现在小比例尺地图上，而且在描绘技术上，达到了相当成熟的水平。晕渲法最初使用直照光源，后主要改为斜照光源，设平行光线倾角为 45°。晕渲法一般不严格按照数学法则进行，而是根据斜照光源下地形各部位受光量变化的基本规律，并引进三维透视等艺术法则，应用绘画技术进行地形立体造型。此法虽缺乏数量概念，但立体感强，富有表现力、通俗易懂。自 19 世纪后半叶以来，随着多色平版印刷、半色调网目制印的出现,晕渲表达效果精美、制图便利经济,因此被普遍采用。19世纪后半叶,等高线成为地形表示方法的主流(图1-13、图1-14)。从这时起,无论大小比例尺的地图,才基本上改用了等高线法,晕渲和晕滃法,往往作为辅助表示法(图1-15)。

同时,随着计算机地貌自动晕渲技术的出现,在计算机地图制图中采用等高线结合晕渲法制作精美的地形图成为重要的产品形式。

图1-13　瑞士地形图(1964)局部(1:25万)　图1-14　瑞士苏黎世地形图(1969)局部
　　　　(黑白斜照晕渲法)　　　　　　　　　　　　　(1:15万)

　　　　　　　　　　　　　　　　　　　　　　　　　　(等高线＋彩色晕渲法)

(来源:瑞士制图学英霍夫作品(Virtual Library Eduard Imhof)
http://www.library.ethz.ch/exhibit/imhof/)

图1-15　带有纹理细节的数字地形晕渲图(缅因州的阿卡迪亚国家公园局部山地)
(来源:http://www.shadedrelief.com/)

（4）分层设色法（Layer Tinting）

分层设色法是在等高线基础上,在限定的高程梯度范围内,采用规定的或有规律的颜色表,以色彩及色调的变化来显示地表的地势起伏。分层设色法的优点在于:①能明显区分地貌高程带,有利于陆地地貌与海底地貌分类表达;②绘制方法简单,易用易读,利用了人的视觉习惯和色彩的立体特性,有助于形成立体视觉观感。从某种角度而言,该方法是对由等高线所限定的高程带一种增强视觉立体感的方法,主要应用在中小比例尺地图(地理图、地势图)的地貌表达中。

分层设色法绘制的要点是:①合理选择限定高程带的等高线;②正确利用色彩的使用习惯与立体特色,编制合理的分层设色颜色表。

在地貌调查与制图中,一般采用规定的地貌类型及海拔高程分级体系,如1987年印发的《中国1∶1 000 000地貌图制图规范(试行)》中,就明确将山地以500 m、1 000 m、3 500 m和5 000 m作为指标,将我国境内的山地依海拔划分为低山、中山、高山和极高山四大类。因此,分层设色高程带的划分应与地貌分类体系相配合(图1-16)。

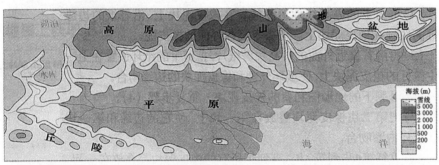

图1-16　分层设色法(上)与地景素描法(下)对照图
(来源:人民教育出版社,http://www.pep.com.cn/)

在用色习惯上,分层设色法通用的颜色顺序是:海洋用蓝色、平原用绿色、低山丘陵用黄色、山地和高原用棕褐色,用浅紫色或白色表示积雪、冰川。在陆地地形上不同的等高线之间,绿色越浓,表示地势越低;棕褐色越深,表示地势越高;雪线以上的地区通常用白色表示。在海底地貌的不同等深线之间,主要使用深浅不同的蓝色,以表示海底的深度变化。

在计算机绘图中,利用等高线或DEM数据,能很方便地应用分层设色法表现地形变化。同时,分层设色法往往配合等高线、高程注记一起表示

（图1-17）。

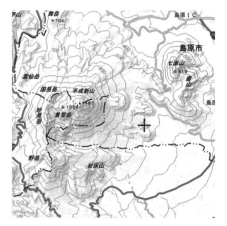
日本岛原市平成新山(等高线)

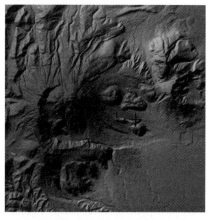
日本岛原市平成新山(彩色晕渲)

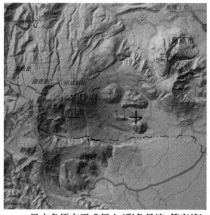
日本岛原市平成新山(彩色晕渲+等高线)

日本岛原市平成新山(遥感影像,1970年代)

图1-17　数字地形的主要表示方式

（来源：日本地理国土院电子国土 Web 系统,http://maps.gsi.go.jp）

　　总体而言,上述方法既能符合人们的视觉生理习惯,又能形象再现姿态各异的地形环境。但这些方法也往往缺乏严密的数学理论以及相应的绘制技术。随着计算机地图绘制技术的不断成熟,相应的表示法往往在图形学算法神奇的处理下展现出更加精美的可视效果。

　　4）摄影与航空航天遥感影像

　　与各种线划图形(图画、地图)、实物模型相比较,用图像/影像记录地理景观具有更为直观逼真的优点。一般而言,在空中或地面,基于鸟瞰(俯瞰)、平视、仰视等视角,运用摄影摄像手段,可以快速、便捷、真实地记录研究区地形的细节信息,往往起到对地形"一览无余"的观察效果。

　　地形摄影是伴随着19世纪早期摄影术的发明而产生的。1837年,法国人达盖尔(J. L. M. Daguerre)发明了"银版摄影法"。1858年,法国摄影师纳达尔(Nadar)乘坐热气球在巴黎郊外80 m上空拍摄了世界第一张航空像片,可视为最早的航空地形摄影。航空摄影由于周期短、覆盖面广、现势性强而被广泛采用,并主要用来进行地形图的编绘。

　　20世纪以来,随着航空航天平台、传感器、摄影测量学、计算机技术的不断发展,形成以航空摄影(1 920 s以来)与航天遥感(1 970 s以来)技术系统为核心、覆盖地球表层的对地观测系统,获得了大量关于地表地形的航空影像与航天遥感图像(图1-18~1-19)。地形影像获取的手段也从可见光框幅式摄影,发展到多光谱、近红外、热红外、雷达成像,尤其是CCD(电荷耦合器件)推帚式行扫描、矩阵数字摄影机、成像光谱仪、LiDAR(激光雷达)的使用,使影像的空间分辨率从早期的80 m(LandSat MSS)发展到亚米级高分卫星影像产品,如美国DigitalGlobe公司已开始发售0.3 m分辨率的WorldView-3(2014年发射)数字影像产品。图像采集也从模拟图像逐步发展到全数字模式。在航空摄影领域,通过CCD线阵列摄影机的侧向倾斜扫描和航向倾斜扫描,可获得地面的立体重叠影像,借助数字摄影测量自动化处理,能快速获取地表三维信息。在高空间分辨率光学卫星发展的同时,高空间分辨率的SAR(合成孔径雷达)卫星已进入实用化阶段。目前,航空航天遥感正在向"三多"(多传感器、多平台、多角度)和"四高"(高空间分辨率、高光谱分辨率、高时相分辨率、高辐射分辨率)方向发展,并积累了海量的遥感图像资料。据DigitalGlobe公司公布的资料,2013年该公司存档遥感影像覆盖面积就超过了40亿 km²。

 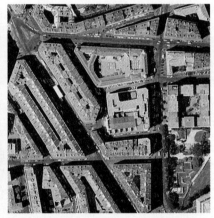

图1-18　Pléiades卫星影像　　　图1-19　航空正射影像

0.5 m(阿联酋迪拜,2012)　　　0.2 m(法国马赛,2012)

(来源:CNES 2012, Distribution Airbus DS / Spot Image http://www2.geo-airbusds.com)

　5)数字地形表达

　　无论是等高线地形图、地貌晕渲图还是航空航天遥感影像,都主要是在二维平面(往往是投影平面)上对三维地理世界的模拟与表达。对信息时代的地形表达而言,一方面需要从地理位置与几何测量特性方面去理解与描述,以满足地图制图与运用的基本需求;另一方面,实际地表环境作为一种三维地理景观,如何在GIS及计算机图形图像学、数据库等技术支持下,充分考虑视觉生理感受,建立既能再现真实地形,又具有可量测和空间分析功能的地形表达手段成为现代地理学、测绘学所关注的目标。同时,传统地形图中等高线、晕渲法、晕滃法及分层设色等表达手段,起源于测绘技术欠发达、数据采集手段较为落后的手工制图时代,表示方法较为单一、制作技术繁复,在信息技术时代也需要进一步改进与融合(图 1-20)。

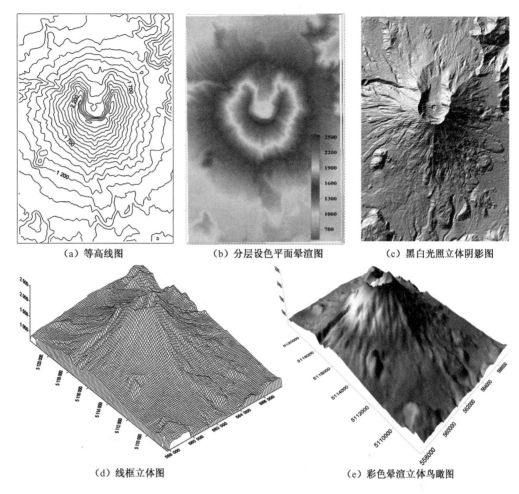

   (a) 等高线图   (b) 分层设色平面晕渲图   (c) 黑白光照立体阴影图

          (d) 线框立体图   (e) 彩色晕渲立体鸟瞰图

图 1-20　数字地形的不同表达(Surfer 软件制图)

    1958 年,美国麻省理工学院 C. L. Miller 教授首先将计算机与摄影测量技术结合,开展计算机辅助下的道路设计工作时,提出了数字地面模型(Digital Terrain Model)概念,开启了数字地形表达的新阶段。同时,20 世纪 70 年代以来,计算机地图制图、数据库及 GIS 技术的发展推动了地理学、地图学的技术革命。计算机技术在很大程度上改变了地图制图的生产方式,同时也改变了地图产品的样式和用图概念。借助于数字地形表达,现实世界的三维特征能够得到充分而真实的再现。在现代地理信息科学中,针对数字地形的数据采集、信息加工、三维建模与可视化应用成为重要的技术分支。在基础地理信息系统中,地形地貌成为基础地理数据库的核心要素(图层),也成为支持专题地理要素表达与空间分析的地理基础。

    从模拟纸质地形图到数字化的 DTM 产品及应用,是人类对地形认知的一次飞跃,实现了地形从二维、静态表达向三维、动态表达的巨大变革。数字地形表达具有传统手段所无法比拟的优点,表现在:①容易以多种形式显示地形信息(图 1-20)。地形数据经过计算机处理后,产生多种比例尺的地形图、纵横断面图和立体图。②数字表达具有精度高、质量稳定的特点,在数据转换、数据传输等处理过程中精度不会损失。③采用数字化作业流程,容易实现自动化、实时化。

目前,数字地形表达的方式可分为两大类:数学描述和图像描述。使用傅立叶级数和多项式函数来描述地形是常用的数学描述方式。而基于规则点(规则格网 GRID)、非规则点(TIN)、等高线、剖面线等是图像描述的常用方式(图 1-21)。

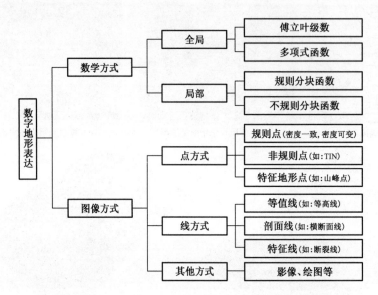

图 1-21　数字地形表达方式[据李志林等(2003)修改]

1.2　数字高程模型与数字地面模型

1.2.1　模型与数字模型

英文中"Model"一词对应的语义包括"模型""模式"等,其动词形式为"建模"(Modelling),涉及物理、建筑、数学、计算机、经济、社会科学及艺术等多个学科领域,在现代汉语中词汇组合包括:物理模型、数学模型、数字模型、建筑模型、物质模型、抽象模型、实物模型、语义模型、经济模型、统计模型、黑箱模型、3D 模型等,容易让人产生疑惑。其实,模型(Model)的核心语义在于表征事物的抽象或核心概念,是一种用来表现事物的抽象、近似、概念及内涵的方式。

从建模观点出发,一个模型往往抓住事物最重要的方面,而简化或忽略其他方面,模型及建模在自然科学(物理、数学、地理等)、社会科学(金融、管理等)及工程学科(建筑、规划、测绘)等领域中得到广泛应用。归纳模型的优点,包括以下几点:

- 模型是理解现实世界和发现自然规律的工具(如物理定律)。
- 模型是解决应用问题的有效工具(如数学算法)。

- 模型是简化研究对象、抽象问题本质和展现事物概貌的工具(如地图)。
- 模型是展示设计方案,用以评价、选择的工具(如建筑模型、沙盘等)。

建构模型(建模)往往是解决科学及工程问题的核心工作,包括了建模思想、建模工具、建模技术与方法、建模过程等内容。考虑到模型用法的多样性,从建模观点来看,模型可以大略分为以下四种:

1) 概念模型

概念模型是基于个人的经验与知识在头脑中形成的概略模型,它往往形成了模拟的初级阶段。以建筑设计为例,美籍华裔建筑师贝聿铭的作品设计往往是从概念入手,凸显其鲜明的文化背景,他在设计香港中银大厦时,首先在概念设计阶段,即突出了这样的理念:采用经典的几何元素设计风格,建筑凸显一种文化理念,大厦主体仿照竹树不断向上生长,象征力量、生机、茁壮和锐意进取的精神;基座的麻石外墙代表长城。由于其概念设计的成功,中银大厦建成后获得高度赞誉,并成为代表香港文化的地标建筑(图1-22)。

(a) 贝聿铭——"现代主义建筑的最后大师"　　　　　　　　　　　(b)

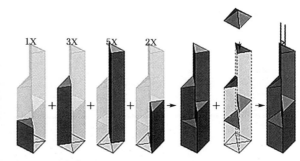

(c) 1989年落成的香港中银大厦(模型)
美籍华裔建筑师贝聿铭设计(贝聿铭设计事务所)

图1-22　概念模型与概念设计(以贝聿铭的建筑设计为例)

2) 物质模型

物质模型又称实物模型,通常是一个模拟模型,如用橡胶、塑料或泥土制成的地形模型(地形沙盘)。在摄影测量中使用的基于光学或机械投影原理的三维立体模型也是物质模型。模拟地图(纸质地图)就是一个典型的物质模型,它是运用地图符号系统和地图概括手段对地理环境中地理实体(自然、人文)进行抽象和模拟。同样地,建筑师在概念模型(概念设计)

的基础上,使用黏土、石膏、金属、塑料等材料依照建筑设计图样或设计构想,按缩小的比例制成样品。建筑模型是在建筑设计中用以表现建筑物或建筑群的面貌和空间关系的一种重要手段。

3)数学模型

当需要从定量角度分析和求解科学问题时,一般在深入调查、简化假设、规约变量、分析规律等工作基础上,用数学符号和语言作表述,最后建立数学模型和求解结果。因此,数学模型一般是运用数学语言,基于数字系统的定量模型,根据问题的确定性和随机性,数学模型又有函数模型和随机模型之分。同时,数学模型可以有多种形式,包括动态系统、统计模型、微分方程等。数学建模的一般过程是:模型假设、变量设计、构建模型、模型求解和模型检验。解析摄影测量学就是基于"数字投影"理念,利用数学算法进行共线条件方程的解算,从而交会被摄物体的空间位置,这种方法应视为数学模型法。

4)数字模型

数字模型是现实世界在计算机环境中的虚拟实现,它和数学模型既有密切联系,具有可量测、定量分析和数学建模的功能;同时,又有很大区别,数字模型重视在计算机上的可视化呈现。同时,数字模型在功能上又和物质模型有很多相似处,同样具有形象直观的特色。在计算机屏幕上,建筑物或三维地形的动态显示成为数字系统的最大优势。在新型的虚拟地理环境技术系统上,电子地形沙盘(表达地形的数字模型)通过声、光、电、图、像、三维动画以及计算机程控技术与实体地物模型相融合,可以形象直观地展示地理环境的特点,达到身临其境、变化多端的"可浸入"式体验效果(图1-23)。在教材所指的数字地面模型、数字高程模型就是一种典型的数字模型。

图 1-23　基于 Skyline 的三维城市建模
(来源:http://www.netalent.cn)

模型既然是解决科学或工程问题的重要手段,针对模型的评价标准,Meyer(1985)提出如下的评价标准:①精确性。模型的输出是正确的或非常接近正确。②描述的现实性。模型是否基于正确的假设。③准确性。

模型的预测是否有确定的数字、函数或集合图表等。④可靠性。对于解决理论或实际问题,模型是否具备鲁棒性和有效性。⑤普适性。即模型的适用性问题。⑥成效性。检验模型结论是否有用。运用以上评价标准检验各类模型,特别是对数学模型和数字模型评价具有重要的指导意义。

1.2.2 DEM、DTM 的引入

土木工程领域的摄影测量专家最早采用了计算机技术进行地形数据采集与建模。1955—1960 年,美国麻省理工学院测量实验室主任 Chaires. L. Miller 教授在与麻省土木工程部门与交通部门合作开展研究期间,首次将计算机与摄影测量技术结合在一起,比较成功地解决了道路工程的计算机辅助设计问题。他在用立体测图仪建立的光学立体模型上,快速量测了沿着待选公路两侧规则分布的大量样点的三维空间直角坐标,接着输入到计算机中,利用计算机取代人工执行了土方估算、分析比较和公路选线等繁重的手工作业,大量缩减了工程设计的时间和费用,取得了良好的经济与应用效益。

Miller 的重要贡献不仅在于解决道路计算机辅助设计这一特殊工程课题。1958 年,他还和 La Flamme 合作发表的论文中提出了一个新的概念:数字地面模型(Digital Terrain Model),在此定义中他们使用横断面数据来定义数字地形。此后,DTM、DEM(Digital Elevation Model)的概念逐步在学术界、工业界得到广泛使用(关于两者的区别待后文展开,其中 DEM 往往用在基础测绘生产中)。从 1972 年起,国际摄影测量与遥感学会(IS-PRS)一直把 DEM 作为研究主题,并下设于"摄影测量和遥感的制图与数据库应用"委员会下,组织专门工作组开展国际合作研究。进入 1990 年代,各国测绘业界逐步把 DEM 纳入数字测绘生产的基础产品体系,DEM 已经成为独立标准的基础产品,越来越广泛地用来代替传统地形图中等高线对地形的描绘。同时,DEM 作为数字地形模拟的重要成果,已也成为国家空间数据基础设施(NSDI)的基本内容之一,并被纳入数字化空间数据框架(DGDF)进行规范化生产。今天,数字高程模型作为地球表面地形的数字产品,已成为空间数据基础设施和"数字地球"的表达重要组成部分。

1.2.3 测绘学中的 DTM

从 1990 年代以来,世界各国的测绘作业手段逐步从解析法迈向数字化阶段,现代信息测绘技术系统逐步建立起来,产品形式也从单一的纸质地形图向全数字测绘产品体系转化,以数字高程模型、正射影像等为代表的数字测绘产品发展成为核心测绘产品。测绘学也从地形测绘的角度来理解数字地面模型,一般将基本地形图中的地形要素,特别是高程信息,作为数字地面模型的主要内容,把"terrain"理解为地形资料,而将实际生产的标准化产品称为数字高程模型(DEM)。

因此,在信息化测绘体系中,测绘业界心目中的 DTM 就是新一代的地形图,地貌和地物也不再用直观的等高线和图例符号在纸上表达,而是通过储存在磁光盘介质中的大量密集的(一般是规则的)地面点的空间坐标

和地形属性编码,以数字的形式存储、处理、转换与输出。

1.2.4 地理信息系统中的DTM

在基础地理系统或专题型地理信息系统中,数字地面模型可以理解为基础地理信息与专题地理信息数据集的总和,它所包含的地面特性信息类型比较丰富,一般可分为下面四组:

(1) 地形地貌数据:如高程、坡度、坡向、坡面形态以及其他描述地表起伏情况的更为复杂的地貌因子。

(2) 基础地理数据:与基本地形图图面所表达的要素相对应,是指除地形地貌之外的所有基础地理要素,一般包括水系、交通网、居民点和工矿企业以及境界线等。

(3) 主要的自然资源和环境数据:如土壤、植被、地质、气候等。

(4) 主要的社会经济数据:如区域人口分布、工农业总产值、国民收入等。

1.3 数字地面模型的基本概念

1.3.1 数字地面模型的定义

数字地面模型(Digital Terrain Model,缩写DTM)概念从1958年提出以来,其涵义从最初以横断面数据表达数字地形,发展到规则或非规则的高程离散点集,再到涵括数字高程在内的,地面上多种自然、社会、经济等诸多要素的综合数据集。从狭义来看,DTM主要指区域地形表面海拔高程或相对高程(基于某高程起算点而言)的数字化表达,这就是数字测绘生产中的基本产品——DEM(数字高程模型),从这种意义来理解,DTM即指"数字地形模型"。从广义角度或者说从地理信息角度而言,DTM是地理空间自然、社会经济等诸要素在计算机空间的存储与表达模型,DTM可称为"数字地面模型"。

一般的,数字地面模型主要有两种定义。

定义一:数字地面模型是真实地表环境在计算机空间的离散化表达模型。具体来说,是在某一投影平面(如高斯投影平面)上,满足一定精度及用途要求的规则或非规则格网(TIN)点集,它是一组包括点的平面坐标(X,Y)及属性(通常是高程z)的数据集。这个点集应能够有效地反映和再现所研究区域的地形形态或其他特征。

定义二:数字地面模型(DTM)是描述地面诸特性空间分布的有序数值阵列。一般而言,地面特性即是指高程z,它的空间分布由x,y水平坐标系统来描述,也可用经度λ和纬度φ来描述海拔h的分布。上述高程或海拔分布的数字地面模型,又可称为数字高程模型(DEM),以区别于描述其他地面特性的数字地面模型。数字地面模型可以是每三个三维坐标值为一组元的散点结构,也可以是由多项式或傅立叶级数确定的曲面方程,特别值得注意的是:数字地面模型可以包括除等高线以外的诸如地价、土地权属、土壤类型、岩层深度以及土地利用等其他地面特性信息的数字数据(F. T. Doyle, 1978)。

同时,世界各国在科学研究、测绘生产及 GIS 建设中,除多用 DEM 外,又相继提出了与 DTM 概念相近或同义的多个术语(表 1-1),辨析这些术语之间的关联与区别,有助于推进科技交流与对话。如在德国多使用 DGM(Digital Ground Model)、在瑞士使用 DHM(Digital Height Model)、美国地质调查局(USGS)标准数字地形产品多称 DTED(Digital Terrain Elevation Model)。同时,近年来多在城市规划、建筑及林业领域出现的 DSM 产品(Digital Surface Model)则多指包括自然地表之外,叠加了人工建筑物、林地等要素的数字表面。

表 1-1　基本术语及含义

术语	英文全称(译名)	特点及含义
DEM	Digital Elevation Model (数字高程模型)	数字测绘基础产品之一,是以绝对高程或海拔表示的地形模型,成为数字地形图的基础内容,使用最为普遍。是狭义上的 DTM,但与 DTM 概念有差别(图 1-24)
DTM	Digital Terrain Model (数字地面模型)	泛指地形表面自然、人文、社会景观模型。一般的,DTM 还包括从 DEM 提取地貌因子所形成的数字地貌模型(DGM)。而狭义上,DTM 主要指地形地貌,与 DEM 概念不区分
DSM	Digital Surface Model (数字表面模型)	包含了地表建筑物、桥梁和树木等高度信息的地面高程模型。相比 DEM 只包含了地形的高程信息而未包含其他地表信息而言,DSM 在 DEM 的基础上,进一步涵盖了除地面以外的其他地表物体的高程信息。DSM 在数字城市、景观规划中得到大量应用,与 DEM 都是重要的数字测绘产品(图 1-25)
DHM	Digital Height Model (数字高程模型)	表示地球表面(不含建筑物、植被等)的 3D 数据集,即指 DEM。瑞士联邦测绘局基于 1∶25000 Swiss National Map 地形图的 DEM 产品,即以 DHM25 命名,包括 DHM25 - Basis Model(矢量格式,等高线、等高点)、DHM25 - Matrix Model(栅格格式,格网尺寸含 50 m、100 m、200 m 三种)
DGM	Digital Ground Model (数字地面模型) Digital Terrain Model with Grid	描述地形表面的规则格网点集,采用已配准的平面几何和高程坐标系,是德国联邦制图与大地测量局的标准 DEM 产品,有 DGM10、DGM25、DGM50、DGM200、DGM1000 五种不同尺度的产品,分别对应格网尺寸为 10 m、25 m、50 m、200 m 和 1 000 m
DGM	Digital Geomorphology Model (数字地貌模型)	表达地貌形态的数字模型,如坡度、坡向等,这些地貌因子往往是通过对 DEM 进行简单或复杂地貌分析而得到的派生产品。
DLM	Digital Landscape Models (数字景观模型)	描述地表景观和地形的矢量数据集。每个地理要素分配特定的要素类型,并定义其空间坐标、几何类型、描述属性及相关关系。DLM 是德国联邦制图与大地测量局的标准数字产品,在德国及欧洲广泛使用。在德国主要有 Base DLM(Digital Basic Landscape Model 1∶25 000)、DLM250(Digital Landscape Model 1∶250 000)、DLM1000(Digital Landscape Model 1∶1 000 000),等同于美国与中国所称的 DLG 产品
DTED	Digital Terrain Elevation Model (数字地形高程模型)	美国国家地理空间情报局(NGA)标准数据产品,最初作为美国国防制图局所使用的地形模型,提供军事应用,强调模型的格网结构特征。包括 Level 0、Level 1、Level 3 三级尺度 DEM 产品,对应分辨率为 900 m、90 m 和 30 m

图 1-24　昆明市郊县某区域 DEM　　图 1-25　昆明市郊县某区域 DSM

（DEM＋3D 模型）

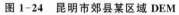

（来源：昆明市郊县某区域 2008 年测绘数据）

1.3.2　数字地面模型的数学描述

从数学的角度，可以用下述二维函数系列取值的有序集合来概括地表示数字地面模型的丰富内容和多样形式：

$$K_p = f_k(u_p, v_p)\ (k = 1,2,3,\cdots,m;p = 1,2,3,\cdots,n)$$

式中，K_p 为第 p 号地面点（可以是单一的点，但一般是某点及其微小邻域所划定的一个地表单元）上的第 k 类地面特性信息的取值；u_p，v_p 为第 p 号地面点的二维坐标，可以是采用任意一地图投影的平面坐标，或者是经纬度和矩阵的行列号等；$m(m \geqslant 1)$ 为地面特性信息类型的数目；n 为地面点的个数。

当上述函数的定义域为二维地理空间上的面域、线段或网络时，n 趋于正无穷大；当定义域为离散点集时，n 一般为有限正整数。例如，假定将土壤类型作为第 I 类地面特性信息，则数字地面模型的第 i 维地面特性取值为：

$$I_p = f_i(u_p, v_p)\ (p = 1,2,3,\cdots,n)$$

地理空间实质是三维的，但人们往往在二维地理空间上描述并分析地面特性的空间分布，如专题图大多是平面地图。数字地面模型作为对某一种或多种地面特性空间分布的数字描述，可视做是叠加在二维地理空间上的一维或多维地面特性向量空间。

1.3.3　数字地面模型与数字高程模型的关系

在实际应用中，DTM 与 DEM 概念往往容易混淆。从术语的使用来看，由于 DTM 概念产生最早，并从公路设计与规划应用逐步向测绘、地理信息等领域扩展。自从 1970 年代开始，美国率先利用数字制图技术，提出发展 DEM 产品，并与数字正射影像（DOM）、数字线划地图（DLG）等一起，形成了数字测绘产品体系。因此，国际测绘业界往往把 DEM 作为数字测绘的标准地形数据产品，也是测绘生产与分发的初级产品形式，当 DEM 在各个领域开展具体应用时，往往需要进一步提取、加工，并与其他数据（如 DOM、DLG 及其他专题调查数据）复合使用，进一步形成 DTM。

海拔高程是描述地面起伏形态的基本指标。基于标准 DEM 产品可进行地面坡度、坡向、地表曲率、地形粗糙度等基本地貌因子的提取,还可结合地表水文物理模拟过程分析,进一步提取流域水系结构,开展流域单元分割与流域水文建模分析,构建数字流域模型。这些工作主要是基于数字高程模型,并结合专业数据对高程数据进行推导、派生与组合,生成满足各个应用领域的 DTM 及其应用(图 1-26)。

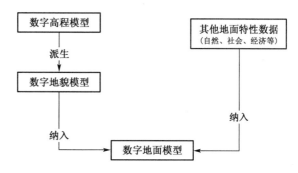

图 1-26　数字高程模型(DEM)与数字地面模型(DTM)的关系

从图 1-26 可见,在一般意义上,DEM 是 DTM 的一个子集,是 DTM 中最基本的部分,一般也是数字测绘生产的初级产品形式。但由于习惯因素,DTM 与 DEM 往往在某些应用场合下不作区分,出现一些混用的情况(本教材中在不同场合下分别使用 DTM、DEM,请大家注意区分它们之间的区别,如图 1-27 所示)。

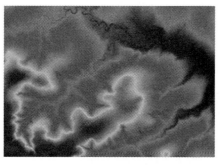

图 1-27　DEM(彩色晕渲显示)(左)与 DTM(右)的区别
(来源:http://www.lidardataservices.com)

1.3.4　数字地面模型的数据结构与一般特征

在计算机内部,DTM 是按一定结构组织起来的地形数据集。DTM 数据结构的设计将直接影响数据管理与分析的效率,也直接关系到数字地形内插、重建算法及精度。大规模的地形数据集,一般基于数据库系统进行统一管理,数据管理和空间索引技术是高效开展数据查询、数据浏览、无缝漫游等的技术保障。同时,数字地形表面具有多尺度特征,多尺度地形的表达与组织是 DEM 面临的主要课题之一。

DEM 属于镶嵌型数据,是用连续网格单元来逼近真实地形表面,对于格网 DEM 而言,表达精度取决于水平格网单元的精细程度和垂直方向上的高程误差,前者称为水平分辨率,后者可称为垂直分辨率(刘学军,2007)。在格网 DEM 中,DEM 的水平分辨率也就是格网间距,是一个重要的尺度参数,是对地形形态的一种描述,水平分辨率越细,格网对地形形态描述就越准确,但数据冗余现象也可能越突出,因此选取较细但合理的水平分辨率能较好地描述地形形态。水平分辨率在东西方向和南北方向可以一致,也可以不一致,其单位可通过米(m)或经纬差(°)来表达。垂直分辨率是指 DEM 高程数据记录的精度定义,如 USGS 的 30 m DEM,其高程数据一般凑整至米,即高程以 1 m 为增量,垂直分辨率单位为 m。我国1∶50 000数字高程模型生产技术中也规定,高程数据以 m 为单位,保留小数点后一位,也就是说,高程数据的垂直分辨率为 dm。大范围的 DEM 数据也有以 5 m 甚至 10 m 为高程数据记录单位的,这时的垂直分辨率分别为5 m 和 10 m。垂直分辨率实际上反映了高程数据的舍入误差,表征着 DEM 对地表逼近程度的精度。

在实际应用中,DTM 的数据模型主要包括等高线、规则格网数据(GRID)和不规则三角网(TIN)三种类型。这三种数据模型各自具有其优点与缺点,并分别适用于不同的应用,一般都得到主流 GIS 与遥感软件平台的支持。

作为数字测绘基础产品与基础地理信息数据库的重要组成部分,DTM一般应具有以下特点:①准确表示地形表面;②数据集管理效率高;③尽量减少数据存储的要求;④数据处理效率最大化;⑤适于开展数字地形分析(ESRI,1992)。

1.3.5 数字地形建模的一般流程

数字地形建模的技术过程主要是围绕着数字高程模型和数字地面模型的生产与应用开展,并需要相应的理论、方法与技术支撑。一般地,从数据产品的角度来看,可分为以下几个阶段:原始数据采集、数据预处理、DEM 内插、地形表面建模、数字地形分析、地形可视化与 DTM 应用(图 1-28)。同时,在数据的采集、加工、输出等各个环节之间的数据流是双向的,以便于地形建模过程能通过反馈与编辑取得良好的精度与功能指标。

下面就数字地形建模技术流程中的主要环节做简要介绍,也对教材的主要章节做一说明。

1) 原始数据采集

DEM 构建的基础数据是高程数据。本书第 2 章重点介绍数字高程模型的主要数据源、数据采集手段(以摄影测量为主)、数据预处理等问题。一般而言,利用航空影像或航天遥感影像,运行解析摄影测量或数字摄影测量,是当前测绘行业生产 DEM 重要手段,特别是利用交互式数字摄影测量手段,由于自动化程度高,并顾及地形特征,生成的 DEM 精度较高,因此是进行数字测绘生产、基础地理数据库建设与更新的最有效方法之一。现有地形图是 DEM 的另一重要数据源,经过大量的实践证明,从等高线地形

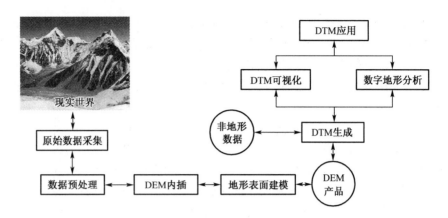

图 1-28　数字地形建模的技术流程

图生产 DEM 的方法已经相当成熟,可以广泛应用于生产。随着近年来,以航天雷达测绘遥感、机载激光雷达测量、航空数字测量系统、无人机遥测等新型地形测绘技术的出现,DEM 数据采集的精度、质量与工作效率大幅提高,在数字城市、数字战场、救灾应急测绘保障等应用中发挥重要作用,也成为 DEM 数据采集的重要数据源。

一般而言,由于 DEM 原始数据采集的手段、方法多样,对 DEM 原始数据各种采集方法可以从性能、成本、时间、精度等方面进行评价。应当指出,各种采集方法都有各自的优缺点,因此选择方法要从目的需求、精度要求、设备条件、经费安排等方面综合考虑。

2) DEM 内插

DEM 内插就是根据若干相邻参考点的高程求出待定点上的高程值,在数学上属于插值问题。根据二元函数逼近数学面和参考点的关系,内插又可以分为纯二维内插和曲面拟合内插两种。任何一种内插方法都是基于原始地形起伏变化的连续光滑性(数学函数的连续光滑性),或者说邻近的数据点间有很大相关性,才可能由邻近的数据点内插出待定点的高程。DEM 内插是数字高程模型生产的核心问题,它贯穿在 DEM 的生产、质量控制、精度评定和分析应用的各个环节。

本书第 3 章按内插点的分布范围,将内插分为整体内插、分块内插和逐点内插三类,介绍目前主要的 DEM 内插方法。其中,分块内插包括线性内插、局部多项式内插、双线性多项式内插或样条函数内插等;特别是基于 TIN 和正方形格网的剖分法双线性内插是 DEM 分析和应用中最常用的方法。逐点内插方法主要介绍移动拟合法、加权平均法和 Voronoi 图法。考虑到现有空间插值法的缺陷,引入区域化变量理论、变异函数和探索性空间数据分析(ESDA),介绍普通 Kriging 插值在 DEM 内插中的应用。

3) 地形表面建模

根据不同数据集的不同存储方式,DEM 可以使用一个或多个数学函数来对地表进行表示。这样的数学函数通常认为是内插函数。对地形表面进行表达的各种处理称为表面重建或表面建模,重建的表面通常可认为是 DEM 表面。因此,地形表面重建实际上就是 DEM 表面重建或 DEM 表面生成。当 DEM 表面建模后,模型上任一点的高程信息就可以从 DEM 表面中获取。数字表面建模的各种方法包括:基于点的建模方法、基于三角形的建模方法(TIN 数据模型)、基于格网的建模方法(GRID 数据模型)和混合建模方法。

不规则三角网(Triangulated Irregular Network,TIN)通过从有限个不规则分布的离散数据点生成的连续三角面来逼近地形表面。如果使用通用多项式中更多的项,则可以建立更为复杂的表面。分析多项式的前三项(两个一次项和一个零次项),可以发现它们能生成一个平面。为确定这三项的系数,最少需要三个点。这三个点可生成一平面三角形,它确定的是一个倾斜的表面。如果每个三角形所表示的平面只用于代表三角形覆盖的区域,则整个 DEM 表面可由一系列相互连接的相邻三角形组成,这种建模方法通常被称作基于三角形的表面建模。

如果使用 4 个点以确定一个表面,这种表面称为双线性表面。理论上,任意形状的四边形都可用作这种表面建模的基础,但考虑到诸如输出的数据结构以及最终的表面形态,正方形格网为最佳的选择。从实用的角度出发,格网数据在数据处理方面有很多优点,因此根据规则格网采样方法和渐进采样方法获取的数据,特别是正方形格网数据,最适合基于格网的表面建模。

本书第 4 章主要以不规则三角网(TIN)与规则格网 DEM(GRID)为重点,讨论其数据结构、主要特征及等高线插值与绘制的关键算法。

4)数字地面模型的数据组织与管理

在计算机内部,数字地面模型一般是采用规范的数据结构,以数据库或数据文件方式科学组织与存储。基于数字地形数据管理与分析的计算机系统,其运行效率在很大程度上取决于 DTM 数据组织的效率,尤其在 GIS 中采用高效的数据结构尤为关键。

本书第 5 章主要介绍数字高程(地面)模型的逻辑存储结构,以常见的 DEM 产品为例,从逻辑上对地面特性空间分布数据组织进行分析,描述并确定这些数据的拓扑关系和地理位置,本章内容不涉及具体的存储介质和计算机对数据结构的具体实现过程。

5)地形统计分析

地形统计分析是运用数理统计方法对描述地形特征的各种量化因子或参数进行基本统计、回归分析,相关分析等计算,探讨地形空间变化及变异规律。本书第 8 章集中讨论此主题。

6)数字地形分析

DEM 的应用分为两个部分,第一类是直接应用,即将 DEM 本身作为测图自动化的重要组成部分和地理信息数据库的基础;第二类是将 DEM 经过某种变换产生满足各专业应用需求的各种派生产品,开展地学分析。长期以来,人们习惯于用等高线、坡度与坡向、剖面、汇水面积、填挖方和三维透视等派生图形或数据来表达实际地形的各种特征,产生这些派生产品的过程称为数字地形分析,并结合其他地学模型开展地学过程模拟等。

本书第6章、第9章以基本地貌因子计算、水文分析、通视分析为主要内容,介绍了目前基于DEM的数字地形分析的主要内容与基本算法。

7) DTM可视化

采用可视化技术在计算机空间模拟和仿真再现三维地形景观,在军事、飞行、环境规划等诸多领域得到了飞速的发展。

本书第7章从地形可视化概念出发,介绍其基本理念、关键技术与发展,并从二维可视化表达、三维可视化表达、真实感图形学在地形可视化中的应用等三个方面展开内容。

1.4 现代地理信息产业与4D产品

1.4.1 现代信息化测绘体系中的4D产品

进入21世纪以来,世界各国已逐步从传统测绘进入信息化测绘阶段,形成以高科技、信息化、网络化、市场化及新型应用为特征的地理信息产业。与世界发达国家基本同步,我国测绘事业在实现了从传统模拟测绘技术体系向数字化测绘技术体系的跨越之后,也正朝着信息化测绘体系建设的方向迈进,实现从以地图生产为主向、以地理信息服务为主的重大战略转变。信息化测绘体系的核心是形成"星空地"一体化的地理信息获取、管理、处理、服务与应用的产业链,其基本特征包括地理信息获取实时化、处理自动化、产品多样化、服务网络化等。

信息化测绘体系是建设现代地理信息产业的支撑体系。从技术层面而言,其基石是数字化测绘技术,体现在整个测绘作业生产和服务的流程中实现数据获取与采集、加工与处理、管理和应用的数字化。产品形式也从传统的纸质地图变成了4D产品,即以数字高程模型(DEM)、数字正射影像(DOM)、数字线划地图(DLG)和数字栅格地图(DRG)等为核心的数字化测绘产品。

4D产品最初是美国地质调查局(USGS)在1990年代发展美国国家空间基础设施(NSDI)和推动美国民用数字测绘生产时提出的概念,其实美国早在1970年前后开展数字制图技术与应用时已逐步发展了DEM、DOM、DLG等产品及应用技术。同一时期,德国、法国、英国、瑞士、澳大利亚、加拿大、日本等发达国家也提出了相类似的数字测绘产品概念。中国测绘行业也自1996年开始借鉴美国的做法,大力发展数字摄影测量等新型测绘装备与生产技术,并正式提出发展中国的"4D"数字测绘产品,并成为国家空间数据基础设施(NSDI)的重要数据。下面主要介绍除DEM外的几种产品。

1) 数字正射影像(DOM)

数字正射影像图(Digital Orthophoto Map,DOM)是消除了变形误差及投影差并以数字方式存储的影像地图,它一般是根据像片的内外方位元素和该区域 DEM 对数字化的航空影像(黑白/彩色)或遥感影像进行逐像元辐射改正、数字微分纠正,从而生成正射投影影像,再进行影像镶嵌、图廓裁切、图幅整饰及数据复合而成的。由于正射影像消除了由于传感器定向、地形高差位移和影像系统误差所造成影像上的像素移位,输出结果将是制图坐标系下的平面真实影像。

正射影像既具有地形图的正射投影特性,又具有图像的信息结构与细节层次,在几何精度方面等同于传统的线划地形图。正射影像图有着很广泛的应用,与线划图相比,具有两大优点:①正射影像来自遥感与摄影测量的原始影像数据,图像信息量更丰富,地理细节表达也更为清楚;②影像直观生动,使得普通用户也易于阅读与理解。因此,DOM 体现着以影像为主要内容的数字测绘产品的重要特征。

近年来,随着数字城市、虚拟现实系统等应用的需求,又出现了倾斜摄影技术和真正射影像(TrueOrtho,TDOM)产品。倾斜摄影是融合传统航空摄影技术(正射投影)和数字地面采集技术的一项高新技术,它克服了传统航摄技术只能从垂直角度拍摄的局限,通过在同一飞行平台上搭载多台传感器,同时从 1 个垂直角度和 3 个以上倾斜角度采集影像,更加真实地反映地物的实际情况。真正射影像(TDOM)是基于数字表面模型(DSM)对高重叠率的遥感影像进行纠正而获得,在城市区域从多个角度摄制的航片,一般具有较高重叠,能保证对某一较高建筑多视角立体匹配,以此获取此建筑物的周围信息。真正射影像的效果是一种垂直视角的观测效果,避免了一般正射影像在同一区域向不同方向倾斜的弊端(图 1-29)。

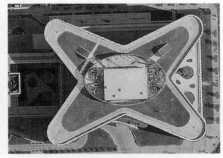

传统正射影像(DOM)

真正射影像(TDOM)

图 1-29　传统正射影像(DOM)
(来源:陕西省测绘地理信息局网站,http://www.shasm.gov.cn)

2) 数字线划图(DLG)

数字线划图(Digital Line Graphs,DLG)是地形图要素的矢量数据集(包括交通、水系、境界线、居民地等,不含地形要素),且保存地理要素间的空间关系和相关的属性信息。在我国,DLG 是由基本比例尺地形图基础地理要素所构成的矢量数据集,也包括 1∶5 000、1∶10 000、1∶50 000 等各种比例尺。DLG 具有标准化、支持空间建库与专题分析的特点,是传统纸质地形图的电子格式,往往以数据库方式管理,既便于制图输出,也便于构建专题型 GIS 系统。

以 1∶10 000 数字线划地图为例,一般是省级基础测绘产品的重要内容之一。每一地图要素分别采用点、线、面描述其几何特征,赋予属性,并按要素分类分为若干数据层。目前生产的 1∶10 000 DLG 中,主要采集居民地、道路、水系、行政境界等几类矢量数据。根据相关国家标准,数字线划图成果一般由矢量数据、元数据及相关文件构成,分为非符号化数据和符号化数据两类,同时也包括数字线划图的数学基础、分幅与编号、基本等高距、位置精度、属性精度等。

根据中国基础地理信息中心的最新统计,我国目前已建成覆盖全国陆地范围的 1∶1 000 000、1∶250 000、1∶50 000 DLG 数据库。其中,1∶1 000 000 DLG 数据库自 1994 年首次建成,2002 年更新一次,总图幅数 77 幅。1∶250 000 DLG 数据库在 1998 年首次建成,2002 年、2008 年各更新一次,2012 年进行了全面更新,总图幅数达到 816 幅。1∶50 000 DLG 的核心要素数据库在 2006 年初步建成,2011 年又建成了全要素数据库,总图幅数达到 24 182 幅。从“十二五”开始,中国逐步实现国家基础地理信息数据库的动态更新和联动更新,对 1∶1 000 000、1∶250 000、1∶50 000 DLG 数据库要求动态更新,做到每年更新一次。[①]

3) 数字栅格地图(DRG)

数字栅格地图(Digital Raster Graphic,DRG)是纸质地形图的数字扫描产品,是根据现有纸质、胶片等地形图经扫描和几何纠正、色彩校正后,形成在内容、几何精度和色彩上与地形图保持一致的栅格数据集,或可由地形图制图系统栅格输出生成。

DRG 一般作为纸质地形图的电子存档格式,具有保持原有地形图几何精度与地图内容的优点,并在需要时可以方便地分发与打印输出,也是历史地形图资料的主要存储格式。DRG 适宜作为地理信息系统基础框架底图,提供快速更新机制,可用于线划地理要素的屏幕采集、评价和更新,还可与 DOM、DEM 等数据集成使用,派生出新的地理信息。同时,DRG 图像与现状 DLG、DOM 数据叠置,还可以方便地分析地理现象(如土地利用、城市格局等)的变迁。

作为 4D 数字测量产品,国家相关技术标准如《基础地理信息数字成果 1∶500 1∶1000 1∶2 000 数字栅格地图》(CH/T 9008.4—2010),规定了数字栅格地图成果由栅格数据(包括地理定位信息)、元数据及相关文件构成,按颜色分为单色和彩色两类,并具体规定了基础地理信息数字成果 1∶500、1∶1 000、1∶2 000 数字栅格地图的数学基础、分幅与编号、分辨率、精度、色彩模式、图式表达、表征质量、数据存储、文件命名、质量检验、

---

① 中国国家基础地理信息中心网站,http://ngcc.sbsm.gov.cn/

标记、包装和保密等各项技术要求。

据统计，我国在 2002 年初步建成覆盖全国陆地范围的 DRG 数据库
（1∶50 000、1∶100 000），总图幅数 21 082 幅。其中，1∶50 000 数字栅格
地图19 899 幅，1∶100 000 数字栅格地图 1 183 幅。

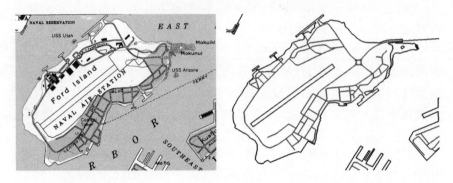

图 1-30　数字栅格地图（DRG）（左）与数字线图（DLG）（右）的区别（以美国福特岛为例）
（来源：http://vterrain.org/Hawaii/pearl（有修改））

4D 数字测绘产品的基本特点是以栅格影像数据（航空航天遥感影像）
为基本产品与底图，兼容矢量地理数据；与传统的以线划矢量地图生产为
主体的测绘技术相比，具有生产一体化、自动化水平高、产品集成度高、可
视效果好、应用领域广的优势；其次，4D 产品易于集成应用，在统一时空坐
标系下，实现多层地理要素（正射遥感影像、规则格网 DEM、线划矢量地图
图形等）的配准与叠置应用；在数字摄影测量系统中，4D 产品是不同阶段
的数字产品，如：DEM 往往是初始产品，数字正射影像（DOM）则是利用数
字高程模型（DEM）对扫描处理的数字化的航空航天遥感影像（单色/彩
色），经过逐像元进行纠正后再按影像镶嵌，并根据图幅范围剪裁生成的影
像数据集。此外，随着测绘新技术的发展，4D 产品是数字测绘产品的总
称，并不仅仅指以上的四种数字产品，还包括诸如数字表面模型（DSM）、真
正射影像（TDOM）（图 1-30）、三维立体景观图及多种复合数字测绘产
品等。

1.4.2　国家地理空间基础信息框架

地理信息产业作为现代 IT 产业的重要组成部分，在经济发展中的作
用日益突出。据统计，2014 年中国地理信息产业产值达到 3 000 亿元规
模，年增长率在 20% 以上。同年初，国务院办公厅印发《关于促进地理信
息产业发展的指导意见》（国办发〔2014〕2 号）；之后，国家发改委、国家
测绘地理信息局又联合发布《国家地理信息产业发展规划（2014—2020
年）》，为地理信息产业发展编制宏伟蓝图。现代地理信息产业的基础
和主干是测绘地理信息行业，这是基础地理信息获取、维护、更新和提
供的主体。我国已明确提出地理信息产业的发展战略："加强基础测
绘，监测地理国情，强化公共服务，壮大地信产业，维护国家安全，建设
测绘强国"。

发展地理信息产业,需要发展信息化测绘技术,构建数字中国地理空间信息基础框架和研制国家基础地理信息系统。其中,以 DEM 为核心的 4D 产品体系发挥着重要作用。

地理空间基础信息框架是地理信息数据及其采集、加工、交换、服务所涉及的政策、法规、标准、技术、设施、机制和人力资源的总称,由基础地理信息数据体系、目录与交换体系、公共服务体系、政策法规与标准体系和组织运行体系等构成。地理空间基础信息框架是国民经济和社会信息化发展中整合各类专业信息的基础平台,推进基础地理信息资源建设已经成为世界各国政府的共识。在发展数字中国地理空间基础信息框架中,还可以借鉴西方发达国家的经验。美国于 1990 年代开始建设国家空间数据基础设施(NSDI);其后,世界各国掀起了空间数据基础设施建设的热潮。英国、日本、澳大利亚、俄罗斯、芬兰、丹麦、新加坡、新西兰、韩国等国家也相继启动了有关空间数据基础设施的建设。

1) 美国国家空间数据基础设施(NSDI)

1994 年,美国总统克林顿颁布 12906 号总统令,即"协调统一地理空间数据的获取和存储:国家空间数据基础设施(NSDI)"。NSDI 是采集、处理、发布、使用、维护和管理来自各级政府、私营与非营利机构、学术团体的地理空间数据所必需的技术、政策、标准、人力资源和相关活动的总和。它在数据生产者和数据使用者之间构建基础平台,其侧重点在于推动数据组织管理和共享。总统令明确由美国联邦地理数据委员会(Federal GeoData Commission,FGDC)负责 NSDI 工作,以促进地理空间数据在美国范围内的协调使用、共享和分发,并指派内政部部长出任 FGDC 主席。

FGDC 不仅负责协调全国地理空间数据的生产和标准化,还大力促进各部门、各地区之间的信息共享。目前,美国已完成以 4D 产品为核心的全国 1∶24 000 基础地理信息数据库建设;NSDI 正在实施的主要计划还包括:①开展国家地图建设(The National Map),提供全国统一时空框架、无缝集成和现势性强的基础地理信息;②建立地理空间信息一站式服务(Geospatial One-Stop),基于 Web 提供全美地图资源、数据及其他地理空间信息服务。

2) 欧洲空间信息基础设施(INSPIRE)

欧洲委员会于 2007 年发布了欧洲空间信息基础设施(INSPIRE)令,INSPIRE 旨在创建欧盟(EU)的统一空间数据基础设施,使各国各级公共部门都能够共享和访问标准格式、可互操作的地理空间信息。同时,还设立一个立法框架,指导欧洲各个团体建立、运行空间信息基础设施,制定、执行、监督和评估欧盟政策,推进欧洲及其各个国家和地方公共部门开展的可能对环境产生直接或间接影响的各项活动。INSPIRE 以欧盟成员国建立和维护且正在使用的空间信息基础设施为基础,其主要构成包括元数据、空间数据集与空间数据服务间的互操作、网络服务与网络技术、数据与服务共享以及跟踪与报告程序等。

INSPIRE 的基本行动原则包括：只对数据采集一次，并将其保存在能给予最有效维护的地方；对来自欧洲不同信息源的空间信息进行无缝整合，并在多种应用中与广大用户共享这些信息；在一层或一种比例尺上采集的信息能被多层或多种比例尺共享；供各级政府部门使用的地理信息应透明并易于使用；能方便查找已有的地理信息，并知道如何使这些信息满足特定需求及在何种条件下可以获取和使用这些信息。

INSPIRE 得到了欧洲各国的积极响应。此外，加拿大 GeoConnections 计划、澳大利亚空间数据基础设施（ASDI）等以国家空间信息基础设施建设为计划，大力促进本国和各国间的地理空间信息的共享。

3）数字中国地理空间框架

2003 年，我国第一次提出"数字中国地理空间框架"建设，国家测绘地理信息局（原国家测绘局）和国务院信息化办公室在 2006 年联合发布《关于加强数字中国地理空间框架建设与应用服务的指导意见》。国家级地理空间框架建设主要是依托国家现代测绘基准工程、地理国情普查与监测、1∶50 000 数据库更新工程、西部测图工程、海岛礁测绘工程、"天地图"信息平台等重大工程实施，逐步实现测绘基准现代化、地理信息数据更新快速化、公共服务网络化。

（1）在测绘基准建设方面。我国建成了约 4.8 万个一、二等天文大地点，7.8 万个三、四等天文大地点组成的天文大地网，2 500 余点组成的国家卫星大地控制网，组成高精度的平面基准控制网；在高程基准方面，建成由总长约 22 万 km 的一、二等水准路线组成的国家高程控制网，并建立我国的似大地水准面模型-CQG2000，还于 2008 年正式启用 2000 国家大地坐标系，并计划到 2018 年全面完成原有坐标系向 2000 国家大地坐标系的转换。

（2）在国家基本比例尺地形图测绘和更新方面。基于数字测绘技术系统，以 4D 产品生产为中心，逐步实现基本比例尺地形图的全国覆盖和快速更新。我国西部长期以来存在的 1∶50 000 地形图空白区（约占中国陆地国土面积的 20%），2006 年国家测绘地理信息局全面启动西部测图工程，实施范围主要在青藏高原、塔里木盆地和横断山脉等地区，覆盖面积约 212 万 km²，新测制地形图共 5 032 幅。同时，又启动了全国 1∶50 000 基础地理信息数据库更新工程，覆盖面积约占我国国土面积的 75%。2012 年，这两大工程相继竣工。同时，伴随我国建设海洋强国战略实施，为推进海洋测绘地理信息提供保障；2009 年，以国家测绘地理信息局为主开始实施海岛礁测绘工程，建立国家海岛礁平面、高程和重力基准，精化我国海域似大地水准面，测制相应比例尺地形图。此外，从 2012年开始，为保障地理信息更新服务，国家测绘地理信息局每年对全国 1∶50 000 数据库重点要素做到更新一次、发布一版；到 2015 年，全国 1∶50 000 数据库完成一次全面更新。

（3）开展地理国情普查与监测工作。国务院于 2013—2015 年间，启动第一次全国地理国情普查工作，系统掌握权威、客观、准确的地理国情信息,为制定和实施国家发展战略与规划、优化国土空间开发格局和各类资源配置提供重要依据,并为推进生态环境保护、建设资源节约型和环境友好型社会提供重要支撑,地理国情普查也是支撑防灾减灾和应急保障服务的重要保障。同时,启动地理国情监测工程,这是综合利用全球卫星导航定位系统(GNSS)、航空航天遥感(RS)、地理信息系统(GIS)等现代地理信息技术,综合已有测绘成果档案,对地形、水系、交通、地表覆盖等地理国情要素进行动态统计与监测,并分析其变化量、变化频率、分布特征、地域差异、变化趋势等,形成反映各类资源、环境、生态、经济要素的空间分布及其发展变化规律的监测数据、专题地图及研究报告。地理国情监测与地理国情普查同步开展,通过对地理国情开展动态测绘、统计,从地理角度来综合分析和研究国情,为政府、企业和社会提供真实可靠和准确权威的地理国情信息。

(4) 国家级公共信息服务平台建设。国家测绘地理信息局近年来加快推进地理信息公共服务平台建设,提高测绘公共信息服务水平。国家级地理信息公共服务平台公众版——"天地图"系统于 2011 年正式上线运行,经过几年不断升级改造,天地图数据资源不断丰富,服务功能不断完善,应用范围持续扩大;并结合我国电子政务建设工作,为各级政府提供相关信息支撑服务。

1.4.3　中国国家基础地理信息数据库与 DEM 数据库建设

中国国家基础地理信息数据库存储和管理全国范围内多种比例尺的地貌、水系、居民地、交通、地名等基础地理信息,包括地形数据库(核心矢量地形要素)、数字高程模型数据库、数字栅格地图数据库、地名数据库、数字正射影像数据库、土地覆盖数据库等,各分库根据比例尺和分辨率的变化细化为子库,子库还可根据要素分成若干层,基础地理信息数据库的建设分为国家、省区和市(县)三级。中国国家基础地理信息数据库是我国国家空间数据基础设施(NSDI)的重要组成部分,也是国家经济信息系统网络体系中的一个基础子系统。同时,它还是面向全社会各类用户、应用面最广的公益型地理信息系统。

这项工程始自 1990 年代。1994 年,我国初步建成全国 1∶1 000 000 地形数据库(含地名)、数字高程模型数据库等;1998 年,完成全国 1∶250 000 地形数据库、数字高程模型和地名数据库建设;1999 年,建成七大江河重点防范区的 1∶10 000 数字高程模型数据库和正射影像数据库;2000 年,建成全国 1∶50 000 万数字栅格地图数据库;2002 年,建成全国 1∶50 000 数字高程模型数据库,并更新了全国 1∶1 000 000 和 1∶250 000 地形数据库;2003 年,建成 1∶50 000 地名数据库、土地覆盖数据库、TM 卫星影像数据库等。2006 年,建成全国 1∶50 000 矢量要素数据库、正射影像数据库等。同时,各省也启动建设各自省区的 1∶10 000 地形数据库、数字高程模型数据库、正射影像数据库、数字栅格地图数据库等。以江苏省为例,2007 年全面建成覆盖全省的 1∶250 000、1∶50 000、1∶10 000 比例尺的空间数据库(包括 DEM、DLG、

DOM、DRG、地名等)。

在全面建设中国国家基础地理信息数据库的背景下,面对数字中国地理空间框架建设和保持基础地理数据现势性的迫切需求,国家测绘地理信息局于 2012 年启动了国家基础地理信息数据库动态更新工程,对国家 1∶50 000、1∶250 000、1∶1 000 000 基础地理信息数据库进行持续动态更新。同时,对 1∶10 000 省级基础地理信息数据(主要包括 DLG、DEM、DOM 三类成果数据)进行整合处理与数据库优化升级,逐步构建全国统一协调的 1∶10 000 基础地理信息数据库。

以 DEM 数据库为例,覆盖我国陆地范围 DEM 数据库分库包括 1∶1 000 000、1∶250 000、1∶50 000 和 1∶10 000 四个子库。

(1) 1∶1 000 000DEM 数据库:初建于 1994 年,中国 1∶1 000 000DEM 是通过从地形图上采集高程点的方法生产,主要利用全国 1∶50 000(8 740 幅)、1∶100 000(3 861 幅)地形图,按照 28.125″×18.750″(经差×纬差)的格网间隔采样,采集格网交叉点的高程值(2 500 万点),经过查错修改、编辑处理,产品格网尺寸为 1 000 m,以 1∶500 000 图幅范围(77 幅)为单位入库,原始数据的高程允许最大误差为 10~20 m。

(2) 1∶250 000 DEM 数据库:建成于 1998 年,总图幅数为 816。1∶250 000DEM 是从 1∶250 000DLG 中提取地貌要素和部分水系要素作为原始数据,采用数学方法内插获得的 DEM 数据;设计了两种格网尺寸:100 m×100 m 和 3″×3″。由于图廓呈梯形,每幅数据均按包含图幅范围的矩形划定,相邻图幅间均有一定的重叠。为保证相邻图幅重叠区域的格网高程值尽可能一致,每一幅图内插时,同时采用了相邻 8 幅图接边处至少 5 km 宽范围内的等高线和高程点。

(3) 1∶50 000DEM 数据库:2002 年首次建成,2011 年更新一次,格网间距为 25 m,总图幅数 24 182 幅。1∶50 000DEM 是现阶段范围最为完整的精尺度 DEM 数据,也是目前应用最为广泛的 DEM 数据产品。1∶50 000 DEM 利用全数字方法生产,部分采用 1∶50 000 数据库数据,生成 25 m×25 m 格网形式。采用 6°分带的高斯克-吕格投影,1980 西安坐标系和 1985 国家高程基准。

(4) 1∶10 000 DEM 数据库:主要由各省(市、区)建设,以江苏省为例,已建成 5 m 格网的全省 DEM 产品,覆盖陆域约 4 098 幅。

1.4.4 关于数字高程模型产品的国家标准

数字高程模型是国家基础地理信息数字成果的主要组成部分。为科学规范我国目前标准测绘 4D 产品(特别是 DEM)的生产,已制订的国家行业标准包括《基础地理信息数字成果 1∶500 1∶1 000 1∶2 000 数字高程模型》(CH/T 9008.2-2010)、《基础地理信息数字成果 1∶5 000 1∶10 000 1∶25 000 1∶50 000 1∶100 000 数字高程模型》(CH/T 9009.2-2010)、《基础地理信息数字产品 1∶10 000 1∶50 000 生产技术规程第 2 部分:数字高程模型(DEM)》(CH/T 1015.2-2007)、《机载 INSAR 系统测制 1∶10 000

1：50 000 3D 产品技术规程》(20111194 - T - 491,未正式发布)等,其他还包括《多尺度数字高程模型生产技术规定》(国务院第一次全国地理国情普查领导小组办公室编制,编号为 GDPJ 08 - 2013)等技术规程。同时,还有《数字测绘成果质量检查与验收》(GB/T 18316 - 2008)等数据质量检查标准。

以国标 CH/T 9008.2 - 2010 为例,该标准描述了数字高程模型的概念,将 DEM 产品按精度分为三级,规定数字高程模型成果由数字高程模型数据、元数据及相关文件构成,具体规定了平面坐标系下基础地理信息数字成果 1：500、1：1 000、1：2 000 数字高程模型的数学基础、分幅与编号、格网尺寸、精度、格网定位、数据覆盖范围、数据存储、文件命名、质量检验、标记、包装和保密等各项技术要求,适用于平面坐标系下基础地理信息数字成果 1：500、1：1 000、1：2 000 数字高程模型的成果生产、质量控制、数据建库和分发应用。具体规定概括如下:

(1)数学基础:我国目前统一采用 2 000 国家大地坐标系,确有必要时,也可采用依法批准的独立坐标系。地图投影采用高斯-克吕格投影,按 3°分带,在特殊情况下,也可按 1.5°分带。高程基准一般采用 1985 国家高程基准,或可采用依法批准的其他高程基准。

(2)分幅与编号:数字高程模型成果的分幅与编号应符合 GB/T 20257.1 的规定(即《1：500 1：1 000 1：2 000 地形图图式》)。

(3)格网尺寸:1：500、1：1 000、1：2 000 数字高程模型成果宜采用的格网尺寸见表 1-2。

表 1-2　网格尺寸表

比例尺	格网尺寸(m)
1：500	0.5
1：1 000	1.0
1：2 000	2.0

(4)精度:数字高程模型成果的精度用格网点的高程中误差表示,其精度依比例尺不同,又分一级、二级和三级产品,其中各级产品还要按照地貌类型不同,规定不同的精度要求。以 1：2 000 比例尺 DEM 为例,其一级产品在平地、丘陵、山地、高山地区,其高程中误差的精度指标应分别不低于 0.4 m、0.5 m、1.2 m 和 1.5 m。

1.5　数字地面模型的分类及应用

1.5.1　数字地面模型的分类

数字地面模型可以按照数据源、数据内容、数据结构进行分类。

按数据源分类,数字地面模型可分为以下五类:

(1)以航空和航天遥感影像资料作为数据源;

（2）以地形图为数据源：主要以比例尺不大于 1∶10 000 的近期基本地形图为数据源，从中采集中等密度地面点集的数字高程；

（3）以地面实测记录为数据源：用全站仪或经纬仪、GPS 以及手持计算机获取地面点观测数据，经过适当的变换处理后建成数字高程模型，一般用于小范围大比例尺（>1∶5 000）的数字地形测图和土方计算，精度较高；以及从水文站、气象站、地质勘探、重力测量等获取的记录数据，经过内插计算，建立专题的数字地面模型；

（4）以各种专题地图为数据源；

（5）以统计报表（一般以行政区为统计单元）和行政区域地图为数据源。

按数据内容分类，数字地面模型可分为以下四类：

（1）综合性数字地面模型；

（2）区域性数字地面模型；

（3）专题性数字地面模型；

（4）单项数字地面模型。

按数据结构分类，数字地面模型可分为以下七类：

（1）规则格网数字地面模型（GRID）；

（2）等值线数字地面模型（等高线）；

（3）散点数字地面模型（TIN）；

（4）曲面数字地面模型；

（5）线路数字地面模型；

（6）平面多边形数字地面模型；

（7）空间多边形数字地面模型。

1.5.2 由 DEM 派生的主要数字产品

如前所述，DEM 是存储在计算机存储介质上的一种离散化的高程数据点集，一般采用规则格网或离散点数据模型。作为数字测绘的标准数据产品，只有经过数字表面重建、地形可视化等过程，并结合专题地理数据，才能转化为用户可以直接阅读和使用的地图作品。

以标准 DEM 为基础数据（一般为规则格网数据），利用 GIS 平台的空间分析、3D 分析及立体显示模块，结合专题地理分析，开展基本地貌因子分析（坡度、坡向、等值线绘制等）、复杂地貌要素提取，可以方便地生成平面等高线、立体等高线、坡度图、坡向图、晕渲图、剖面图、通视图、三维立体透视图等可视化产品（图 1-31）。同时，在统一地理坐标系统中，利用同一比例尺的 DOM、DLG、DRG、DSM、数字地名等测绘产品，进行叠置分析或立体晕渲，可以制作多种复合产品，如遥感影像地图、平面地形景观图、三维景观晕渲地图等（图 1-32）。

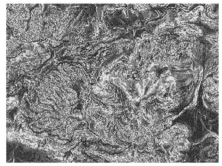

坡度图	坡向图

图 1-31　DEM 提取基本地貌因子图

（来源：http://www.esri.com）

一般而言，以 DEM 为基础，可生成多种 4D 数据的产品组合，例如：①DOM＋DLG——数字影像图；②DOM＋DLG＋地名——数字影像地图；③DOM＋DEM——立体地形景观；④DOM＋DEM＋DLG（核心地形要素）＋地名——立体景观地图；⑤DEM＋DOM＋DLG（交通要素）＋地名——立体交通数字地图；⑥DEM＋DOM＋城市建筑物模型＋地名——城市三维景观地图。

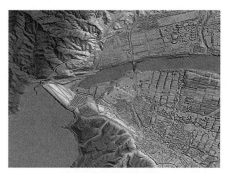

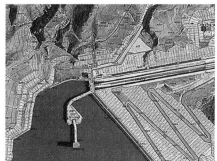

某水库数字表面晕渲图	某水库DLG+DOM叠置图

喜马拉雅山地真实感立体景观	SPOT+DEM复合生成立体山地景观

图 1-32　DEM 复合产品

（来源：http://www.esri.com）

1.5.3　DTM 的主要应用

DTM 在理论与技术层面与多个学科紧密关联。从数据获取、信息提取、空间表达等角度来看，DTM 与测绘学、摄影测量学、地图学、遥感、地理信息系统等学科密不可分,是现代地理信息科学的重要研究内容。从DEM内插、数据管理、信息加工、空间分析、数字产品输出等角度来看,DTM源于传统测绘学与信息科学的学科交叉,在理论、方法、技术等方面多汲取了数值分析、离散数学、信号处理、数据库、图形学、图像学等学科的相关内容与最新发展。

在应用层面,DTM作为新一代的地形图,它的应用遍及传统地形图所涉及的各个行业与领域,成为支持地学建模与空间分析应用的基础数据和有力工具;同时,DTM作为地理信息产业的基础产品与关键技术,也在不断开拓新的应用领域,在产业化和社会服务方面,发挥着重要作用。

目前,DTM的应用主要遍及土木工程(交通、水利、矿山)、区域城乡规划(区域规划、城市设计、景区规划)、地球科学研究、自然资源调查与管理、环境监测与评价、灾害测绘应急保障、测绘工程与制图、军事国防及航空等多个领域。以下分四个专题简要说明。

1) 土木建筑及其他工程

DTM以其地形建模手段,在道路勘测设计(公路、铁路)、应用地质勘探(石油、煤炭等)与矿山测绘、水利工程建设、电信电力工程项目等建设中发挥着重要作用。

在道路勘测设计中,设计人员基于高精度的数字高程模型,应用道路CAD系统,采集沿线剖面地形数据,进行平、纵、横断面的定线分析与路线设计,开展土石方计算与经济性评价,进行道路线路比较分析,并通过沿线地形表面建模、DEM叠置分析、道路景观三维可视化、道路仿真演示等工作,对道路建设制定科学经济的工程设计方案。在道路勘测设计CAD软件方面,英国的MOSS系统、美国的INROADS、德国的CARD/1以及国产软件集成化公路CAD、纬地道路CAD等中,都高度集成了数字高程模型的实时生成、图形编辑、专业分析与三维可视化功能,不仅支持道路设计,还在市政管网、输油管道、水工渠道、电信电力线路设计等工程领域得到了广泛应用。

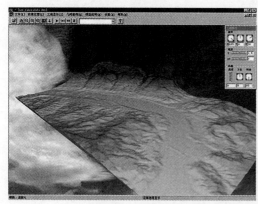 

三峡大坝(三斗坪)DEM　　　　　　　三峡大坝(三斗坪)DEM+正射影像

图1-33　三峡大坝选址分析(GeoStar平台)

(来源:武汉大学测绘遥感信息工程国家重点实验室)

在地质勘探与矿山测绘等方面,利用地质图、DEM、遥感影像,结合GIS空间分析手段,可构建三维地表景观,开展地质断面测量、地表沉陷与形变监测、废矿土地复垦与生态重建、矿区三维仿真系统研制等工作,对于了解复杂的地表及地下三维地质环境具有重要意义。

在水利工程建设中,通过水利工程DEM(河道、库区等)建设,结合地表水文观测资料、遥感影像等,可开展河道或库区三维地形建模、水库库容计算、淹没分析与制图、洪水模拟计算、大坝选址分析等工作(图1-33),并绘制诸如水库水位等值线图、水位-面积曲线、河道断面图等,为水利工程建设、水文监测等提供技术与数据支撑。

2)"数字城市"与区域城乡规划

DTM在区域规划、城市设计、景区规划等领域发挥重要作用,形成以"数字城市"为平台,以城市景观三维动态展示与区域规划空间分析为核心功能,支持规划决策、规划实施与评价的综合技术系统。

"数字城市"的概念最初来源于1998年美国副总统戈尔提出的"数字地球"。"数字城市"旨在构建包括数字正射影像、数字高程模型、基础地理矢量数据集(城市交通、市政管网、水系、境界线、地名注记等)等在内的城市空间数据基础设施,并以互联网为纽带与中枢,使城市地理、资源、环境、生态、人口、经济、社会等复杂系统实现数字化、网络化与可视化,进而实现仿真展示与虚拟现实系统,并具备查询、显示、监测、管理、分析和决策支持等多种功能,从而使城市规划具有更高效率,丰富其表现手法,立体展示城市空间的多维、多层信息,提高城市建设的时效性、城市管理的有效性,促进城市的可持续发展。近年来,随着物联网、云计算、Web2.0技术与应用的兴起,以"数字城市"为基础,逐步走向"智慧城市",成为建设信息化城市、构建虚拟社区、融合地理信息智能运用的新型平台。

在"数字城市"建设中,DEM是城市空间数据基础设施的重要内容,结合遥感、GIS及调查数据,DEM在三维可视化表达、虚拟实景再现等方面发挥着支撑作用。以城市规划为例,地形地貌是约束城市用地空间布局、布置基础设施、保护区域生态格局、构建通视廊道和丰富空间景观元素的基底要素。特别是在山地城市,在制定控制性详细规划时,考虑用地布局时必须同时考虑高程、坡度、坡向等问题,如何利用地形优势,同时规避其劣势,合理布置建筑物和构筑物、合理实现交通联系、建立舒适的生态环境和形成城市建筑空间形态,成为规划的重要议题。目前,已从过去以纸质地形图为作业底图的阶段全面发展到以GIS、CAD等为信息支撑环境,基于DEM构建三维可视化地理环境,为规划设计、规划实施管理等提供全面支持。以近年来迅速发展的实景3D城市建设为例,主要是利用机载LiDAR、数码测量相机与倾斜摄影相机等,获取城市高精度地形,顶面、侧面影像,并快速、主动生成大比例尺的DEM、DOM、DLG、城市三维模型、模型纹理、倾斜实景影像等各种"数字城市"产品,从而构建实景3D城市(图1-34)。

DTM还是"数字景区""智慧景区"建设的重要组成部分。数字景区一

图1-34 城区DSM＋城市3D建筑模型
（来源：东方道尔公司，http://www.east-dawn.com.cn）

般需要集成旅游景区基础地理、遥感影像、旅游、景点(路径、语音)导览专题数据等多种信息资源,构建旅游景区不同尺度的地形表面模型(3D模型),开发基于互联网和多媒体的虚拟数字景区信息平台,制作电子版导航旅游地图,提供多媒体查询、移动导览等功能可实现旅游景区信息的全方位管理、展示与导览,为旅游景区数字化完整体系构建提供了解决方案。

3) 地球科学、测绘应急保障及制图研究

DTM是地理、地质、水文、环境、大气等地球科学研究的基础数据源,也为开展专题地学研究提供支撑。同时,结合遥感手段,在考古学、建筑学等研究领域也发挥着重要贡献。

在水文学研究方面,利用DEM、专题地图及遥感数据,结合气象、水文、土壤、遥感、地面野外观测资料等,可以构建分布式水文模型。分布式水文模型是基于DEM所划分的流域单元上建立的定量水文模型,利用DEM可提地表面形态参数,包括流域网格单元的坡度、坡向以及单元之间的关系等;根据算法还可计算地表水流路径、河流网络和流域的边界,进而在流域单元内计算"土壤-植被-大气"系统中水的运动,并考虑单元之间水平方向的联系,进行地表水和地下水的演算,并开展地面径流、降水-蒸发模拟、土壤侵蚀、洪水演进等水文物理过程的数值计算、动态模拟与专题制图。

在地貌学研究领域,利用数字高程模型,结合传统地貌学研究方法(如野外观测、定性分析、手工填图),发展数字地貌学,是现代地貌学发展的重要趋势。地貌研究的基础是对地表地貌形态特征参数进行描述,主要包括对研究区的高程、坡度、坡向、地形起伏等参数的定量表达。基于数字高程模型的空间分析和数字图像处理技术可以快速提取地貌的表征参数(基本地貌因子),还可利用DEM空间分析进一步分析复杂地貌现象,开展地貌分类与地貌制图研究,构建景观地貌模型,对其地形剖面进行量化分析,研究剖面线上地形的高程、高差、坡度及地形起伏的变化,结合地质资料(活动构造、岩性等)与野外观察,还可进一步增进对区域地形地貌演化的理解,同时制作相关专题地图。

在气象学与气候学研究中,结合DEM分析,可对局部地形环境中下垫面条件(主要是地形、地貌)对区域气候的影响进行评价,其中不仅包括海拔高度分布、太阳辐射(高度角、阴影区、辐射强度)变化、地表水与地下水的运动、地表风力变化及气流运动、地形坡度、地貌围合条件等,这些因素都需要根据 DEM 进行定量化的分析。同时,在气象观测设站时,也需要进行地形分析,主要以海拔高度、坡度、坡向及通视条件为评价因子,可以帮助选择较优的设站地址。

当发生重大灾害、事故及疾病疫情时,需要开展应急测绘保障服务。在地质灾害(地震、火山、滑坡)及次生自然灾害的监测与救灾研究中,DEM 就发挥着不可替代的重要作用。以汶川(2008)、玉树大地震(2010)为例,地震发生后,对地观测技术成为地震灾害监测与灾情评估的重要手段,利用高分辨率光学遥感影像、SAR 数据,提取并建立了研究区 DEM,分析地震区域地形与地质构造分布及其岩性特征,建立了堰塞湖、道路损毁、崩塌/滑坡/碎屑流等次生地质灾害计算与评价的数字模型,利用专题地图展现了汶川地震次生地质灾害的空间分布、损毁范围、风险程度,同时建立了地震灾害三维模拟评估系统,为地震灾情的精确评估提供了系统平台(图 1-35)。

图 1-35　地震灾害三维模拟评估系统(郭华东等,2011)

DTM 近年来还在全球变化、测绘制图等研究中发挥重要作用。在全球土地利用变化与覆被分类及制图工作中,DTM 成为地理底图制作的基础数据,也是对遥感数据辅助进行几何校正,提高遥感图像地学解译及分类精度的重要数据源,同时还是专业模型与专题分析的重要基础。

4) 军事国防

国防建设与军事行动是 DTM 产品的最重要用户,也是 DTM 产品的主要生产者。DTM 是"数字战场"建设的基础,也是军事测绘保障的核心数据产品。在近现代以前的传统战争中,军事行动就对地形的准确性和精度要求很高,战场环境的方方面面,都与地形地貌有着密切联系。战役组织往往需要凭借纸质地形图或实体地形沙盘,结合野外战场侦察,对战场地形进行综合分析,准确掌握地貌、水系、道路、居民地和土壤植被等地形要素,并判断其对部队运动、观察、射击、隐蔽和伪装的影响。在作战模拟和战时指挥决策中,高级指挥员在参谋人员配合下,通过在指挥部地图上标绘或在沙盘中手工移动目标来实时描绘或推演战场态势;在战场实际战斗过程中,前线指挥人员又需要利用有利地形构筑防御工事、开展兵力配置与组织行军路线,从而达到正确凭借地形,做到趋利避害的目的。

1980 年代以来,发达国家率先开展以数字地形图为基础的"数字战场"建设。我国也已研制和发射了多颗侦察、通信卫星,航摄、电子等其他侦察手段快速发展,已经初步形成战场监视与信息传输网络。在三维数字化战场环境研究方面,北京航空航天大学等科研单位开发了用于战术演练的分布式虚拟战场环境 DVENET,可以实现包含远程节点的数百个武器平台在同一块逼真地形下进行协同作业或对抗演练;国防科技大学联合多家单位完成了基于卫星信息的三维数字化战场环境系统。解放军测绘学院逐步将虚拟现实技术引进军事测绘领域,开展战场感知工效学研究,构建数字化战场环境仿真系统,实现战场环境的"可视化",以数字地形数据为基础,结合航天、航空技术,为指挥员提供瞬时、动态、真实的战场空间。

在数字化战争中,基于信息技术的中枢指挥系统至关重要。美国1962 年开始组建战略指挥控制系统,经过数十年的经营,目前形成规模庞大、自动化程度高的新一代指挥自动化系统,俗称 C4ISR 系统(Command、Control、Communications、Computers、Intelligence、Surveillance、Reconnaissance,即"指挥""控制""通信""计算机""情报""监视"和"侦查"七个词汇的首字母缩写而来)。C4ISR 系统提供军事行动的系统互联、信息共享与智能化指挥,已成为现代军队的神经中枢。美国在 1991 年海湾战争时第一次启用 C4ISR 系统,其后经大幅改进,并在后来的科索沃战争中发挥了重要作用。据新闻报道,中国目前也在组建以信息网络为中心的三军一体化 C4ISR 系统,目标是将陆海空信息完全无缝接入,各军兵种各型装备甚至到个人全部接入一个大系统,使得三军互联互通,真正实现了信息化战争下的天地一体联合作战指挥平台。

C4ISR 系统是现代信息战和数字战场建设的基础,而基于地理空间信息基础框架的海量信息,则是 C4ISR 系统运作的基础资源。

(1)基础地理信息数据库是联合作战指挥系统的基底数据平台。基础地形(包括 DEM)、航空及卫星遥感影像、大地测量数据、水文数据、气象数据,与情报数据融合在一起,形成时空一体化的军事地理情势信息环境。基础地理空间信息数据既是其他战场情报的重要载体,也是战场情报的重要组成部分。美国等西方国家将地理空间信息数据作为"战场情报准备"(IPB)的主要内容之一,称其为地理空间情报(Geospatial-intelligence)。利用基础地理信息数据,可定量分析战场环境,进而辅助军事决策。

(2)高精度基础地理数据是精确打击武器系统的基础保障。武器制导系统的精度在很大程度上依赖于精确的数字地图,包括数字高程、数字正射影像及数字线划地图等,远程巡航导弹所采用的地形匹配(TERCOM)制导和数字景像匹配与区域相关器(DSMAC)制导方式,就是利用基础地理空间数据库中的地形数据或数字式地面景物图像,引导巡航导弹精准锁定打击目标。以"战斧"巡航导弹(Tomahawk Cruise Missile)为例,它属于美军海基巡航导弹系列,能够自陆地、船舰、空中与水面下发射,以精准攻击舰艇或陆上目标。该导弹在 1991 年海湾战争中首次使用。"战斧"巡航导弹巡航高度,在海上为 7~15 m,陆上平坦地区为 60 m 以下,山地 150 m,有很强的低空突防能力,射程在 450~2 500 km/h,飞行时速约 800 km/h。战斧导弹的制导系统早期采用惯性导航(INS)+地形匹配(TERCOM)+末端影像匹配三段制导技术;最新方式则舍弃了地形匹配+末端影像匹配组合方式,使用 GPS/INS系统+数字景像匹配与区域相关器(DSMAC)+精确地形辅助导航(PTAN)三段制导方案,采用此方案,导弹命中精度小于 10 m。在"战斧"式导弹被发射之前,有关地面目标的经度和纬度数据被编入弹载的计算机系统,包括导弹飞行初始、中途和最终阶段的数据。导弹发射后,由导弹的固体燃料助推向前推进导弹,导弹以 100 ft 的飞行高度飞行,其飞行过程中至少有 4 颗卫星为它导航。导弹内的全球定位系统随时接受卫星信号,确定其飞行状况。如果偏离了预定的飞行轨道,弹载计算机系统会自动对比预存的目标地图和实际地形,自动进行纠正。

(3)地形可视化和战场环境仿真系统为作战演练提供保障。近年来,各国军事现代化建设均重视采用数字地图为基础、利用虚拟现实技术,建设虚拟数字战场环境,作战人员可仿真进入战场,有身临其境的临场感,参战部队可以在这样的虚拟战场上展开"沙盘作业",以数字作战模拟代替实战演习。

此外,DTM 还在自然资源调查与管理、环境监测与评估、航空导航与模拟、科技教育等领域发挥着越来越重要的作用,并延伸到与地理信息相关的所有应用行业。由于 DTM 产品蕴藏着巨大的商业与科技应用价值,国际大型地理数据公司及研究机构,如美国宇航局(NASA)、美国数字地球公司、欧洲空中客车公司、日本宇航局(JAXA)等,不仅提供全球免费的中低分辨率DEM 数据产品(30 m、90 m 为主),还发展了全球高精度的商业 DEM 产品计划,包括 WorldDEM(12 m)、Reference3D(15 m)、ALOS World 3D(5 m)等,都大大开拓了 DEM 在商业领域的专题应用与增值服务。

思考与练习题

1. 古往今来,人类一直在寻求如何描述周围及其大区域范围的地形地貌形态及其地表现象的有效表达方式,请简述常见的地形描述手段。

2. 地图上表示地貌的具体要求是什么?地形图的立体表示有哪几种表现手段?

3. 试析数字高程模型与数字地面模型概念的区别及联系。

4. 试述数字地面模型描述地表的优点。

5. 请简述基础地理信息数字产品 4D 产品的组成及特点,并分析 DEM 在其中的作用与功能。

6. 课后延伸学习与练习。

(1) 题目:利用 Google Earth 认识典型地貌区(例如:黄土高原、云贵喀斯特地貌区)(范围不宜过大,以 2 000 km² 为限)。

(2) 要求:①学习并利用 Google Earth 工具,了解自己所在典型地貌区的地形地貌;②使用 KML、3D 地形浏览与漫游、添加注释等功能,并切屏;③在图像处理软件(如 Photoshop)中制作专题地图(增加图名、比例尺、图例、注记等信息);④利用 Powerpoint 软件制作多媒体展示文件,展示典型地貌区的主要地理环境(以地形为主,可添加其他介绍典型地貌区的有关文字)。

参考文献

[1] 李志林,朱庆.数字高程模型[M].2 版.武汉:武汉大学出版社,2003.

[2] 汤国安,李发源,刘学军.数字高程模型教程[M].2 版.北京:科学出版社,2010.

[3] EL-SHEIMY N, VALEO C, HABIB A. Digital Terrain Modeling: Acquisition, Manipulation And Applications[M]. Norwood, MA: Artech House, 2005.

[4] LI Z, ZHU C, GOLD C. Digital Terrain Modeling: Principles and Methodology[M]. London: Taylor & Francis, 2004.

[5] 刘学军,卢华兴,仁政,等.论 DEM 地形分析中的尺度问题[J].地理研究,2007(03):433-442.

[6] 吴其斌,刘延东,贾文珏.美国地理空间信息及其基础设施建设——组织机构、职能及相关活动[J].国土资源信息化,2010(4):44-48.

[7] 耿爱君,许晖.欧洲空间信息基础设施综述[J].测绘标准化,2010,26(4):35-40.

[8] 李维森.数字中国地理空间框架的建设与智慧城市时空信息云平台的探索.测绘地理信息蓝皮书——智慧中国地理空间智能体系研究报告(2013)[R].北京:社会科学文献出版社,2013.

[9] 王中根,刘昌明,吴险峰.基于 DEM 的分布式水文模型研究综述[J].自然资源学报,2003(02):168-173.

[10] 张会平,杨农,刘少峰,等.数字高程模型(DEM)在构造地貌研究中的应用新进展[J].地质通报,2006(06):660-669.

[11] 杨崇俊,张福庆,伍胜,等.汶川地震灾区三维地理信息系统[J].遥感学报,2008(06):893-899.

[12] 郭华东,刘良云,范湘涛,等.对地观测技术用于汶川和玉树地震灾害的研究[J].高校地质学报,2011(01):1-12.

[13] 贾建坤,冯莉.地理空间信息数字化战场的基石[J].现代军事,2006(06):53-57.

2 数字地面模型的数据获取

获取地形数据是构建数字高程模型的第一步工作。DTM 数据包括平面位置和地面属性数据(主要是高程数据,也包括植被、土地利用类型等其他地面特性数据)两种,可以直接在野外通过全站仪或者 GPS、激光测距仪等进行测量,也可以间接地从航天遥感影像、航空摄影测量及地形图上数字化获取。本章所讨论的 DTM 数据,主要是指数字高程数据(DEM)。DEM 数据是基础地理信息产品(4D 产品)之一,是派生数字地面模型(DTM)、构建基础地理信息系统和开展数字地形分析的基础数据。

在传统测绘作业中,航空摄影测量和地形图数字化方法是大规模 DEM 采集最有效的两种方式,也是普遍采用的方式。随着高分辨率航天遥感、卫星测绘、干涉式合成孔径雷达遥感、激光雷达、全球导航卫星系统(Global Navigation Satellite System,GNSS)、倾斜摄影测量、数字摄影测量等现代测绘技术的快速发展,航天卫星、激光雷达等已成为高精度 DEM 数据快速采集与建模的重要手段。本章将 DEM 数据源分为航天遥感影像、航空摄影测量、地形图扫描数字化、地面数据采集等手段,并结合地形数据采样理论与方法、数据采集与质量控制等内容全面展开论述。

2.1 数字高程模型的数据来源

2.1.1 航天遥感影像

航天遥感影像是 DEM 生产的重要数据源,特别是随着测绘卫星的成功研制与广泛应用,目前已进入了卫星立体测绘的新时代。原始遥感影像数据通过摄影测量、遥感图像数字处理后,可生成 DSM、DEM、DOM、TDOM 等初级产品,进一步加工后,可得到 DRG、DLG 等产品及以上产品的复合品。

航天卫星是目前的主流遥感平台,根据其监测或服务内容的不同,可分为陆地卫星、气象卫星和海洋卫星系列。限于篇幅,本章主要介绍陆地资源探测卫星、高空间分辨率商业卫星、雷达遥感卫星等主要用于立体地形测绘的卫星及传感器。

1)陆地资源卫星系列

(1)陆地资源卫星(Landsat)

美国于 1961 年发射了第一颗试验型极轨气象卫星,1972 年起陆续在气象卫星的基础上研制发射了第一代试验型地球资源卫星(Landsat-1、2、3)。这三颗卫星上装有反束光摄像机(RBV)和多光谱扫描仪(MSS),分别有 3 个和 4 个波段,图像空间分辨率为 80 m。Landsat 系列卫星每景影像所覆盖的对应地面面积均为 185 km×185 km,覆盖范围为北纬 83°到南纬 83°之间的所有陆地区域,数据重访周期为 16 天(Landsat-1~3 的周期为 18 天)。

1980 年代,美国发射了第二代试验型地球资源卫星(Landsat-4、5),平台增加了新型的专题制图仪(TM),TM 的波谱范围比 MSS 宽,波谱分辨率比 MSS 图像高,地面分辨率为 30 m。1984 年,Landsat-5 卫星成功发射,在轨运行共 20 多年(2011 年停止获取图像),是运行寿命时间最长的光学遥感卫星,也成为全球应用最为广泛、成效最为显著的地球资源卫星遥感信息源。

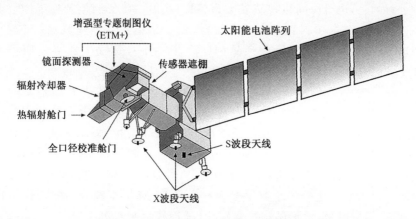

图 2-1 Landsat-7 ETM＋专题制图仪

1990 年代,美国又陆续发射了第三代资源卫星(Landsat-6、7)。1993 年,Landsat-6 卫星发射失败。Landsat-7 卫星于 1999 年 4 月 15 日发射升空,该卫星装备了一台增强型专题绘图仪 ETM＋(图 2-1),被动感应地表反射的太阳辐射和散发的热辐射。ETM＋共设 8 个波段,并新增一个全色波段(分辨率为 15 m),热红外通道的空间分辨率也提升了一倍(达到 60 m)。2003 年 5 月,Landsat-7 ETM＋机载扫描行校正器(SLC)发生故障,导致图像出现了数据条带丢失现象,严重影响了成像能力,并逐步结束数据服务。

2013 年 2 月,NASA 与美国地质调查局(USGS)合作开发的 Landsat 数据持续任务卫星(Landsat Data Continuity Mission,LDCM)正式发射成功。LDCM 在轨测试成功后,USGS 全面接管卫星的运营工作,将其更名为 Landsat-8(USGS,2013)。Landsat-8 卫星上搭载两台传感器,分别是运行性陆地成像仪(Operational Land Imager,OLI)和热红外传感器(Thermal Infra-red Sensor,TIRS)。Landsat-8 成像在空间分辨率和光谱特性等方面与 Landsat-1~7 基本保持一致。与 Landsat-7/ETM＋相比,OLI/TIRS 在波段设置、辐射分辨性能和扫描方式上都得到很大改进,其中 OLI 共包括 9 个波段,新增海岸带(coastal)监测和卷云(cirrus)识别波段,TIRS 则设置了两个热红外波段。同时,NASA 联合美国地质调查局已开始研发 Landsat-9(Landsat-8 升级计划),在整体监测强度方面将超过既往 Landsat 卫星,预计在 2023 年完成研制与发射任务。

自此,Landsat 卫星系列相继发射 8 颗(在研 1 颗),将完成超过半个世纪的连续对地遥感观测,持续积累了有史以来最为系统完整的基础遥感数据集,在全球对地观测中占有极为重要的地位。

Landsat 卫星系列的中心任务是长期监测陆地表层土地覆被与土地利用(LULC),本身并不能用于地形测绘与 DEM 数据采集。Landsat 数据在具体应用中,往往需要考虑地形因素。如 Landsat Level 4 产品就可称为高程校正产品,它是经过辐射校正、几何校正和几何精校正的产品数据,同时采用 DEM 纠正地势起伏造成的视差。同时,Landsat 数据与 DEM 产品联合使用,构成 DTM 数据集,在土地利用、环境规划、农业生产等众多领域发挥了重要作用。

(2) SPOT 卫星

SPOT 系列卫星是法国空间研究中心(Center National d'Etudes Spatiales,CNES)研制的地球观测卫星系统("SPOT"是法文 Satellite Pour l'Observation de la Terre 的缩写),从 1986 年开始迄今一共发射了 7 颗卫星(表 2-1)。

表 2-1　SPOT-1～5 系列卫星传感器及相关技术性能

	SPOT-1,2,3	SPOT-4	SPOT-5
传感器	HRV：High Resolution Visible	HRVIR：High Resolution Visible Infrared	HRVIR：High Resolution Visible Infrared
波谱分辨率	多光谱 XS B1：0.50～0.59 μm B2：0.61～0.68 μm B3：0.78～0.89 μm	多光谱 XI B1：0.50～0.59 μm B2：0.61～0.68 μm B3：0.78～0.89 μm SWIR：1.58～1.75 μm	多光谱 XI B0：0.43～0.47 μm B1：0.49～0.61 μm B2：0.61～0.68 μm B3：0.78～0.89 μm SWIR：1.58～1.75 μm
	全色 P：0.50～0.73 μm	单色 M：0.61～0.68 μm	全色 P：0.49～0.69 μm
空间分辨率	XS：20 P：10 m	XI：20 m M：10 m	XS：10 m SWIR：20 m P：2.5 m
重访周期	26 天		
观测功能	观测角度：+/-27° 条带宽度：81 km 观测周期：2～3 天 主要产品：立体像对		
视场宽度	60 km		

SPOT-1 卫星于 1986 年 2 月 22 日发射成功,卫星定位于近极地圆形太阳同步轨道,轨道倾角 93.7°,平均高度 832 km(北纬 45°处),绕地球一周的平均时间为 101.4 min,重访周期为 26 天,卫星在地方时上午 10 时 30 分

由北向南飞越赤道。卫星上载有两台完全相同的高分辨率可见光遥感器
（High Resolution Visible，HRV），采用电荷耦合器件线阵（Charge Couple
Device，CCD）的推扫式（push-broom）光电扫描仪，地面分辨率全色波段为
10 m，多波段为20 m。当SPOT-1卫星以"双垂直"方式进行近似垂直扫
描时，两台仪器共同覆盖一个宽117 km的区域，产生一对SPOT影像，提
供了立体卫星遥感数据。

在SPOT-2、3、4之后，SPOT-5（图2-2）于2002年5月4日发射，卫
星上搭载2台高分辨率几何成像装置（HRG）、1台高分辨率立体成像装置
（High Resolution Spectrometer，HRS）、1台宽视域植被探测仪（VGT）等。
SPOT-5卫星比前几颗卫星有明显的改进和优势：空间分辨率提高一倍，
最高可达2.5 m。SPOT-5 HRS可获取同轨高分辨率立体像对，用于制作
SPOT DEM产品（Reference3D增值产品），第一次实现了无地面控制点情况
下的卫星影像测绘。SPOT-5 HRS/HRG影像还是中国西部1∶5万地形图
空白区测图工程的主要数据源，该工程跨越传统测绘作业模式，运用航空
航天遥感新技术，设计和采用稀少地面控制测图方案，实现了西部地区
1∶5万无图区的地形测绘。SPOT-5在商业上取得了巨大成功，在轨服务
达15年，远超设计寿命，于2015年退出服务。

图2-2　SPOT-5 DEM示例（美国大峡谷，2006年）

SPOT-6、SPOT-7分别在2012年9月、2014年6月陆续发射成功，
两颗卫星的性能指标基本相同，具备更高分辨率、更灵活的编程接收及更
高效的影像获取能力，满足1∶25 000大比例尺制图需求。SPOT-7由欧
洲空客防务与航天公司研制，轨道高度694 km，具备很强的姿态机动能力，
可在14 s内侧摆30°；全色图像分辨率达到1.5 m，多光谱分辨率6 m，卫星
上装载两台"新型Astrosat平台光学模块化设备"（NAOMI）空间相机，
两台相机的总幅宽为60 km。这两颗卫星每天的图像获取能力达到
600万km²，设计工作寿命到2024年。同时，SPOT-6和SPOT-7与两
颗昴宿星（Pleiades 1A和1B）组成四星星座，该星座同处一个轨道平面，彼

此之间相隔 90°，具备每日两次的重访能力；由 SPOT 卫星提供大幅宽普查图像，而 Pleiades 则针对特定目标区域提供 0.5 m 的精细图像。特别值得注意的是，SPOT-6、7 卫星具有更好的立体和三线阵影像获取能力，可用于快速生成大范围 DEM，一景覆盖范围达到 60 km×60 km。

（3）中国陆地资源卫星与测绘卫星系列

1999 年 10 月 14 日，中国和巴西联合研制的第一颗地球资源遥感卫星（也称资源一号卫星，代号 CBERS-01）成功发射，该卫星是继国土普查卫星（1985 年研制的一颗短寿命、低轨道的返回式遥感卫星）。中巴地球资源卫星采用太阳同步近极地轨道，轨道高度 778 km，卫星的重访周期是 26 天，设计寿命 2 年，所载荷的传感器最高空间分辨率为 19.5 m，扫描幅宽为 113 km，在可见光、近红外光谱范围内共设有 4 个波段和 1 个全色波段。之后，又发射了中巴地球资源卫星 02 星（CBERS-02）（2003）和 CBERS-02B 星（2007）。

2011 年 12 月 22 日和 2012 年 1 月 9 日，"资源一号"02C 卫星和资源三号测绘卫星两颗陆地观测卫星分别于太原卫星发射中心成功发射，标志着我国遥感卫星从科研试验型向业务应用型的转变。"资源一号"02C 卫星（ZY-1 02C）是首颗为我国国土资源用户定制的业务化运行卫星，卫星搭载有两台空间分辨率为 2.36 m 的全色 HR 相机，以及一台空间分辨率为 5 m/10 m 的全色/多光谱（PMS）相机，设计寿命 3 年。

"资源三号"测绘卫星（ZY-3）是我国首颗高分辨率光学传输型民用立体测绘卫星，卫星搭载有一组空间分辨率为 2.1 m（正视）和 3.5 m（前后视）的三线阵立体测绘（TLC）相机，以及一台空间分辨率为 5.8 m 的多光谱相机（MUX），卫星具有测摆功能，可对全球南北纬 84°以内的地区实现无缝影像覆盖，每 59 天实现对全球范围的一次影像覆盖；在特殊情况下，能够在 5 天之内对同一地点进行重访拍摄。"资源三号"卫星用户为国家测绘地理信息局，主要用于生产全国 1∶5 万基础地理信息产品，开展 1∶2.5 万以及更大比例尺地形图的修测和更新。利用"资源三号"卫星第一轨影像大连地区数据，唐新明等（2012）完成前视、正视、后视的传感器校正产品的生产试验，生产数字表面模型（DSM）和数字正射影像（DOM），结果表明在试验区四角布设控制点的情况下 DOM 平面精度优于 3 m，DSM 高程精度优于 2 m。

接着，"资源三号"02 星（ZY-3 02）于 2016 年 5 月 30 日成功发射，性能参数超过 01 星（表 2-2）。卫星在轨测试结果表明，按照测绘影像数据生产规范并经测图验证，"资源三号"02 星精度完全满足 1∶5 万立体测图精度、1∶2.5 万地图修测与更新精度要求。卫星在轨测试期间获取的影像清晰，三线阵、多光谱相机内/外方位元素保持高精度稳定，经过几何检校后，定位精度保持国际领先水平。同时，"资源三号"02 星与"资源三号"星组网运行后，将全球覆盖的周期缩短一半，重访周期由 5 天缩短至 3 天之内，成像效率提高 1 倍，充分发挥双星效能，将连续、稳定地获取覆盖中国乃至全球的高分辨率立体影像和多光谱影像。

表 2-2　"资源三号"02 星（ZY-3 02）的传感器及性能指标

有效载荷	波段号	光谱范围（μm）	空间分辨率（m）	幅宽（km）	相机量化等级（bits）	标准景尺寸（km）	侧摆能力（°）	重访时间（天）	全球覆盖能力/天
前视相机	-	0.50～0.80	2.5	51	10	51×51	±32	3～5	59
后视相机	-	0.50～0.80							
正视相机	-	0.50～0.80	2.1						
多光谱相机	B01	0.45～0.52	5.8					3	
	B02	0.52～0.59							
	B03	0.63～0.69							
	B04	0.77～0.89							

（来源：中国资源卫星应用中心，http://www.cresda.com/）

　　同时，中国研制与发射的天绘一号系列卫星是传输型立体测绘卫星。截至 2016 年，已成功发射 01 星、02 星、03 星，三颗卫星在轨组网运行稳定，对地球陆地有效覆盖 59.35%，对中国陆地有效覆盖 97.2%。天绘一号系列卫星既能获取三线阵立体影像，测制地形图；又能获取蓝、绿、红、近红外 4 个波段多光谱影像，还可获取 2 m 全色影像。在无地面控制条件下，绝对定位精度优于 15 m，相对定位精度平面优于 10 m，高程优于 6 m，满足测制全球 1:5 万比例尺地形图和修测 1:2.5 万比例尺地形图精度要求。基于天绘一号卫星三线阵影像数据，可生成较高分辨率的 DEM 数据（理论上最高可获 25.0 m 间隔 DEM），并在无地面控制点条件下，可达到与美国 SRTM 相对精度 12 m/6 m（平面/高程）同等的技术水平（图 2-3）。

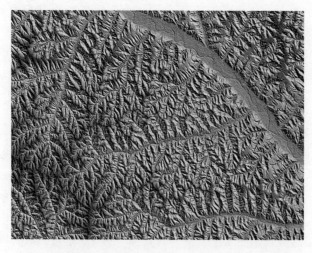

图 2-3　天绘一号 DEM 示例（25 m 间隔 DEM 晕渲图）
（来源：中国测绘科学研究院，http://casm.ac.cn/）

2）高空间分辨率商业卫星

20世纪90年代,随着全球"冷战"的结束,美国政府开始取消对1~10 m级分辨率卫星遥感影像数据的商业销售禁令,从而揭开了高分辨率商业遥感卫星事业快速发展的序幕。在短短十年里,美国国内便有4家商业公司研发出5套高分辨率卫星遥感系统方案并获得发射许可。其中,国际空间影像(Space Imaging International)公司研制出IKONOS卫星系统;地球观测公司[Earth Watch,现称数字地球公司(DigitalGlobe)]发展了"Quick-Bird"(快鸟)卫星系统;GDE公司研制了GDE卫星系统;轨道成像公司(Orbimage)推出"OrbView"(轨道观测)卫星系统。

目前,DigitalGlobe公司是全球最大的商业遥感影像产品服务供应商(2012年并购GeoEye公司)。2001年10月18日,DigitalGlobe公司在美国范登堡空军基地成功发射QuickBird卫星。QuickBird在空间分辨率(0.61 m)、多光谱成像(1个全色通道、4个多光谱通道)、成像幅宽(16.5 km×16.5 km)、成像摆角等方面更具优势,能够满足更多领域的遥感用户,为用户提供更好、更快的遥感信息源服务。至今,DigitalGlobe公司已发射完成WorldView-1、WorldView-2、WorldView-3(图2-4a)、WorldView-4高分辨率全色波段遥感卫星,将卫星分辨率提升至0.50~0.31 m。目前,DigitalGlobe公司提供Advanced Elevation Series(AES)系列数字地形产品,包括AES DSM、AES DTM、AES 2M Contour、AES Shaded Relief四种数字地形产品(图2-4b)。同时,DigitalGlobe公司利用自己的立体成像卫星和卫星高程测绘服务提供商PhotoSat公司合作,可提供全球范围1 m采样间距的数字高程数据,附带0.5 m校正后的1∶4 800立体卫星图像和1 m等高距的等高线文件。PhotoSat公司还利用WorldView-3立体卫星数据(0.31 m)生产0.5 m DEM,并证实其误差可控制在15 cm以内,这是全球最高质量的商业化DEM产品之一。

图2-4a　WorldView-3卫星　　图2-4b　DEM(左)与DSM(右)产品(AES系列)
(来源:http://www.digitalglobe.com)

3）雷达遥感卫星

雷达是沿着遥感平台行进方向的侧向发射宽度很窄的脉冲电波波束,

然后接受从目标物返回的后向散射波,从接受的信号中可以获得地表的图像。雷达遥感作为一种主动式遥感技术,具有全天候、抗干扰性强、不受天气影响和具有穿透能力等优势,是卫星地形测绘的重要技术平台。其中,合成孔径雷达干涉测量(Interferometric Synthetic Aperture Radar,In-SAR)是合成孔径雷达(Synthetic Aperture Radar,SAR)与干涉测量技术的结合,它通过安装两个天线飞行一次(交叉/顺轨迹干涉测量)或安装一个天线飞行两次(重复轨迹干涉测量)的模式对同一地区进行成像,获取具有一定相干性的 SAR 影像对;再利用两影像中对应相同目标的相位差和成像时 SAR 与目标之间的几何关系,获取二维 SAR 影像所不能提供的目标的三维信息。

1970 年代以来,干涉雷达技术作为获取地面三维信息的新技术而逐步发展起来。Graham(1974)首次利用干涉雷达技术开展地形测量试验;1986年,经过 Zebeker 和 Goldstein 等学者的技术改进,数字化干涉雷达技术得以真正实现,并生产出数字地形图;1988 年,Goldstein 又将此技术应用到星载雷达遥感。20 世纪 90 年代初,ERS-1/2(欧空局)、ENVISAT ASAR(欧空局)、JERS-1(日本)、RadarSat-1(加拿大)SAR 卫星相继发射,开辟了卫星雷达遥感的新时代,使得星载 InSAR 技术与数据得到广泛应用。近年发射升空的多颗中、高分辨率的卫星,如 ALOS-PALSAR(日本),COS-MO-SkyMed(意大利),TerraSAR-X(德国),RadaraSat-2(加拿大),TanDEM-X(德国)又进一步为雷达卫星地形测绘与 DEM 制作提供了丰富的基础数据。

(1) RADARSAT 系列卫星

RADARSAT-1 是全球最早的雷达遥感卫星之一,主要由加拿大航天局(Canadian Space Agency,CSA)研制并运行,用于检测环境变化和探测行星的自然资源。RADARSAT-1 于 1995 年 11 月 4 日从美国范登堡空军基地发射升空,卫星装配了合成孔径雷达,为加拿大及世界各地提供可实时交付大量卫星雷达数据,可不分昼夜、全天候地透过云层和烟雾对地拍摄图像。RADARSAT-1 于 2013 年正式退出服务,已在全球地形制图、冰川研究、观测、水文、海洋地理、农业、林业和灾难管理发挥重要作用。RADARSAT-2 作为新一代商业雷达卫星,于 2007 年 12 月发射升空,在海事监视、冰川监控、灾难管理、环境监控、资源管理和加拿大及全球绘图方面的能力有所增强。

(2) ALOS 系列卫星

ALOS 卫星(先进对地观测卫星,Advanced Land Observation Satellite)(或称:DAICHI)属于日本地球观测卫星计划系列,由日本国家空间发展局(NASDA)研制,于 2006 年 1 月 24 日在日本种子岛航天发射中心(NTSC)发射。ALOS 卫星光学传感器主要提供 2.5 m 全色数据、10 m 多光谱数据(包括蓝、绿、红、近红外共 4 个波段)和 PALSAR(L 波段雷达数据)。ALOS 卫星每年至少对全球覆盖一次,重点地区多次覆盖,它在测绘、区域环境观测、灾害监测、资源调查等领域发挥了重要作用。姚鑫等

(2010)采用玉树地震前后两期 ALOS PALSAR 雷达数据(震前、震后)进行了"两轨+DEM"的 InSAR 图像处理,获得了高质量的差分干涉雷达条纹图像和同震变形场,为准确定位玉树地震发震断裂地表行迹和快速评定震害损失提供了科学证据。

ALOS 卫星加载全色遥感立体测绘仪(The Panchromatic Remote Sensing Instrument for Stereo Mapping , PRISM),主要用于数字高程测绘。PRISM 有 3 个独立的光学成像系统,沿轨道方向获取星下点、前视和后视三重影像数据,星下点影像幅宽为 70 km,空间分辨率为 2.5 m,前视和后视影像幅宽均为 35 km,PRISM 传感器的这种宽视场能力使得它在不需要机械扫描或对卫星进行偏航控制的情况下就能提供几乎完全重叠的立体影像组,前视和后视相机与星下点方向分别成±23.8°,这种结构使得 ALOS 立体影像拥有较高的基高比(B/H=1.0),Maruya 等人的研究结果表明在同等条件下,基高比高的立体像对组合能产生高精度的数字高程模型——ALOS PRISM DEM(图 2-5)。

图 2-5   ALOS PRISM DEM(伊拉克扎格罗斯山地区),JAXA 制作(2010)
(来源:http://www.cgg.com/)

2014 年 5 月 24 日,日本成功发射第二颗陆地观测技术卫星 ALOS-2,该星装载先进的 L 波段 SAR 传感器,能克服恶劣天气的影响,植被穿透能力更强;相对于 ALOS 卫星,拍摄范围提高了 3 倍,雷达传感器的拍摄模式也有显著增加,可以获取 1~100 m 多种不同分辨率图像。同时,宇宙航空研究开发机构(JAXA)利用 ALOS 卫星提供的高分辨率立体影像,计划在三年内完成覆盖全球的 ALOS World 3D 数字地形产品。

(3)TerraSAR-X/TanDEM-X 系列雷达卫星

2007 年 6 月 15 日,由德国航空航天中心(DLR)研制的新一代高分辨率雷达卫星 TerraSAR-X 成功发射,卫星携带一颗高频率 X 波段合成孔径雷达传感器,可采用聚束式、条带式和推扫式三种模式进行成像,并拥有着多种极化模式。2010 年 6 月 21 日,DLR 与 EADS Astrium 公司(2014年更名为空中客车防务及航天公司(Airbus Defence and Space))共同开发的 TanDEM-X 成功发射,与 TerraSAR-X 卫星协同工作,通过从相距几千米到相距仅 200 m 的编队飞行,组成了世界上第一套基于卫星的高精度雷达干涉测量仪,用以采集与绘制精度达 1 m 的三维数字地表模型(图 2-6)。

2014 年 4 月,空客防务与空间公司正式发布全球第一套基于合成孔径雷达数据的标准化数字地形模型产品 WorldDEM,并纳入 GEO Elevation 产品系列（其他数据包括 Elevation30、Elevation10、Elevation4 与 Elevation1）。WorldDEM 数据覆盖全球所有陆地区域,地面分辨率为 12 m×12 m,垂直精度可达 2 m(相对)和 4 m(绝对),数据几何精度与数据一致性高,满足美国国家地理空间情报局(NGA)颁布的数字地形数据标准 HRTI-3,促进了全球高精度 DEM 的商业化应用。

图 2-6　TanDEM-X 和 TerraSAR-X 获得的最早立体地形模型
(意大利埃特纳火山)(2010)
(来源:http://www.dlr.de/)

此外,欧盟哥白尼环境监测计划发射的第一颗对地观测专用卫星——Sentinel-1A 雷达卫星,已于 2014 年 4 月发射升空。该卫星提供的雷达图像包括条带扫描模式和干涉宽幅模式两种模式。Sentinel-1A 展示了出色的雷达成像能力,可提供幅宽 250 km 的雷达图像,并对意大利和挪威的部分地形进行了测绘,为制作数字高程模型提供了数据,并对火山运动、地震、冻土融化、矿采和冰川流动等引起的地表形变进行监测,它能穿透云层,冰层及黑暗环境。2016 年,Sentinel-1B 卫星发射成功。同时,欧空局计划逐步建立起高分辨率雷达对地观测卫星网。

4) 主要的全球或区域 DEM 产品

目前,除 WorldDEM 产品外,能覆盖全球的 DEM 数据集还有 SRTM DEM 和 ASTER GDEM 产品。

(1) SRTM DEM

2000 年 2 月,美国奋进号航天飞机执行全球雷达测图计划(Shuttle Radar Topography Mission, SRTM),利用 C 波段 InSAR 在 11 天时间内收集了全球 80% 区域的雷达地形数据(北纬 60° 至南纬 57° 之间)。由 NASA 和美国国家地理空间情报局(NGA)共同负责 SRTM DEM 数据产品制作与分发,自 2003 年公开发布以来,已成为近十多年来应用最广泛的全球数字高程模型数据,并经多次版本修订(目前版本为 4.1)。总体而言,该数据在美国本土范围内,地面分辨率为 1 弧秒(30 m)(SRTM 1),在全球其他地区主要为 3 弧秒(90 m)(SRTM 3)。2014 年 9 月,美国国家地理空间情报局(NGA)宣布全球 1″分辨率(30 m)的 SRTMG L1 DEM 数据将逐步向用户免费开放使用。

（2）ASTER GDEM

2009 年 6 月，NASA 与日本经济产业省（METI）共同推出全球数字高程模型数据产品 ASTER GDEM。该数据是利用新一代对地观测卫星 Terra 搭载的 ASTER 传感器（先进星载热发射和反射辐射仪）所采集的 130 万对立体图像而研制。ASTER 设计了两个独立的传感器［VNIR 3N（星下点）、3B（后视）］沿着航迹方向分别于不同时刻对同一地区进行成像，两传感器视线的夹角为 27.7°，这种双传感器观测方式（类似于航空摄影测量立体成像原理）能在沿航迹方向提供立体观测与地形测绘能力（图 2-7）。

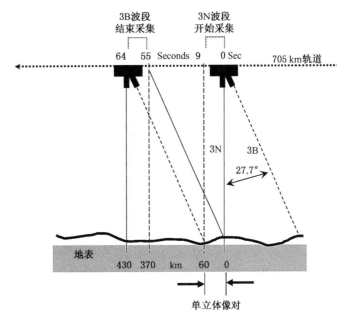

图 2-7　ASTER 立体观测测图原理
［据 G. Bryan Bailey 等（2008）修改］

ASTER 数据覆盖范围为北纬 83°到南纬 83°之间的所有陆地区域，占地球陆地表面的 99%。ASTER GDEM 计划第一次实现了对全球陆地区域的全覆盖三维制图，填补了航天飞机测绘数据（相较于 SRTM 计划）中的许多空白。ASTER GDEM 的垂直精度达 20 m，水平精度达 30 m，部分区域数据的精度远优于以上数值。同时，ASTER GDEM 面向全球用户免费开放使用 30 m 分辨率的 DEM 产品，为全球变化、区域规划、环境治理、灾害防治等众多领域提供了精确地形数据。目前，NASA 还开始利用 AS-TER GDEM、SRTM 两种数据和其他数据进行综合制图，以产生更为准确和完备的全球地形图。

（3）其他遥感 DEM 产品

总结前文，随着高分辨遥感卫星、雷达卫星及测绘卫星技术的快速发展，已形成了不同于传统航空测绘领域的大量 DEM 产品，为全球变化与区域可持续发展等研究提供了丰富的数据资源。同时，很多数据都面向普通用户，提供免费下载和便捷利用。下面以列表形式，简单列举并比较

WorldView、GeoEye、Pleiades、ALOS PRISM、SPOT 等多种 DEM 产品的性能指标(表 2-3)。

表 2-3　国际上主要几种卫星遥感 DEM 产品的性能指标

数据源	水平分辨率 (格网尺寸)	平面定位 精度(相对)	垂直精度(相对)
WorldView-1 2、3、4	1 m	<2 m	-0.5~2 m (基于 GCPS,与地形有关)
GeoEye-1	1 m	<2 m	-0.5~2 m (基于 GCPS,与地形有关)
Pleiades 1A/1B	1 m	<2 m	-0.5~2 m (基于 GCPS,与地形有关)
ALOS PRISM	5 m	5~10 m	5~10 m (与地形有关)
SPOT6	8 m	3 m	2~3 m (基于 GCPS,与地形有关)
Spot HRS DEM	20~30 m	15 m	5~10 m (无地面 GCPS,与地形有关)
ASTER DEM	30 m	30 m	15~30 m
SRTM	3 arc seconds (90 m)	30 m	5~15 m (与地形有关)
LiDAR	1 m	0.5 m	0.15~0.25 m

(据 NPA Satellite Mapping 公司网站资料整理,http://npa.cgg.com/)

自 1990 年代以来,航天遥感与航空摄影技术逐步融合,现代对地观测技术系统开始成型与逐步完善,并朝着"三多"(多传感器、多平台、多角度)和"四高"(高空间分辨率、高光谱分辨率、高时相分辨率、高辐射分辨率)方向发展,遥感数据产品呈现出高/中/低空间分辨率、多光谱/高光谱/合成孔径雷达共存的趋势。同时,出现卫星小型化、卫星组网化趋势,遥感卫星全天时、全天候观测成为发展主流。在大数据、云计算时代,遥感数据采集与应用分析快速走向自动化与实时在线处理,数字航空航天遥感数据已经成为 4D 测绘产品制作、更新的主要数据源。

2.1.2　航空摄影测量及其他新型采集技术

航空摄影测量一直是地形图测绘和更新最有效也是最主要的手段,其获取的影像是大范围、高精度 DEM 生产最有价值的数据源。利用这些数据,可以快速获取和更新大面积的 DTM 数据,满足了数据精度、现势性的要求。近年来,兴起的机载激光雷达(LiDAR)和倾斜摄影测量技术开始广泛应用于高精度 DEM、城市 DSM 建模与三维数字城市建设,成为传统航空摄影测量技术的有益补充。

1) 航空摄影测量概述

航空摄影测量学是摄影测量学的重要分支,诞生于第一次世界大战之后,成熟于第二次世界大战及战后重建时期。航空摄影测量学是在航空立

	比较项目	模拟摄影测量	解析摄影测量
相同点	应用理论基础	基于"共线方程"的模拟或数字解算,统称为全能法航空摄影测量技术,实现航空摄影像对的几何反转	
	数据源	都使用摄影的正片(或负片)	
	观测方式	都需要操作者手动操纵仪器,同时用眼观测	
	产品形式	一般是模拟产品,即主要是描绘在纸上的线划地图或印在相纸上的影像图	

1976 年,联邦德国蔡司厂首先推出 Planicomp C100 解析测图仪,接着国际摄影测量厂家也纷纷跟进,陆续制造了多款解析测图仪。解析测图仪主要是由立体坐标量测仪、电子计算机、数控绘图仪、电子显示终端、其他外围设备及摄影测量软件共同组成,最早实现了测量成果的数字化。在解析摄影测量法阶段,由于电子计算机的引入,数字解算成为空中三角测量、区域网平差模型、粗差检测等的中心内容,大大提高了摄影测量的工作效率,降低了生产成本。这一时期的解析测图仪随着技术进步也发生着重大变化(图 2-12)。

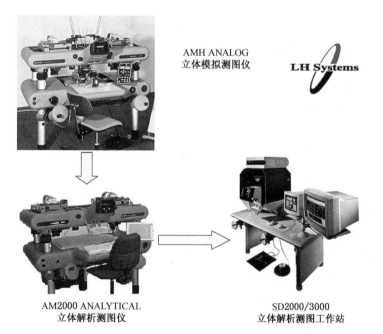

图 2-12 从立体模拟测图仪到立体解析测图仪(以 LH System 公司产品为例)

(3)数字摄影测量

随着解析法的发展和计算机技术应用的不断深入,摄影测量与制图自动化成为可能。1978 年,王之卓教授最早在国际上提出发展数字摄影测量技术,其基本思想是把各种模拟的影像变成为能为计算机处理的数字影像,然后由计算机实现摄影测量,进行自动化 DEM 制作与正射影像图生成。随着计算机技术、数字图像处理、模式识别、人工智能、专家系统以及计算机视觉等学科的发展,数字摄影测量技术的发展已远远超出了传统摄影测量的范围,是摄影测量技术的革命性飞跃。

数字摄影测量与模拟、解析摄影测量的最大区别在于:它处理的原始数据可以是像片,更主要的是数字化影像;它最终是以计算机视觉代替人眼的立体观测;它使用的主要是计算机及其外设设备;其产品是数字形式。

数字摄影测量系统(Digital Photogrametry System,DPS)成为这一时期的主要技术平台,其任务是利用数字影像或数字化影像来完成摄影测量任务,可分为混合型和全数字型两种系统。

一般地,数字摄影测量系统的主要功能包括:

- 影像数字化
- 影像处理
- 单像量测:特征提取与定位
- 多像量测:影像匹配
- 摄影测量解算
- 数字表面内插与 DEM 建立
- 等值线自动绘制
- 机助测量与解译
- 交互编辑

数字摄影测量系统的主要作业步骤包括:

- 影像数字化或数字影像获取
- 定向参数的计算
- 内定向
- 相对定向
- 绝对定向
- 空三自动测量与区域网平差(适用于测区多影像定向)
- 核线影像生成
- 影像预处理与影像匹配
- 建立数字高程模型
- 绘制等高线及正射影像图

数字摄影测量系统提供丰富的数字测绘成果,呈现出信息化测绘的基本特征。成果内容主要包括:

- 空中三角测量加密成果
- 数字地面模型
- 数字线划图
- 数字正射影像图
- 景观图
- 透视图
- 立体模型
- 各种工程设计所需的三维信息
- 各种信息系统、数据库所需的空间信息

按照现代数字摄影测量技术流程,以 1:10 000 DEM 的数字航摄测量采集为例,应包括五个阶段:(1)技术准备:测区踏勘、资料收集与分析、技术设计;(2)作业流程设计(图2-13);(3)外业作业;(4)内业作业;(5)数据采集与DEM制作。

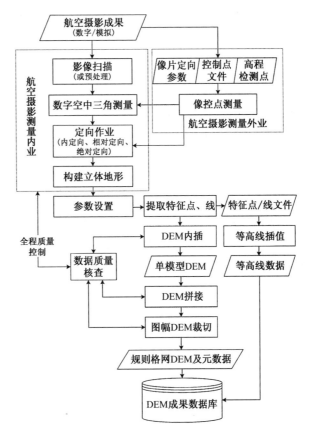

图 2-13　利用数字航空摄影测量法生产 DEM 的技术流程

[据《CH/T 1015.2—2007 基础地理信息数字产品》(2007)修改]

3)新型航空摄影测量与DSM建模技术——倾斜摄影测量

近年来,随着信息化测绘技术的快速发展,传统航空摄影技术和数字地面采集技术逐步结合起来,发展出了一种新型机载多角度倾斜摄影技术(简称倾斜摄影技术,Oblique Photography Technique)。倾斜摄影技术通过在同一飞行平台上搭载多台或多种传感器,同时从多个角度采集地面影像,从而克服了传统航空摄影技术只能从垂直角度进行地面拍摄的局限性,能更真实地反映地物的实际场景,并通过整合 POS、DSM 及各种矢量地理数据,可以基于影像开展三维测量。

机载多角度倾斜摄影测量系统作为新一代摄影测量系统,主要包括倾斜摄影数据获取与海量影像数据自动化处理技术等。该系统的数据获取模块一般由 5 个数码相机组成,包括 1 个垂直摄影相机和 4 个倾斜摄影相机,系统还可将摄影相机与机载 GPS 接收机、高精度 IMU(Inertial Measurement Unit,惯性测量单元)进行高度集成。摄影相机用来提供影像信息,而 GPS、IMU 则分别提供位置和状态信息。同时,在系统中集成定位定姿设备进行空中三角测量处理,可为所摄影像提供位置姿态信息,以用于后续数据处理。倾斜摄影测量技术将用户引入了符合人眼视觉的真实感官世界,倾斜影像不仅能够真实地再现地物实景,还可通过先进的定位技术,嵌入精确的地理信息、更丰富的影像信息、更高级的用户体验,极大地扩展了遥感影像的应用领域。

倾斜摄影测量技术具有高效率、高精度、高真实感和低成本优势,在数字城市建设中发挥着传统航空摄影测量技术所不具备的巨大优势,并逐步替代传统人工建模的三维模型获取方式。在目前技术条件下,一个面积约 50 km² 的城市区域,采用倾斜摄影建模技术,从获取影像、处理数据到生成真三维城市表面模型,只需 10 个工作日。目前,借助 Street Factory、Smart 3D Capture 等专业数据处理平台,仅依靠倾斜影像,而无需昂贵的航空或地面 LiDAR 等设备,便可快速生成逼真的建模场景,构建不同层次细节度下的城市三维模型。图 2-14 展示了在江苏丹阳市利用倾斜摄影测量技术开展三维城市建模(DSM 模型为主)的技术流程。该项目首先利用 AMC580 数字摄影系统获取高分辨率地物多视角多方位影像数据,接着运用 Smart3DCapture 进行 DSM 建模,再进行城市景观的逼真实景重构,最终实现了全要素三维数字城市模型生产。

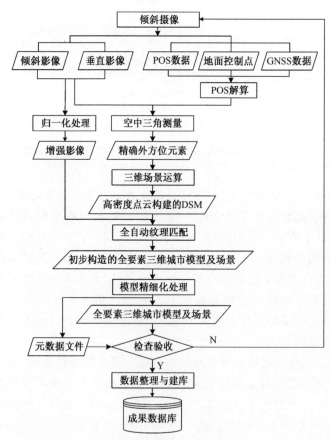

图 2-14 基于倾斜摄影测量技术的三维数字城市建模技术路线

[据孙宏伟(2014)修改]

4）机载 LiDAR 与高精度 DEM 生产

机载激光雷达（Light Detection and Ranging，LiDAR）是 20 世纪后期发展起来的一种全新的航空测量技术，它是由激光测距技术、GPS 定位技术和惯性导航技术集成的一个软硬件系统，主要目的是获取地面及地物表面的高精度三维点云数据，成为高精度地形测绘与 DEM 生产的先进技术手段之一。目前，LiDAR 技术不断成熟，投入产出效益持续上升，并由于其数据采集与处理的快速、高效、高精度的特点，采用 LiDAR 数据生产 DEM 已经逐渐替代传统摄影测量方法，成为高精度 DEM 采集，特别是城市区域数字表面建模的主要手段之一。

由于主要面对巨大的点云数据，LiDAR 数据处理不同于传统的航空摄影测量技术，可分预处理和后期分类处理两个阶段。预处理过程主要包括：对 LiDAR 数据进行解压、差分、IPAS 数据解算、激光检校、相机检校、点云数据生成、数据精度检测等处理等。后期分类处理，主要是在点云数据中利用自动算法快速提取各类地理要素及其表面几何信息，针对复杂地物、与地面相连的地物、地表植被、水域和不连续的自然地形等，需要人机互动操作，并有较多的人为干预与手工编辑处理。在构建 DEM 模型时，需要从点云数据中逐步分离出植被点、建筑物点等噪声点和错误点，进而提取地形特征点，然后通过特征点构建不规则三角网，最终生成 DEM 数据。

在第一次地理国情普查所制定的《GDPJ 08—2013 多尺度数字高程模型生产技术规定》中，就明确规定了利用 LiDAR 点云数据生产精细 DEM（格网尺寸为 2 m）的技术方案（图 2-15）。

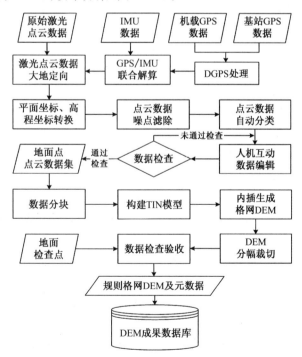

图 2-15 基于 LiDAR 数据生产 DEM 的技术路线
（据《GDPJ 08—2013 多尺度数字高程模型生产技术规定》修订）

5) 全数字摄影测量系统

全数字摄影测量系统是数字摄影测量阶段的产物,实现了摄影测量作业的数字化与自动化。由计算机硬件和摄影测量软件构成的摄影测量工作站(DPW)逐步替代了传统的摄影测量硬件;并在数字影像自动相关与匹配核心算法上有重要突破,内业即可完成绝大部分摄影测量工作,从而取代了昂贵的模拟、解析摄影测量仪器,减少了大量的野外测量工程,降低了软硬件、人力及资金投入,提高了作业效率与数据精度,缩短了数据加工与测绘成图周期,丰富了数字测绘产品(4D 产品),是现代数字测绘与地理信息服务产业的重要基础。

目前,国际上主要的数字摄影测量系统包括以下几种。值得注意的是,随着航天遥感图像处理与航空摄影测量技术的不断融合,和新型航空摄影测量(倾斜摄影测量技术)与机载 LiDAR 技术的深入运用,面向航天航空遥感影像自动化处理的一体化软硬件方案(以像素工厂等产品为代表),将数字摄影测量功能模块纳入一体化空间数据处理环境,已成为信息化测绘时代发展的重要趋势。

(1) IMAGINE Photogrammetry(LPS)

IMAGINE Photogrammetry(原 ERDAS LPS)由 Hexagon Geospatial 公司(原属 ERDAS IMAGINE)出品,是第一套运行在单一工作平台上集遥感、摄影测量功能的软件。它可以进行各种航天遥感影像(如 QuickBird、IKONOS、WorldView、SPOT、TerraSAR、PalSAR、COSMOSkyMed、Radarsat - 1/2、ERS - 1/2、ENVISAT ASAR 等),航空影像(扫描航片、框幅式数字影像、ADS80、ALS60、A3 等)以及无人机成像系统的的影像定向及空三加密运算。LPS 的应用面向矢量地理数据采集、正射影像制作、DEM 生成、图像镶嵌及成果输出等。其中,IMAGINE Auto DTM 自动地形提取模块、IMAGINE Terrain Editor 数字地面模型编辑模块是 DEM 数据提取与编辑的重要工具。

LPS 也是第一套集遥感与摄影测量在单一工作平台的软件系列。在多任务情况下支持多 CPU/多计算机的并行与分布式计算处理,可结合自己的预算多少,与高性能刀片服务器集成,构建高效快速的影像生产工厂。

(2) SOCET SET

SOCET SET(SOftCopy Exploitation Tool SET)由 BAE System 公司旗下 Geospatial eXploitation Products(GXP)出品,是国际著名的数字摄影测量软件系统。

SOCET SET 最初是由已故的芬兰著名摄影测量学家海拉瓦(Uki Helava)及其追随者于 1980 年代末研制。SOCET SET 在解析、数字摄影测量核心算法上有重要贡献,专注于处理各类图像资料(航天航空遥感影像),以生产出高精度的二维和三维数据,支持地物采集、矢量地图编绘、数字正射影像/正射镶嵌产品制作、数字地形提取与 DEM 制作等功能。SOCET SET 在自动点位测量、光束法平差空中三角测量、基于图像匹配的数字地面模型采集/编辑,正射影像生成等方面具有特色。

（3）VirtuoZo、JX-4和DPGrid

1990年代初，我国具有自主知识产权的全数字摄影测量系统研制成功，主要产品有VirtuoZo数字摄影测量工作站、JX4数字摄影测量工作站。VirtuoZo是第一套桌面型全数字摄影测量系统，由武汉适普软件有限公司主持研发和开展商品化推广。该系统以影像匹配技术为核心，系统紧凑、功能完备，可为用户提供从自动空中三角测量到测绘各种比例尺地形图的全套整体作业解决方案，用以自动化生产4D产品等全线测绘产品。同时，Virtuozo以其全软件化的设计、灵活的数据交换格式、友好的用户界面、稳定快速的匹配算法、高度自动化的测图方式和生动的三维立体景观显示，得到国际摄影测量业界的广泛好评。JX-4系统是1998年由中国测绘科学研究院设计开发成功的解析（数字）摄影测量工作站，在继承传统解析测图仪的作业习惯基础上，利用计算机构建立体观测环境，并实现了自动内定向、相对定向和自动相关，大大提升了摄影测量作业效率与成果质量，受到国内测绘领域的广泛欢迎。目前，JX5全数字摄影测量系统也将研制完成和发布。

数字摄影测量网格（Digital Photogrammetry Grid，DPGrid）是武汉适普软件有限公司研制的新一代数字摄影测量平台，2007年正式发布。DPGrid引入国际数字摄影测量发展的新理论与方法，充分应用当前先进的数字影像匹配、高性能并行计算、海量存储与网络通信等技术；打破了传统的摄影测量流程，集生产、质量检测、管理为一体，合理地安排人机工作，从而实现了航空航天遥感数据的自动快速处理和空间信息的快速获取。系统的主要性能指标达到国际先进水平，其中并行处理技术、影像匹配技术和网络全无缝测图技术具有特色，能满足区域（城市）三维空间信息快速采集与更新的需要。

（4）像素工厂（Pixel Factory）与街景工厂（Street Factory）

像素工厂（Pixel Factory，PF）由法国地球信息（INFOTERRA）公司（现属空中客车防务及航天公司（Airbus Defence and Space））研制开发。与IMAGINE Photogrammetry等数字摄影测量平台的不同在于，它是一套工业化、综合化的空间数字影像处理平台，其中也包含了强大的摄影测量处理模块。像素工厂具有丰富的传感器模块组，几乎涵盖了当今所有的航天、航空传感器；它以高性能计算机群和存储架构作为硬件支撑，采用开放产品架构和并行计算技术，对海量数据快速处理提供强大支持，在少量人工干预的条件下，可对各类空间影像或传统光学扫描影像进行自动化处理，输出产品包括数字表面模型（DSM）、数字高程模型（DEM）、正射影像（DOM）和真正射影像（TDOM），并能生成一系列其他中间产品（图2-17）。目前，像素工厂已应用于空中客车防务及航天公司标准产品SPOTMaps的数据生产，每月可以生成区域覆盖280万km^2的数据产品（图2-16）。

Street Factory（街景工厂）同样是空中客车防务及航天公司研发的新一代城市三维建模系统。它主要面向倾斜摄影测量领域，能够快速、自动地处理各类倾斜影像，开展空三加密、几何处理、多视匹配与三角网构建，

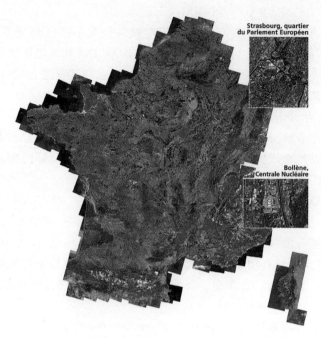

图 2-16 法国地区 PIXEL FACTORY™镶嵌影像

（来源：http://www.geo-airbusds.com/）

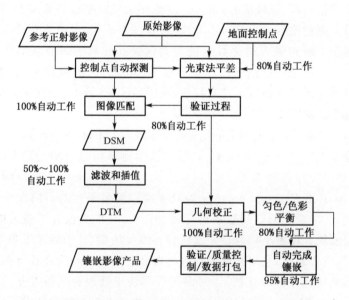

图 2-17 像素工厂（Pixel Factory）的高度自动化生产流程

［据黑龙江测绘局（2011）修改］

提取典型地物的纹理特征，在人工干预极少的情况下，生成高精度、真实三维地表模型，大幅提升了城市三维建模和数字城市建设的生产效率与精度。同时，空中客车防务及航天公司进一步将像素工厂和街景工厂两个产品合并，新产品将命名为 PixelFactory NEO，将带来全面的空间影像产品解决方案。

像素工厂、街景工厂等产品代表着新型航天航空遥感影像自动化处理软硬件方案的新方向,也成为地理信息产业的基础数据处理平台。Pixel-Grid 系统就是中国自行研制的新一代多源遥感数据一体化高效处理平台,能实现对多种高分辨率卫星影像和航空影像的摄影测量处理,性能大大优于常规的数字摄影工作站。

2.1.3 地形图扫描数字化

利用现有地形图,特别是现势性好的大比例尺地形图进行扫描矢量化,是获取大范围区域 DEM 产品的主要方法之一。

我国已建成覆盖全国陆地范围的 1∶100 万、1∶25 万、1∶5 万 DEM 数据库,就是利用现有地形图扫描数字化而制作的。据国家测绘地理信息局网站信息,我国 1∶100 万 DEM 数据库建成于 1994 年,格网间距 600 m,总图幅数为 77 幅;1∶25 万 DEM 数据库于 1998 年建成,格网间距 100 m,总图幅数为 816 幅;1∶5 万 DEM 数据库于 2002 年首次建成,2011 年更新精化一次,格网间距 25 m,总图幅数达到 24 182 幅。

目前,利用地形图扫描数字化生产 DEM 产品的技术流程及质量控制均已达到较为满意的水平,并具有成本投入少、生产效率较高等优势。国家行业标准 CH/T 1015.2—2007《基础地理信息数字产品 1∶10 000、1∶50 000 生产技术规程 第 2 部分:数字高程模型(DEM)》等就明确规定了利用地形图生产 DEM 产品的技术要求与生产规范。

一般地,利用地形图进行 DEM 数据采集主要使用国家基本比例尺系列地图,并需注意以下两个问题:(1)从既有地形图上采集 DTM 数据涉及两个问题,一是地图符号的数字化,二是这些数字化数据往往不能满足现势性要求。同时,地形图的数据质量,特别是它在精度方面的数量指标。(2)大比例尺地形图(>1∶10 000)的地图概括程度较低,较真实地反映了地形;而小比例尺地形图(<1∶100 000)的地图概括程度较高,仅近似反映了地形的大致特征。

根据相关国家行业标准与规范要求,以 1∶10 000DEM 生产为例,利用地形图生产 DEM 包括以下几个工作步骤:

(1)工作准备阶段

包括地图资料收集、地图资料分析和数字化方案设计三项内容。

在地图资料收集工作中,应尽量收集最新或现势性满足要求的国家基本比例尺地形图,同时要求选取 DEM 成图比例尺更大或相同比例尺的地形图。

在地图资料分析工作中,要对所收集的地形图进行分析,判定其是否满足扫描矢量化法生产 DEM 的要求,特别是判定:①地形图的成图年代、成图方法、测绘标准及数学基础等是否满足需要? ②对于纸质地形图,应察看图纸是否完好,图面是否平整、无折皱,以及地图线条与注记是否清晰等;对于扫描地形图图像文件,应判定图像分辨率、图像变形等是否满足要求? ③分析原图的坐标系和高程基准,是否需要进行坐标转换?

在数字化方案设计阶段(图 2-18),应按照相应国家行业标准及规范开展工作,并充分吸取相关工程经验,同时应选取实验区开展前期数字化作业试验,以改进工作方案,提高工程效率与作业精度。

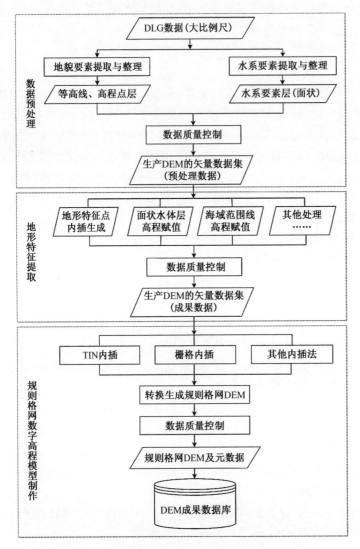

图 2-18　利用地形图数字化生产 DEM 的作业流程
[据《CH/T 1015.2—2007 基础地理信息数字产品》(2007)修改]

(2) 数字化作业与 DEM 建库阶段

① 地形图数字化与图像预处理

首先,根据《CH - T1015.4—2007 基础地理信息数字产品 1∶10 000 1∶50 000 生产技术规程　第 4 部分:数字栅格地图(DRG)》规程要求,将地形图扫描制作为 DRG 数据。接着,对 DRG 数据进行预处理,包括图幅接边处理、特定地理要素标注(非地形高程注记点、静止水面高程等,并绘出高程推测区范围线)、设置矢量数据采集所需的各项参数(如成图比例尺、矢量化参数设定等);制作数据采集统一使用的要素类分层模板,并与要素代码、属性项以及符号库进行关联。

② 高程信息的矢量化采集

包括高程数据采集与属性录入、数据编辑与图幅接边三个工作步骤。高程要素采集应提取包括等高线、高程注记点及面状水域水岸线等地形特征数据,各项数据应按要素类采集,分层有序存放;高程数据采集应建立相关规则及要求,尽量做到几何定位准确、拓扑关系正确,并注意及时查错与改正,在图历簿中记录有关作业细节。对于已采集的高程数据,在人机交互环境中进行数据编辑,主要内容包括:a)消除定位错误、拓扑错误、图层错误、属性错误等;b)消除要素的图形遗漏、属性遗漏、注记遗漏等;c)消除要素间相互矛盾、线条不平滑等现象。接着进行图幅接边处理,在相邻图幅之间进行图形与属性接边处理,做到位置正确、形态合理和属性一致。

③ 利用矢量高程数据构建 TIN 模型

包括高程要素数据拼接与裁切、TIN 模型构建与编辑两个步骤。首先,针对矢量高程数据进行拼接,在作业区外适当扩大数据范围,再做图幅裁切处理,以确保最后生成的 DEM 产品能顺利地与相邻图幅数据正确拼接。接着,利用矢量高程数据构建 TIN 模型,在处理中,应将高程点、等高线数据作为地形特征点、线作为基础数据,注意检查等高线采样点间距是否疏密适当,然后进行 TIN 模型构建;同时,对面状水域提取和在 TIN 模型上单独赋值。对于已生成的 TIN 模型,使用人机交互环境编辑 TIN 数据,结合自动化检测与目视判读法,保障和提升数据质量。主要检查与编辑内容包括:检查三角网与等高线之间关系的合理性和正确性,注意消除平三角形和等高线跨越三角形各边的情形;对于不合理的三角形,可通过内部加高程点等方式,重构和优化 TIN 网络,直到满意为止。

④ 内插生成规则 DEM 数据集

在 TIN 的基础上按规定的格网间距内插生成规则格网 DEM,并利用等高线进行符合性检验。检验程序是:a)首先,使用所生成的 DEM 内插生成等高线;b)将内插等高线与原始等高线按不同颜色叠合显示,检查同名等高线的偏离情况,对超出 1/2 等高距的区域进行编辑,直至偏离量全部在误差允许范围之内。之后,对 DEM 进行接边与裁切处理。

⑤ DEM 元数据采集及附属文件制作

在 DEM 数据采集过程中,还需进行以下相关文件制作:a)DEM 元数据采集;b)填写图历簿,内容包括图幅数字产品概况、资料利用、采集主要工序及完成情况、过程质量检查、产品质量评价等内容。

⑥ DEM 数据建库。将生成的规则格网 DEM 及元数据等,导入数字测绘成果数据库存储,做好成果备份与产品分发工作。

2.1.4 地面数据采集

地形图扫描数字化、航空摄影测量法等一般适用于大范围区域 DEM 的数据采集。针对小区域的大比例尺地形测图任务,特别面向工程测量与设计领域(如隧道测量、道路选线等)的数字地形测图,对 DEM 数据精度要求相对较高,这时采用地形图数字化方法很难满足精度与现势性要求,而航测法成本较高、时间较长,也很难满足需求。这时,就需要借助野外精密测量手段获取 DEM 数据。

在野外展开地面数据采集,一般使用平板仪测量、全站仪测量、GPS 测量、车载或地面激光雷达或无人机测量等诸多手段,属于内外业一体化数字地形测图技术的工作范畴。

大比例尺数字地形测量是对施测区各种地物、地貌的平面位置和高程进行野外数据采集,并利用采集到的野外离散测点构网建立 DEM。在这种情形中,地形、地物的测绘精度除受控制点和测量误差影响外,还受野外数据采集时采样点的密度,位置,地貌特征点、线采集方法,以及构建 DEM 的数据内插方法等多种因素的影响。为了保证地形测图与 DEM 数据采集质量,野外碎部点的准确采集是关键问题。目前,全站仪结合 RTK GPS 精确测量,是野外开展碎部点数据的主要方法。

在野外数据采集中要注意以下问题:首先,做到采样点密度适中,地物采样点过少,则使地物符号无法连接或使线状地物变形,会错误表示地物间的相互位置关系。高程点采集要根据地形变化采取动态采样密度,对于地形复杂区域,采点密度需较密,如果采点过稀,会造成由采集点构成的不规则三角网切割或架空地面,使建立数字高程模型后生成的等高线失真。其次,重视采集地貌特征点、线数据,正确采集陡坎、斜坡等局部地形数据。再次,注意剔除碎部点高程粗差,将采集数据的错误尽量降到最少。同时,野外数据采集外业工作量较大,应提前开展工作设计,做好各工种、工序之间的衔接与配合工作,特别注意外业勘察与内业制图、DEM 建模之间的数据交换与数据处理。

2.2 地形数据采样的理论与方法

2.2.1 数据采样理论

从理论上讲,地表包含无穷多的点,要获取关于地表的全部几何信息,需要量测无穷多数量的地面点。从实践上讲,特定区域的地表形态信息完全可以由关于地面信息的有限点集或数学函数来描述,获取无穷多点的数据既不现实也无必要。一般而言,特定区域的地表信息可以通过 DEM 重建近似完整地表达出来。对一个具体 DEM 项目来说,并不需要 DEM 表面的所有点数据,只需量测表达地表特征所需要的重要数据点。那么,如何以有限的地面高程点来表达完整的地形表面,这需要应用数据采样理论指导 DEM 数据采集工作。

采样定理主要应用于数字信号处理领域,是由美国电信工程师奈奎斯特(Harry Nyquist)于 1928 年提出的,又称奈奎斯特采样定理(Nyquist Sampling Theorem)。该定理是对连续时间信号(模拟信号)进行离散化采集(数字信号)中失真分析的基本工具,证明了采样频率与信号频谱之间关系,是连续信号离散化的基本依据。

奈奎斯特采样定理的一般描述是：如果对某一函数 $g(x)$ 以间隔 ΔX 进行抽样，则函数高于 $\frac{1}{2\Delta X}$ 的频率部分将不能通过对采样数据的重建而恢复。

从信号重建的角度而言，奈奎斯特采样定理可描述为：对于截止频率为 f_c 的连续信号，离散采样的间隔 ΔX 应满足

$$\Delta X \leqslant \frac{1}{2f_c} \tag{2-1}$$

若式 2-1 条件未满足，就会在重建数字信号中产生混叠效应，也即从采样所得到的离散值无法恢复原来的连续信号。

采样定理在地形采样中的应用含义可表述如下：

假设某一地形剖面具有足够的长度来表达局部地形，那么此剖面可用有限数量的一系列正弦波和余弦波的和来表示。对这束波而言，存在一最大频率值 f_c，那么根据采样定理，如果沿剖面以小于 $\frac{1}{2f_c}$ 的间隔来抽样，则此地形剖面可由采样数据完全恢复。

推而广之，采样定理同样适用于决定相邻剖面之间的采样间隔，从而得以获取由 DEM 所表示的地形表面的足够信息。

另一方面，如果地形剖面的采样间隔是 ΔX，那么波长小于 $2\Delta X$ 的地形信息将完全损失。

2.2.2 数字地形采样的不同观点

目前，从真实地形表面采集离散点（高程点为主），进而运用数学插值法构建 DEM，并在计算机空间再现数字地形表面。从不同学科领域或应用目标出发，在学界还存在着以下一些不同观点或研究视角，用于指导具体的采样方法与手段。

（1）基于统计学观点的采样

DEM 表面可以看作是点的特点集合（或称采样空间），对于地形表面点集合的采样有随机和系统两种方法。随机法即采用统计学随机抽样的方法进行地形点采用，但应注意，与传统统计学不同的是，地形表面点作为一种地理要素，具有不可重复采样的特点。系统抽样法，也称为等距抽样、机械抽样法，首先将总体地形样本点，按照某一原则进行顺序排列，并根据样本容量要求，确定采用间隔；然后随机确定起点，每隔一定的间隔抽取一个地形样本的抽样方式。

（2）基于几何学观点的采样

DEM 表面可通过不同的几何结构来表示，这些结构按自身性质分为规则和不规则两种形式。前者能再细分为一维结构和二维结构。不规则结构则主要指不规则三角形（TIN）或多边形结构。对于规则结构而言，在一维空间中表现出规则的特征，则对应的采样方法称为剖面法或等高线法。二维规则结构通常是指正方形格网或矩形格网，也可能是一系列连续

的等边三角形、六边形或者其他几何图形(图 2-19)。

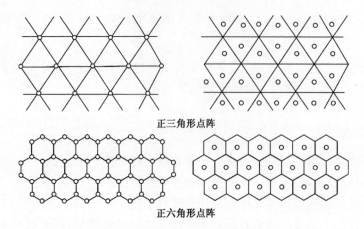

正三角形点阵

正六角形点阵

图 2-19　数字地形采样中的一些规则几何结构

（3）基于地形特征的采样

DEM 表面由有限数量的采样点（离散点）组成，每一点所包括的地表信息因点在 DEM 表面上的位置不同而变化。因此，可将 DEM 表面上的采样点分为两部分，一部分是由地形特征点（线）组成，另一部分则是由随机地表点组成。地形特征点是指比一般地表点包含更多或者更重要地表信息的采样点，如山顶点、谷底点等；地形特征线则是由地形特征点连接而成的线状要素，如山脊线（分水线）、山谷线（合水线）、断裂线、构造线等。地形特征点、线不仅包含了自身的空间坐标信息，也隐含地表达出其所在位置或周边局部地形的重要信息，它们是塑造地形表面的结构基础（骨架），也即如果对整个地表仅采集特征点、线，仍可重建或复原整个地表的主要特征。从这个意义上，可将采样方法划分为选择采样和非选择采样两种方法。选择采样即重点采集地形特征点、线数据，在地形比较复杂或变化比较快速的区域，应加大数据采样的数量与密度。

2.2.3　采样数据集的基本属性

（1）地形采样数据的分布

通常由数据位置和结构来确定。位置可由地理坐标系统中的经纬度或格网坐标系统来决定，结构包括规则格网和不规则格网两种数据结构。

（2）地形采样数据的密度

采样数据密度可由几种方式定义，如相邻两点之间的距离、单位面积内的点数、截止频率等。

2.3　数字高程模型的原始数据采集及质量控制

目前，摄影测量和地形图数字化方法是大规模 DEM 采集最有效的两种方式，也是最为普遍采用的方式。同时，近年来快速发展的合成孔径雷达干涉测量（InSAR）、机载激光雷达（LiDAR）、倾斜摄影测量、无人机摄影、GNSS等手段也逐步成为快速、高精度获取数字地形数据的重要技术手段。

从数据源获取DEM的原始数据是建立数字高程模型的第一道工序。它的重要性可以说明如下：(1)不论从哪种数据源、采用何种数据采集方法(手工、半自动、全数字化)，原始数据采集所需的工作量和经费，都要占去总工作量的绝大部分，尤其是手工采集和半自动采集，是总工作流程中劳动强度最大的工序。(2)数字高程模型产品的精度在很大程度上取决于原始数据点集的分布密度和分布方式。点集分布密度决定数据采集的工作量，而好的点位分布方式又要求对测区地貌特征有很好的理解，并在一定程度上取决于测区地貌的复杂程度。

2.3.1　DEM数据采集概述

目前，DEM原始数据采集主要包括摄影测量数据采集、地形图数据采集两种方法。其中，地形图数据采集主要是针对地图等高线进行数字化采集，采用手扶跟踪数字化或扫描数字化(屏幕数字化)，然后使用数据内插，生成TIN或规则格网DEM数据，其主要技术流程可参见本章第一节相关内容。

摄影测量数据采集是以摄影测量立体像对作为数据源，运用摄影测量学原理、方法及技术工艺来获取测区范围内数字高程模型样点的空间位置，记录它们的大地平面坐标和高程。

在模拟摄影测量法阶段，立体像对在立体测图仪上通过相对定向、绝对定向和大地定向后，就可以在仪器模型面上建立起与地面相似并有一致方向和位置的光学立体模型。作业人员摇动 X、Y 手轮和拨转 Z 脚盘，并在立体观测下，使测标切准待测模型点，就可从高程计数器窗口读取该点的高程数值，同时从仪器绘图系统的直角坐标仪计数器上读取平面坐标 X 和 Y 的数值，从而实现了数字高程模型原始数据的采集工作。在立体测图仪上采集数字高程原始数据的作业，如驱动测标使切准模型点位，读记测点三维空间坐标数值等，基本上是手工操作。自1970年代起，为提高数据获取效率，开始将自动坐标记录装置与立体测图仪连接，逐渐实现了读取和记录测点三维坐标的自动化作业。到解析摄影测量法阶段，作业人员开始利用解析测图仪或机助测图仪进行半自动的交互式数据采集，作业效率与成果质量进一步得到提高，但数据采集的工作量仍然十分繁重。

在数字摄影测量法阶段，DEM数据采集主要在数字摄影测量工作站DPW上完成，自动化程度很高，作业效率与数据质量进一步提升，产品逐步实现了全数字化。数据生产工艺流水线化和合理化，以VirtuoZo为例，其作业流程就包括数据准备、参数设置、模型定向、核线采集与匹配、DEM与DOM及等高线生成、数字化测图、拼接与出图等七个步骤。数据形式也更加丰富，特别是等高线数据成为开始成为DEM的派生数据，等高线地形图(DLG)也成为数字基础测绘产品的一种。同时，随着计算机视觉、模式匹配、图像处理等先进技术的深入应用，将逐步替代传统摄影测量中的人眼立体观测,数据生产开始逐步迈向全自动化和实时在线处理,成为现代地理信息产业的重要支撑。

2.3.2 摄影测量数据采集方法

在摄影测量内业工作中所建立的立体地形模型(模拟、数字)基础上,可采用以下方法采集离散地形高程点数据,这些方法主要是在人机交互方式或自动化方式下进行。

(1) 等高线采样法

在立体地形模型上,针对地形复杂及陡峭地区,可采用沿等高线跟踪的方式进行数据采集,而在平坦地区,则不宜采用沿等高线采样的方法。这种方法也是利用摄影测量法制作等高线地形图的基本做法。沿等高线进行采样,一般按等距离间隔记录数据和按时间间隔两种方式记录数据;并在人机交互方式下,借助计算机软件支持,逐步实现等高线数据采集的半自动化作业。其中,按时间间隔记录等高点数据,由于在等高线曲率大的地方,跟踪速度较慢,因而采集的点较为密集;而在曲线较平直的地方跟踪的速度较快,采集的点自然较稀疏。因此,需要选择适当的采样时间间隔,所记录的数据就能较好地描述地形,同时也会尽量减少数据冗余。

(2) 规则格网采样法

这是以规则格网形式来采集地形数据的方法,类似于图像扫描方式。通过固定一方向(如 X 轴方向),而在另一方向(如 Y 轴方向)以等间距移动测标,同时对每个采样点测量其高程值,便可获得规则格网数据。在这种方法中,量测点在 X 或 Y 方向的移动自动控制,无需手工操作。显然,这种方法适用于自动或半自动的数据采集。解析测图仪自动记录设备一般就采用这种方法采集数据。

规则格网采样法的优点是方法简单、精度较高、作业效率也高;缺点是特征点可能丢失,基于这种矩形格网 DEM 绘制的等高线有时就不能很好地表示地形,需要配合单独采集特征点、线数据进行联合处理。

(3) 剖面采样法

剖面采样法(剖面法)与规则格网采样法(格网法)相类似,二者的主要区别是在格网法中量测点在格网的两个方向上都均匀采样,剖面法则只在一个方向即剖面方向上均匀采样。在剖面法中,通常情况下,采样点以动态方式量测与记录,而不像在规则采样中以静态方式进行。因此,剖面采样法有较高的采样效率,但数据精度将比静态方式量测的精度低。一般情况下,剖面法并非主要为了采集 DEM 数据,而是与正射影像的生产联系在一起,所采集的 DEM 数据是配合主要产品(如正射影像)而使用。

(4) 渐进采样法

在吸取规则格网采样法优点的基础上,为了使采样点数据分布更趋合理,即做到平坦地区样点较少,地形复杂地区的样点较多,可采用渐进采样法。渐进采样法使用多次规则格网采样的方式进行,逐步加密,提高数据密度与精度。它先按预定的比较稀疏的间隔进行采样,先获得一个比较稀疏的格网,然后分析是否需要对格网进行加密。

对于格网是否需要加密,主要采用阈值法,具体判断方法有以下两种:

① 检查高程的二阶差分是否超过给出的阈值。

② 利用相邻三点拟合一条二次曲线,计算两点间中点 P_2 的二次内插值 h_2'' 与线性内插值 h_2' 之差,判断该差值是否超过给定的阈值(图 2-20)。

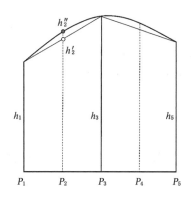

图 2-20　渐进采样法中格网加密的一种判定方法

当高程二阶差分或二次内插值与线性内插值之差超过给定阈值时,则对格网进行加密采样,然后对较密的格网进行同样的判断处理,采用迭代算法,判定直至不再超限或达到预先给定的加密次数(或最小格网间隔),然后再对其他格网进行同样处理。

在渐进采样法中,小区域的格网间距逐渐改变,而采样也由粗到精地逐渐进行。同时,渐进采样法也能较好地解决规则格网采样方法所固有的数据冗余问题。

(5) 选择性采样法

为了准确反映地形,可根据地形特征进行选择性的采样,例如沿着地形特征线(如山脊线、山谷线、断裂线)以及离散特征点(如山顶点)等进行采集。这种方法的突出优点在于只需以少量的采样点便能使其所代表的地面具有足够的可信度。另一方面,因为它需要受到专业训练的观测者对立体模型进行大量内插,所以并非是一种高效的采样法,主要是与规则格网采样法或其他采样法配合使用。实际上,没有一种自动采样程序是基于这种策略。

(6) 混合采样法

混合采样法是一种将选择性采样法与规则格网采样法相结合,或是选择性采样法与渐进采样法相结合使用的采样方法。

这种方法在地形突变处(如山脊线、断裂线等)以选择性采样法方式进行,然后将这些特征线和另外一些特征点,如山顶点、谷底点等,被加入到规则格网数据中。实践证明,使用混合采样法能解决很多在规则格网采样和渐进采样中遇到的问题。混合采样可建立附加地形特征的规则矩形格网 DEM,也可建立沿特征附加三角网(Grid-TIN)混合形式的 DEM,但显然其数据的存储管理与应用均较复杂。

2.3.3 DEM 数据采集的质量控制

数据采集是 DEM 数据建设的基础环节。研究表明,任何一种 DEM 内插方法,均不能弥补由于取样不当所造成的信息损失。

以 DEM 采样数据密度指标来看,数据点太稀疏就会明显降低 DEM 的精度;数据点过密,则会增大数据获取和处理的工作量,增加不必要的存储量。这就需要在 DEM 数据采集之前,按照所需的精度要求确定合理的取样密度,或者在数据采集过程中根据地形的复杂程度动态地调整取样密度。因此,DEM 采样间隔就是数据采集质量控制的一个重要问题。选取合理的 DEM 采样间隔,具体由以下几种方法:

(1)按照采样定理确定采样间隔

数据点的密度可根据采样定理确定,这需要对一些典型地区先进行密集采样,然后对地形进行频谱分析,估计出地形的截止频率 f_c,则采样间隔应满足式(2-1)(同上文):

$$\Delta X \leqslant \frac{1}{2 f_c}$$

当地形比较破碎,坡度变化较大时,地形谱中高频成分较丰富,f_c 值较大,因而采样间隔应较小,要求数据点较密;反之,数据点可较稀。

(2)由地形剖面恢复误差确定采样间隔

根据采样定理确定的采样间隔,可以由所采集的离散数据完全恢复原连续函数的最大间隔,只要采用适当的内插方法(即 sinc 函数内插),则该 DEM 将只包括量测误差,也即能达到的最好的精度。但在实际应用中,有时并不要求很高的精度,因此可根据精度要求,适当放宽采样间隔。

(3)考虑内插误差的采样间隔

上述采样间隔的确定方法均未考虑后续 DEM 内插方法所产生的误差,Tempfi 和 Makarovic 引用了传递函数(式 2-2)的概念,以顾及不同内插方法产生的误差。若所应用的内插方法的传递函数为 H_k,地形剖面的功率谱为 Z_k^2,则 DEM 剖面精度为:

$$\sigma^2 = \frac{1}{2} \sum_{k=0}^{n} \left[1 - H_k\right]^2 Z_k^2 \qquad (2-2)$$

当 σ^2 不能达到要求时,减小采样间隔;否则增大采样间隔,直到满足预定的精度指标。

(4)插值分析法

插值分析是以线性内插的误差分析为基础,判定是否满足精度要求,从而达到数据采集质量控制的方法,渐进采样就是应用该法的典型应用。线性内插的精度估计可以相对于实际量测值(视为真值),也可相对于局部拟合的二次曲线(或曲面)。因为在小范围内,一般地面总可以用一个二次曲面逼近,而将该二次曲面近似看作是真实地面。地面曲率可近似地用二阶差分代替,而二阶差分只与"二次内插与线性内插之差"相差一个常数因子,因此也可利用二阶差分对 DEM 数据采集进行控制。

同时,DEM 生产中的误差分析也是一个重要问题。如利用全数字摄影测量系统生产 1∶1 万数字高程模型的技术环节中,数据误差就可分为源误差和处理误差。其中,源误差是指在数据采集和录入中产生的误差,主要包括遥感数据(摄影平台、传感器的结构及稳定性、分辨率等),测量数据(人差、仪器、环境影响等),GPS 测量(接收精度、定位方法、处理算法、坐标变换等),空三加密及航测数据采集(基础控制精度、加密精度、定向精度等)产生的误差。处理误差指数据录入后进行处理产生的误差,包括几何纠正、坐标变换、数据编辑、数据格式转换等产生的误差。

当然,DEM 数据采集的质量控制不仅仅局限于采样间隔、数据误差等问题。中国测绘行业标准 GB/T 18316—2008《数字测绘成果质量检查与验收》明确定义了 DEM 的质量元素及其成果检验方法。其中,对于 DEM 产品开展质量检验与控制的主要内容包括空间参考系、位置精度、逻辑一致性、时间精度、影像质量、附件质量六大质量元素,部分质量元素可通过软件进行技术参数设置来实现自动检验,另一部分质量元素则需通过人工检查完成。只有把握数字高程模型成数据的本质特点,摸清数据生产的工艺流程及易出现问题的关键环节,才能对 DEM 数据检验技术与方法进行有效掌控。

在 DEM 成果正式提交前,在检查以上六大质量元素等是否符合要求外,还可从以下几方面进行质量检查,尽量可能存在的质量问题。具体做法还可以包括以下几点:

① 人工目视法检查:在立体影像模型上套叠待提交 DEM 成果数据,检查格网点是否贴近地表,重点检查是否存在粗差点;通常以 2 倍高程中误差作为采样点数据最大误差。

② 左右正射影像立体成像检查。根据原始左、右影像和待提交成果 DEM 数据,对由左、右像片制作的正射影像对进行匹配。若 DEM 正确,且地面无高程障碍物,则这两张正射影像应构成立体影像,不会出现地形异常起伏或影像模糊现象,否则应检查 DEM 数据是否存在粗差。

③ 对 DEM 数据成果生成的地貌晕渲图进行质量检查。利用待提交 DEM 成果制作彩色晕渲图,采用目视法检查,晕渲图是否具有较好的地形立体表达效果,及时发现和剔除其中的数据错误。

2.3.4　DEM 数据预处理

当 DEM 数据成果完成及提交建库后,在用户接收数据和使用数据之前,一般还需要进行 DEM 数据预处理,其目的是保证 DEM 能够在用户环境中正常使用,并且数据预处理也是 DEM 应用(如 DEM 内插、DEM 表面重建、DEM 分析)之前的准备工作,限于本章篇幅,略作简述如下。

(1) DEM 数据格式的转换

由于数据采集的硬、软件系统各不相同,因而数据的格式可能也不相同。常用的代码有 ASCII 码、BCD 码及二进制码,每一记录的各项内容及每项内容的类型位数也可能各不相同,要根据相应的 DEM 内插软件的要求,将各种数据转换成该软件所要求的数据格式。

(2) DEM 坐标系统的转换

若采集的数据一般要转换到地面坐标系。地面坐标系一般采用国家统一坐标系,也可采用地方局部坐标系。

(3) DEM 数据显示与编辑

将采集的数据用图形方式显示在计算机屏幕上(或展绘在数控绘图仪上),作业人员采用图形交互方式进行数据编辑。包括剔除错误的、过密的与重复的点,查找需要补测的区域,对断面扫描数据,还要进行扫描系统误差的纠正。

(4) DEM 数据分块

由于数据采集方式不同,数字地形数据的存储方式也不同,例如等高线是按各条等高线采集的先后顺序排列的。但在内插生成 DEM 时,待定点常常只与其周围的数据点有关,为了能在大量的数据点中迅速地找到所需要的数据点,必须将其进行分块。在某些软件中,需要将数据点划分成计算单元,每个计算单元之间有一定的重叠度,以保证单元的连续性。分块的方法是先将整个区域分成等间隔的格网(通常比 DEM 格网大),然后将数据点按格网分成不同的类,通常有交换法和链指针法。

(5) 子区边界的提取

根据离散的数据点内插规则格网 DEM,通常是将地面看作是一个光滑的连续曲面,但是地面上存在着各种各样的断裂线,如陡崖、绝壁以及各种人工地物,如路堤等,使地面并不光滑,这就需要将地面分成若干区域,即子区,使每一个子区的表面成为一连续光滑曲面。这些子区的边界由特征线(如断裂线)与区域的边界组成。确定每一子区的边界可以采用专门的数据结构或利用图论等多种方法来解决。

2.3.5 DEM 原始数据采集方法总结

(1) 对 DEM 原始数据各种采集方法可以从性能、成本、时间、精度等方面进行评价。应当指出,各种采集方法都有各自的优缺点,因此选择方法要从目的需求、精度要求、设备条件、经费安排等方面综合考虑。

(2) 摄影测量是 DEM 重要的数据源,采用解析测图仪或经数字化改造的精密立体测图仪进行 DEM 数据采集仍占有重要的地位。由于交互式数字摄影测量自动化程度较高,并可顾及地形特征,同时生成的 DEM 精度较高,因此是进行数据库更新的最有效方法之一。

(3) 现有地形图是 DEM 的另一重要数据源,经过大量的生产实践表明,从等高线地形图生产 DEM 的方法已经相当成熟,可以广泛应用于生产,也是中国大中比例尺标准 DEM 数据产品的主要数据源。

(4) 使用合成孔径雷达干涉测量(InSAR)、机载激光雷达(LiDAR)、倾斜摄影测量、无人机摄影、GNSS 等新型技术,进行 DEM 数据采集是具有发展前景和巨大市场价值的 DEM 采集方式。

思考与练习题

1. 概念解析：航摄像片的方位元素、数字摄影测量、渐进采样法。

2. 数字地面模型的数据来源主要包括哪些？

3. 结合课外阅读与文献检索，列举能获取立体地形数据的新型遥感数据源，并简要列举其主要技术指标及其数据特点。

4. 从数据源获取 DEM 的原始数据是建立数字高程模型的第一道工序，请简述其重要性。

5. 请阅读模拟摄影测量、解析摄影测量和数字摄影测量方面的专业教材与专著，结合教材内容，梳理并综述摄影测量技术发展的三个阶段及其主要研究内容。

6. 简述数字摄影测量系统（Digital Photogrametry System，DPS）的主要功能、作业步骤及主要作业产品。

7. 了解目前国际上主要的 DEM 数据产品（SRTM、ASTER GDEM、WorldDEM 等），并选择其中一种，描述其主要产品特点与技术指标。

参考文献

[1] 李德仁.基础摄影测量学[M].北京：测绘出版社，1995.

[2] 李志林，朱庆.数字高程模型[M].2 版.武汉：武汉大学出版社，2003.

[3] LI Z，ZHU C，GOLD C. Digital Terrain Modeling：Principles and Methodology[M]. Taylor & Francis，2004.

[4] 张祖勋.数字摄影测量的发展与展望[J].地理信息世界，2004(3)：1-5.

[5] EL-SHEIMY N，VALEO C，HABIB A. Digital Terrain Modeling：Acquisition，Manipulation And Applications[M]. Norwood，MA：Artech House，2005.

[6] 张祖勋.从数字摄影测量工作站（DPW）到数字摄影测量网格（DP-Grid）[J].武汉大学学报（信息科学版），2007(7)：565-571.

[7] 国家测绘局.中华人民共和国测绘行业标准 CH/T 1015.2-2007 基础地理信息数字产品 1：10 000　1：50 000 生产技术规程 第 2 部分：数字高程模型（DEM）[S].北京：测绘出版社，2007.

[8] 张力，张继贤，陈向阳，等.基于有理多项式模型 RFM 的稀少控制 SPOT-5 卫星影像区域网平差[J].测绘学报，2009，38(4)：302-310.

[9] 汤国安，李发源，刘学军.数字高程模型教程[M].2 版.北京：科学出版社，2010.

[10] 姚鑫，张永双，杨农，等.玉树地震地表变形 InSAR 观测及初步分析[J].地质力学学报，2010(2)：129-136.

[11] 黑龙江测绘局科技处.新一代摄影测量产品——像素工厂（Pixel

Factory™)[J].测绘科技资讯,2011(2):1-8.

[12] 唐新明,张过,祝小勇,等.资源三号测绘卫星三线阵成像几何模型构建与精度初步验证[J].测绘学报,2012(2):191-198.

[13] 国家测绘地理信息局.国测科发〔2012〕2 号　测绘地理信息科技发展"十二五"规划[Z],2012.

[14] 国务院第一次全国地理国情普查领导小组办公室,GDPJ 08—2013　多尺度数字高程模型生产技术规定[Z],2013

[15] 李祎峰,宫晋平,杨新海,李军,叶泽田.机载倾斜摄影数据在三维建模及单斜片测量中的应用[J].遥感信息,2013(3):102-106.

[16] 费文波,张过,唐新明,等.基于有理多项式模型的星载 InSAR 影像制作数字高程模型的研究[J].测绘学报,2014(1):83-88.

[17] 孙宏伟.基于倾斜摄影测量技术的三维数字城市建模[J].现代测绘,2014(1):18-21.

[18] 蔡庆空,蒋金豹,张玲,等.ALOS - PRISM 立体像对提取 DEM 的应用研究[J].测绘科学,2014(1):70-73.

[19] 国家测绘地理信息局.国测科发〔2016〕5 号　测绘地理信息科技发展"十三五"规划[Z],2016.

[20] 黄绘青,汤竞煌,李席锋.基于 PixelGrid 及 ADS100 新型航摄仪的 1:2000DOM 生产[J].国土资源导刊,2016(2):73-78.

[21] 薛选宁.浅析数字地形测量中的野外数据采集[J].陕西煤炭,2007(03):20-22.

[22] 巨小文,赵龙,郭玉芳,等.多尺度数字高程模型成果质量检验的关键点[J].测绘标准化,2016(3):27-29.

[23] 曹正响.1:10 000 数字高程模型生产中质量控制环节和技术分析[J].测绘标准化,2016(2):39-41.

3 数字高程模型内插

3.1 空间内插概述

3.1.1 空间内插的定义与要素

数字高程模型(DEM)是在二维空间对三维地形数据进行描述,通过输入点数据来构建规则格网,是用一组有序数值阵列形式表示地面高程的一种数字模型。作为数字地面模型研究的重要组成部分,有必要了解 DEM 生产过程。

由于 DEM 是高程值连续变化的栅格数据面,但在常规状况下,无法对空间所有点进行观测,因此需要通过空间内插手段,根据测绘等手段获得一定数量反映空间分布的全部或部分特征的空间样本点,据此预测未知地理空间特征,对样本点之间的未知数据进行填充。当然,随着遥感等技术的发展,直接获取 DEM 的方法日趋增多,如利用遥感立体像对生成 DEM,但通过空间内插方法生成 DEM 仍然是最主要的途径,其准确程度高,是迄今为止最为成熟和可行的方法。

空间内插就是根据已知的空间数据预测未知空间数据值的过程,目的是将离散点的测量数据转换为连续的数据曲面(图 3-1)。其理论依据主要基于 Tobler 提出的地理学第一定律,"任何事物都相关,只是相近的事物关联更紧密",即地理空间信息存在相关性,且距离越近,联系越紧密,相似性越高。对于 DEM 插值来说,距离近的样本点比距离远的样本点对未知点数值的影响更大,距离越近的样本点与未知点的值越接近。

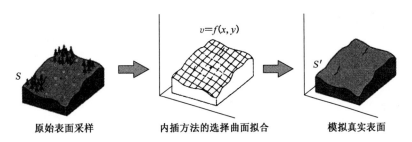

图 3-1   DEM 内插过程(数据采样—插值方法选择—模拟真实地面)

空间插值分为空间内插和外推两种,其中在已观测点的区域内,估算未知观测点的数据的过程称为内插;在已观测点的区域内,估算其他区域未知点的数据的过程成为外推(图 3-2)。DEM 插值中,一般采用空间内插法。

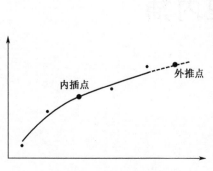

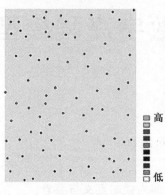

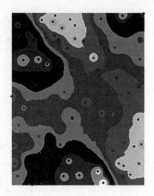

图 3-2 内插与外推 　　　　　　　 图 3-3 利用 GIS 软件进行内插

一般地,空间内插的目标可以归纳为缺值估计(估计某一点缺失的观测数据,以提高数据密度)、内插等值线(以等值线的形式直观地显示数据的空间分布)、数据格网化(把无规则分布的空间数据内插为规则分布的空间数据集)。图 3-3 展示了在给定若干高程点值的情况下,通过空间内插预测待定点高程值,得到高程面的过程。空间内插是数字高程模型生产的核心,贯穿在 DEM 的表面建模、质量控制、精度评定和地形分析应用的各个环节。

进行空间内插需要有两个要素:样本点和插值方法。前者是数据基础,后者是实现手段,两者相辅相成,缺一不可。

样本点是空间内已知数值的点,又称控制点、已知点或观察点,是整个空间内插的数据来源。样本的数目和分布特征,对内插方法的选择和内插结果的精度有重要影响。要求样本点在空间内尽量均匀分布,在数据值变化较大处可适当多增加样本点,以保证内插平稳、高精度地进行。在实际操作中,难免会出现空间上某区域样本点稀疏的情况,这样会导致空间内插产生的 DEM 会出现一定程度的误差。

不同的插值方法会导致拟合出的地形曲面有细微不同。DEM 的精度表现取决于除了地形本身、数字化过程中采样点密度和研究区地貌特征之外,插值方法的选择也有很大影响。

3.1.2 空间内插的步骤

空间内插主要包括选取数据点、插值方法选择与计算、精度评价等三个部分。

DEM 的数据来源主要有地面实测资料、地形图、航空航天遥感数据等。通过野外实地测量、摄影测量或者已有纸质地形图数字化等方法可获取地形数据点的位置和高程值。数据采样是指对于大量的地形数据,需要根据精度要求,选择参与插值的样本点,包含采样点分布(图 3-4)、采样点数目、采样点密度、采样间隔等方面。值得注意的是,采样点的数目并不是越多越好,过多的采样点实际上导致数据重复、数据冗余,在数据点集聚区域甚至可能产生奇异的表面,没有达到提高准确度的目的,反而降低了计算效率。

选取数据点首先是去除错误数据,对于高程值出现明显异常的点进行剔除,如高程值显著大于或者小于其余点;其次,根据源数据、地形、精度要求等要素选择合适的采样间隔进行数据采样,一般采样点呈规则分布、不规则分布或沿等高线分布。一般而言,要求采样点尽量均匀分布,在地形起伏变化较大处或者地形特征线(山脊线、山谷线、断裂线等)、地形特征点(山顶、洼地、鞍部、山脚点、山脊点、山谷点等),可适当多选择采样点;在地形平缓处且没有明显地形变化的地方,可适当少选取采样点。

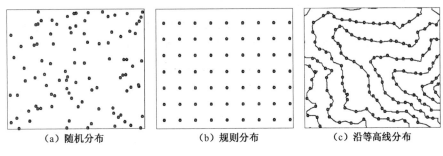

（a）随机分布　　　　　（b）规则分布　　　　　（c）沿等高线分布

图 3-4　采样点分布

插值方法选择是对采样数据进行分析,找出源数据的空间分布特征、统计特征,并根据地貌类型和采样间隔等要素选择合适的插值方法。选择适合数据的插值函数是影响 DEM 精度的重要因素(图 3-5)。不同的插值函数很可能对同样的数据采样点会产生不同的结果,如何挑选最恰当的插值函数是空间插值的核心问题。在选定插值方法的前提下,进行插值计算可获得模拟的地形曲面。

精度评价通过检验生成的 DEM 的质量来判断选择的插值方法是否合理,若精度不满足条件,需要选择其他插值类型,继续进行实验。

图 3-5　空间内插简单流程图

3.1.3　空间内插的分类

经过多年的发展,学者对空间内插提出了众多模型,根据不同标准有很多分类方式。

根据内插点的分布范围,可将内插分为整体内插、分块内插和逐点内插三类(或分整体内插和局部内插两大类)(黄杏元,2008)。整体内插是利用现有的所有已知点来估计未知点的值,分块内插和逐点内插则利用局部范围内的已知点的样本来估计未知点的值。

根据内插方法的基本假设和数学本质,空间内插可以分为几何方法(泰森多边形、反距离加权方法等)、统计方法(趋势面、多元回归等)、地统计方法

（Kriging 插值等）、函数方法（傅立叶级数、样条函数、双线性内插、立方卷积法等）、随机模拟方法、物理模型模拟方法和综合方法（李新，2000）。

根据内插曲面和参考点的关系，内插又可以分为纯二维内插和曲面拟合内插两种，即精确性插值和非精确性插值（Johns K H，1998）。二维插值要求曲面通过内插范围的全部参考点，曲面拟合则不要求曲面严格包含参考点，但要求拟合面相对于已知数据点的高差的平方和最小，即遵从最小二乘法则。

根据插值的原理不同，将 DEM 插值分为加权平均、多面叠加、移动曲面拟合三大块（王家耀，2001）。

汤国安等（2005）从数据分布、插值范围、插值曲面与参考点关系、插值函数性质、地形特征理解等五个方面对 DEM 插值进行了详细分类（表 3-1）。

表 3-1　DEM 内插分类方法（汤国安等，2005）

DEM 内插	数据分布	规则分布内插方法	
		不规则分布内插方法	
		等高线数据内插方法	
	插值范围	整体内插方法	
		局部内插方法	
		逐点内插方法	
	插值曲面与参考点关系	纯二维内插	
		曲面拟合内插	
	插值函数性质	多项式插值	线性插值
			双线性插值
			高次多项式插值
		样条内插	
		有限元内插	
		最小二乘配置内插	
	地形特征理解	克里金内插	
		多层曲面叠加内插	
		加权平均值内插	
		分形内插	
		傅立叶级数内插	

本书根据 DEM 的具体特点，分整体内插、分块内插和逐点内插三类进行介绍，分析每种内插方法的原理与特点，并介绍其包含的几种经典的内插方法。

3.2 整体内插

整体内插模型是基于研究区域内所有采样点的观测值建立的,即整个区域用一个数学函数来表达地形曲面。整体内插主要通过多项式函数来实现,因此又称整体函数法内插。考虑到地形的复杂性,通常使用的是高次多项式,拟合出一个光滑的数学平面。整体内插属于非精确性插值,样本点并不都在拟合曲面上,可计算每个已知点的观测值和估算值之间的偏差。整体内插函数模型的特点是不能提供内插区域的局部特性,因此常被用来模拟大范围的宏观变化趋势。

假设描述区域的曲面形式为下列二元多项式:

$$P(x,y) = \sum_{i=0}^{m} \sum_{j=0}^{m} C_{ij} x^i y^j \tag{3-1}$$

式(3-1)中有 n 个待定系数 $C_{ij}(i,j = 0,1,2,\cdots,m)$,为了求解这些系数,可量测研究区域内不同平面位置的 n 个参考点的三维坐标: $P_1(x_1, y_1, z_1), P_2(x_2, y_2, z_2), \cdots, P_n(x_n, y_n, z_n)$,将其代入方程从而使 n 阶线性方程组只有唯一解。将待插入点的坐标代入式(3-1),可得到待定点的高程值。

对于多项式阶数,一阶多项式拟合结果为平面,在空间上无弯曲,二阶多项式拟合结果有一次弯曲,三阶多项式有两次曲面弯曲,以此类推。对于地形拟合来说,弯曲越多对地形表达将会越细致。在 ArcGIS 软件 Geostatistical Analyst 模块中,最多可以使用十阶多项式进行拟合。

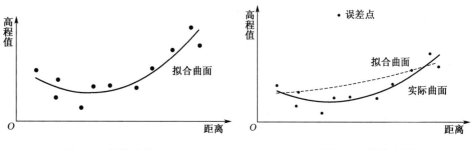

图 3-6　整体内插(a)　　　　　图 3-7　整体内插(b)

整体内插的优点是易于理解,针对没有异常点或者在空间上有很好相关性的地形表面,特别是参考点较少的简单地形特征,有很好的表达,并且能够宏观反映整体地形特征(图 3-6)。但其缺点也相当明显。给定的高程点中可能出现一些异常点,这些异常点通常是一些误差测量值,与其他测量值相差极大(图 3-7)。整体内插对异常点极为敏感,容易出现极大误差,降低插值准确度;当地貌特征比较复杂时,需要高次多项式对整体地形进行拟合,使拟合面与实际地形有更多重合点。高次多项式的系数求解需要每个观测值参与计算,求解速度慢。给定参考点的增减或移位都需要将多项式的所有参数重新调整,使高次多项式不容易得到稳定的数值解。

利用数据进行了简单的整体内插,从结果可以看出,高次多项式比低次多项式能够更好地反映地形变化,但是表达实际地形的能力还是有所欠缺,且随着多项式次数的增加,求解速度将成倍减慢(图3-8)。

大范围的地形是极其复杂的,因此整个地形用一个多项式来拟合是不切合实际的。而且,如果采用低次多项式来拟合,其精度必然很差,高次多项式又可能产生解的不稳定性。因此,在DEM内插中,一般不采用整体函数内插的方法。

综合以上,整体内插一般配合局部内插方法使用。主要是在使用某种局部内插方法对区域进行内插前,宏观把握区域内地形的大致状态,并通过估计值与观测值之间的偏差,从数据中去除一些不符合总体趋势的宏观地物特征。

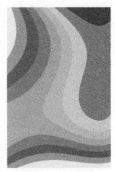

图3-8 整体内插结果

3.3 分块内插

由于整体内插的局限性,在实际地形拟合过程中往往不能仅用一个多项式来表达整个复杂地形。因此,需要引入局部函数内插的方法,即分块内插,将复杂的地形分解成一系列局部分块,对这些分块进行曲面拟合和高程内插。由于缩小的范围和简化的曲面,分块内插能较好地表现复杂地形。

分块内插就是将研究区分成若干一定尺寸的分块,对各分块使用不同函数的过程。由于每个分块可以用不同曲面表达,这时要考虑分块的大小和各相邻分块函数间的连续性的问题。分块的大小根据地貌复杂程度和参考点的分布密度来决定。相邻分块间一般可要求有适当宽度的重叠或者对内插曲面补充一定连续条件,以保证相邻分块间能平滑、连续地拼接。

3.3.1 多项式内插

将整个区域按照样本点数量分成若干块,对每个分块都用一个多项式方程进行插值的方法称为多项式内插。根据多项式的类型和分块内样本点数量,可分为线性内插、双线性多项式内插、双三次多项式内插等。

1) 线性内插

线性内插(Linear Interpolation)是一种较简单的内插方法,原理是使用最靠近插值点的三个已知数据点,确定一个平面,继而求出内插点的高程值。基于 TIN 的内插广泛采用这种简便的方法。对于整个地形区的插值过程,一般通过构建 Delaunay 三角网,连接所有样本点,形成覆盖整个区域的由三角形面拼接起来的网,对于每一个三角形面,利用线性内插函数进行插值。

设所求的线性内插函数的形式为:

$$z = a_0 + a_1 x + a_2 y \tag{3-2}$$

式中,x、y、z 是平面点的坐标,a_0、a_1、a_2 是方程的三个系数,可根据三个已知参考点计算求得。

如图 3-9,已知参考点 $P_1(x_1, y_1, z_1)$,$P_2(x_2, y_2, z_2)$,$P_3(x_3, y_3, z_3)$ 的坐标值,将坐标值代入解算 a_0, a_1, a_2 三个参数的公式中,可求解出参数。

计算公式为:

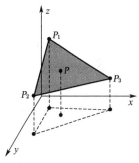

$$\begin{bmatrix} a_0 \\ a_1 \\ a_2 \end{bmatrix} = \begin{bmatrix} 1 & x_1 & y_1 \\ 1 & x_2 & y_2 \\ 1 & x_3 & y_3 \end{bmatrix}^{-1} \begin{bmatrix} z_1 \\ z_2 \\ z_3 \end{bmatrix}$$

图 3-9　线性内插示意图

一旦参数 a_0、a_1、a_2 确定,已知任意一点 i 的坐标 (x_i, y_i),可利用公式求解高程值 z_i。

要注意的是,当三个参考点所构成的几何形状趋近于一条直线时,这种解算会出现不稳定解。

线性内插算法简单,只需三个已知点即可解算,运算速度快,插值结果在三维形态上表现为连续的三角形面的拼接。但其内插精度不高,在样本点稀疏的地区会形成截然不同的三角面,若拟合的三角形面中有极值点,内插结果也会出现偏差,且拟合结果是不连续的、非光滑的平面。

在插值区域的边界,由于样本点数量不足以构成三角形或者所构成三角形的形状趋于直线等原因,可能会出现平行的等高线高度密集或者出现等高线的缺失。

2) 双线性多项式内插

双线性多项式内插(Bilinear Interpolation)使用最靠近插值点的四个不在一条直线上的已知数据点拟合一个曲面,确定一个双线性多项式来内插待插点的高程。当 x 为常数时,高程值 z 与坐标 y 呈线性关系,当 y 为常数时,高程值 z 与坐标 x 呈线性关系,故为双线性插值。双线性多项式内插主要用于网格数据的内插。

设确定的双线性多项式内插函数的形式为:

$$z = a_0 + a_1 x + a_2 y + a_3 xy$$

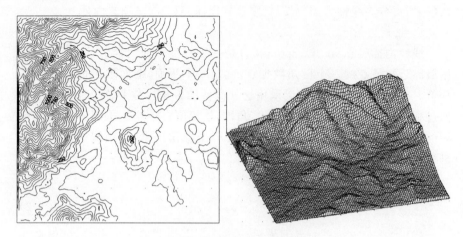

图 3-10 双线性内插结果示意图

式中，a_0、a_1、a_2、a_3 是公式中的参数，可以根据四个已知参考点如 $P_1(x_1,y_1,z_1)$，$P_2(x_2,y_2,z_2)$，$P_3(x_3,y_3,z_3)$，$P_4(x_4,y_4,z_4)$ 计算求得（图 3-11）。

解算 a_0，a_1，a_2，a_3 三个参数可以根据下式进行计算：

$$\begin{bmatrix} a_0 \\ a_1 \\ a_2 \\ a_3 \end{bmatrix} = \begin{bmatrix} 1 & x_1 & y_1 & x_1 y_1 \\ 1 & x_2 & y_2 & x_2 y_2 \\ 1 & x_3 & y_3 & x_3 y_3 \\ 1 & x_4 & y_3 & x_4 y_4 \end{bmatrix}^{-1} \begin{bmatrix} z_1 \\ z_2 \\ z_3 \\ z_4 \end{bmatrix}$$

这是双线性内插的通用公式。一旦参数 a_0，a_1，a_2，a_3 确定，已知任意一点 i 的坐标 (x_i, y_i)，可利用公式求解高程值 z_i。（图 3-11）

考虑双线性多项式内插的特殊情况，如果数据参考点呈正方形格网分布（参见扩展阅读），则可以直接使用如下的双线性内插公式：

$$Z_p = Z_A \left(1 - \frac{x}{l}\right)\left(1 - \frac{y}{l}\right) + Z_B \left(1 - \frac{y}{l}\right) \cdot \frac{x}{l}$$
$$+ Z_C \cdot \left(\frac{x}{l} \cdot \frac{y}{l}\right) + Z_D \left(1 - \frac{x}{l}\right) \cdot \frac{y}{l}$$

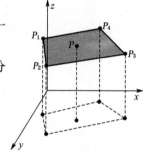

图 3-11 双线性多项式
内插示意图

式中，A,B,C,D 为正方形的四个格网点，l 为格网边长。

双线性多项式内插生成的曲面连续且较为平滑，没有阶跃效应，有较高精度，计算效率高，具有简单、直观、可靠等优点，被广泛用于 DTM 的插值中，尤其适合对规则分布的样本点（表 3-2）。但是，其结果会出现网格的平均化和平滑化，容易出现极值的丢失，导致地形特征线模糊不明显。

表 3-2　特殊情况下双线性内插的计算

扩展阅读	特殊情况下双线性内插的计算

取 (x, y) 为以点 $A(i, j)$ 为坐标原点的待定点 P 的坐标值

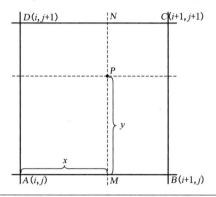

（1）由 $A(i, j)$、$B(i+1, j)$、$C(i+1, j+1)$、$D(i, j+1)$ 四个点的高程值 Z_A、Z_B、Z_C、Z_D，线性内插 $M(i+x, j)$、$N(i+x, j+1)$ 两点的高程值 Z_M，Z_N；

由 $\dfrac{x}{l} = \dfrac{Z_N - Z_D}{Z_C - Z_D}$，可知 $Z_N = \dfrac{x}{l}(Z_C - Z_D) + Z_D$

同理，由 $\dfrac{x}{l} = \dfrac{Z_M - Z_A}{Z_B - Z_A}$，可知 $Z_M = \dfrac{x}{l}(Z_B - Z_A) + Z_A$

（2）由 $M(i+x, j)$、$N(i+x, j+1)$ 两点的高程值 Z_M，Z_N，做线性内插，计算待求点 P 的高程 Z_P；

由 $\dfrac{y}{l} = \dfrac{Z_P - Z_M}{Z_N - Z_M}$，可知 $Z_P = \dfrac{y}{l}(Z_N - Z_M) + Z_M$

将（1）中两公式代入得

$$Z_p = \frac{y}{l}\left[\frac{x}{l}(Z_C - Z_D) + Z_D - \frac{x}{l}(Z_B - Z_A) - Z_A\right] + \frac{x}{l}(Z_B - Z_A) + Z_A$$

$$Z_p = \frac{x}{l}\cdot\frac{y}{l}\cdot Z_C - \frac{x}{l}\cdot\frac{y}{l}\cdot Z_D + \frac{y}{l}\cdot Z_D - \frac{x}{l}\cdot\frac{y}{l}\cdot Z_B + \frac{x}{l}\cdot\frac{y}{l}\cdot Z_A - \frac{y}{l}\cdot Z_A + \frac{x}{l}\cdot Z_B - \frac{x}{l}\cdot Z_A + Z_A$$

$$Z_p = Z_A\left(1 - \frac{x}{l}\right)\left(1 - \frac{y}{l}\right) + Z_B\cdot\frac{x}{l}\left(1 - \frac{y}{l}\right) + Z_C\cdot\frac{x}{l}\cdot\frac{y}{l} + Z_D\cdot\frac{y}{l}\left(1 - \frac{x}{l}\right)$$

（3）推导结果：

$$Z_p = Z_A\left(1 - \frac{x}{l}\right)\left(1 - \frac{y}{l}\right) + Z_B\left(1 - \frac{y}{l}\right)\cdot\frac{x}{l} + Z_C\cdot\frac{x}{l}\cdot\frac{y}{l} + Z_D\left(1 - \frac{x}{l}\right)\cdot\frac{y}{l}$$

3）双三次多项式内插

双三次多项式内插（Bicubic Interpolation）克服了线性内插与双线性内插分块间连接不够平滑的缺点，可利用一系列数据点拟合较为平滑的地表曲面。除了考虑到对于每个分块用一个 n 次多项式进行拟合，并使所确定的 n 次多项式曲面与其相邻分块的边界上所有的 $(n-1)$ 阶导数处处连续，来保证各分块曲面间的光滑性。双三次多项式，也称立方卷积法，因拟合的双三次多项式为样条函数又被称为二元样条函数法。

假设已知样本点呈规则正方形格网分布，每个格网均为一个分块单

元,由四个已知坐标的数据点 A、B、C、D 构成一个单元格网(图 3-12)。设确定的双三次多项式内插函数的形式为:

$$Z = f(x, y) = \sum_{j=0}^{3} \sum_{i=0}^{3} a_{ij} x^i y^j$$
$$= a_{00} + a_{10}x + a_{20}x^2 + a_{30}x^3$$
$$+ a_{01}y + a_{11}xy + a_{21}x^2y + a_{31}x^3y$$
$$+ a_{02}y^2 + a_{12}xy^2 + a_{22}x^2y^2 + a_{32}x^3y^2$$
$$+ a_{03}y^3 + a_{13}xy^3 + a_{23}x^2y^3 + a_{33}x^3y^3$$

式中,$a_{00}, a_{01}, a_{02}, \cdots, a_{33}$ 是公式中的 16 个参数。

上式有 16 个待定系数,需 16 个线性方程才能求解。通过已知的四个点坐标,可得到四个线性方程:

$$Z_i = f(x_i, y_i), i = 1, 2, 3, 4$$

其余 12 个线性方程,结合当前分块单元与周围其他分块之间的关系求得。考虑要结合样条函数的特性,保证分块之间的光滑连接,相邻分块单元在拼接处的 x 方向和 y 方向的斜率保持连续,相邻分块单元在拼接处的扭矩保持连续,即分块单元在 x 方向上的偏导数一致,在 y 方向上的偏导数一致,对 x 和 y 的混合偏导数一致。

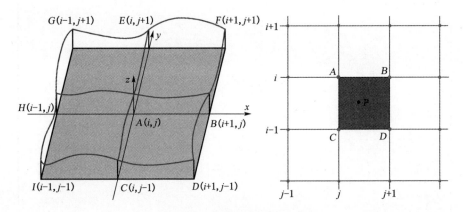

图 3-12　二元样条函数示意图

设 R 为沿 x 轴方向的斜率,S 为沿 y 轴方向的斜率,T 为扭矩,则有:

$$R = \frac{\mathrm{d}z}{\mathrm{d}x}$$

$$S = \frac{\mathrm{d}z}{\mathrm{d}y}$$

$$T = \frac{\mathrm{d}z^2}{\mathrm{d}x\mathrm{d}y}$$

在格网环境下,可使用差商来代替导数,求得四个角点的 R、S、T 值。以网格点 $A(i, j)$ 为例:

$$R_A = \partial z / \partial x = (z_B - z_H)/2$$
$$S_A = \partial z / \partial y = (z_E - z_C)/2$$
$$T_A = \partial z^2 / \partial x \partial y$$

而其中，

$$T_A = \partial z^2 / \partial x \partial y = \frac{\partial}{\partial x}\left(\frac{\partial z}{\partial y}\right) = \frac{\partial}{\partial x}\left(\frac{z_E - z_C}{2}\right) = \left(\frac{\partial z_E}{\partial x} - \frac{\partial z_C}{\partial x}\right)/2$$

而 $\dfrac{\partial z_E}{\partial x} = (z_F - z_G)/2; \dfrac{\partial z_C}{\partial x} = (z_D - z_I)/2$

$$T_A = [(z_F - z_G)/2 - (z_D - z_I)/2]/2 = [(z_F + z_I) - (z_G + z_D)]/4$$

所以最终得到公式：

$$R_A = \partial z / \partial x = (z_{i+1,j} - z_{i-1,j})/2$$
$$S_A = \partial z / \partial y = (z_{i,j+1} - z_{i,j-1})/2$$
$$T_A = \partial z^2 / \partial x \partial y = [(z_{i-1,j-1} + z_{i+1,j+1}) - (z_{i+1,j-1} + z_{i-1,j+1})]/4$$

同理可得 R_B、S_B、T_B、R_C、S_C、T_C、R_D、S_D、T_D。

对于任一数据点的导数值，需要使用它周围的 8 个数据点点高程求出。故对格网内部的某个未知点进行插值时，需要该格网的 4 个角点以及其周边最邻近的格网的 12 个点的高程值。当已知四角点高程 Z_A，Z_B，Z_C，Z_D，以及它们的导数值 R_A，R_B，R_C，R_D，S_A，S_B，S_C，S_D 和 T_A，T_B，T_C，T_D 就可联列 16 个方程，求解后得出系数 $a_{00}, a_{01}, \cdots, a_{33}$ 的值，代入方程，可解算某一点的高程。

根据上述定义求得的曲面在相邻边上的一阶、二阶导数是连续的，因此，整个区域的曲面连接是光滑的。

双三次多项式函数内插是精确的局部内插，生成的曲面是光滑连续的，其统计特性（均值、方差等）与原数据的相似程度高。同时易操作、数据量不大，适合于非常光滑的平面或者根据很密的点内插等值线，特别是从 TIN 内插等值线。与整体内插不同，样条函数保留了微地形特征，拟合时只需与少量数据点配准，内插速度快，可只修改曲面的某一分块的函数而不必重新计算整个曲面，同时也保证了分块间连接处为平滑连续的曲面，在视觉上效果良好。但由于拟合点时，需要的已知点数量较多，所以不适合对区域边缘进行插值。

3.3.2　多面叠加内插

多面叠加内插源于 1977 年美国依阿华州的 Hardy 教授提出的多面函数法，被应用于美国大地测量、拟合重力异常、大地水准面差距、垂线偏差、地壳形变等。其原理是，任何一个光滑的连续曲面均可以由若干简单的、规则的、能用数学公式定义的曲面来叠加逼近到所要求的精度。具体做法是在每个数据点上建立一个曲面，然后在 Z 方向上将各个旋转曲面按一定比例叠加成一张整体的连续曲面，使之严格地通过各个数据点。

多面叠加的数学表达式是：

$$z = f(x,y) = \sum_{i=1}^{n} K_i Q(x,y,x_i,y_x)$$

式中，$Q(x,y,x_i,y_x)$为核函数，即用于拟合的简单数学面；n为简单数学面的层数；K_i为待定系数，表示第i个核函数的贡献程度。

表 3-3　多面叠加法的核函数 [1]

核函数	表达式（d为距离，其他为参数常量）
旋转双曲面	$Q(d) = \sqrt{d^2 + g}$，其中 g 为平滑因子
旋转三次曲面	$Q(d) = A_1 + A_2 d^2 + A_3 d^3$
高斯曲面	$Q(d) = e^{-kd^2}$
Hirvonen 曲面	$Q(d) = 1/[1 + (d/k)^2]$
Launer 曲面	$Q(d) = 0.995^{d^{1.2}}$
吕言曲面	$Q(d) = 1 + d^3$

多面叠加法的核心在核函数的选择。根据核函数物理意义的不同，多面叠加内插包含常用的样条插值、径向基函数插值、多面函数法插值等不同常用模型。

径向基函数插值

径向基函数法（Radical Basis Function，RBF）属于人工神经网络方法中的一种，可以看成是不断训练径向基函数中基函数的拟合程度来逼近地形表面的学习过程。能够反映整体地形特征，也能很好地反映局部地形变化。

径向基函数插值属于精确插值。如同将有长条弹片插入并经过每个已知点一样，其生成的曲面能够通过所有已知采样点，并且所有点连接形成的曲率变化最小。

其原理是任何一个表面都可以用多个曲面的线性组合去逼近，本质是一系列用于精确插值算子的组合，其基函数是由单个变量的函数构成的。所有径向基函数插值法都是准确的插值器，能尽量适应数据。为生成光滑的曲面，可以引入一个光滑系数，其数学表达式为：

$$Z = \sum_{i=1}^{n} w_i \phi(dio) + w_n + 1$$

其中ϕ是径向基函数，dio表示第i个已知点到特插点的距离，$w^T：w_i$（$i=0,\cdots,n+1$）是权重向量其解算方程为：

$$W = \begin{bmatrix} \phi(d_{11}) & \varPhi(d_{12}) & \cdots & \varPhi(d_{1n}) & 1 \\ \phi(d_{21}) & \phi(d_{22}) & \cdots & \phi(d_{2n}) & 1 \\ \cdots & \cdots & \cdots & \cdots & \cdots \\ \phi(d_{n1}) & \phi(d_{n2}) & \cdots & \phi(d_{m}) & 1 \\ 1 & 1 & \cdots & 1 & 0 \end{bmatrix}^{-1} \begin{bmatrix} Z_1 \\ Z_2 \\ \cdots \\ Z_n \\ 0 \end{bmatrix}$$

---

[1]　卢华兴. DEM 误差模型研究[D]. 南京：南京师范大学，2008.

根据多重高次曲面基函数的几何性质,在每个已知样本点形成一个倒圆锥。如图 3-13,如果在 $y=5$ 处绘制 xz 平面的横截面,将看到每个径向基函数的一部分。现在假设要在 $y=5$、$x=7$ 处预测未知点高程值。由剖面图可以看出,通过每个径向基函数均可以获取一个预测高程值,这些值根据位置点与已知样本点之间的距离求得,分别为 φ_1、φ_2、φ_3……。然后需要确定权重。权重的确定需要使用到样本点的位置和高程值,假设有某样本点 k,根据前面的步骤,通过点 k 距离其他样本点的距离,可以求解出该点在每个径向基函数的高程值 φ_{1k}、φ_{2k}、φ_{3k},代入公式可得 $Z_k = w_1\varphi_{1k} + w_2\varphi_{2k} + w_3\varphi_{3k} + \cdots$。这样 n 个已知样本点就可以联列 n 个方程,从而求解出权重值。

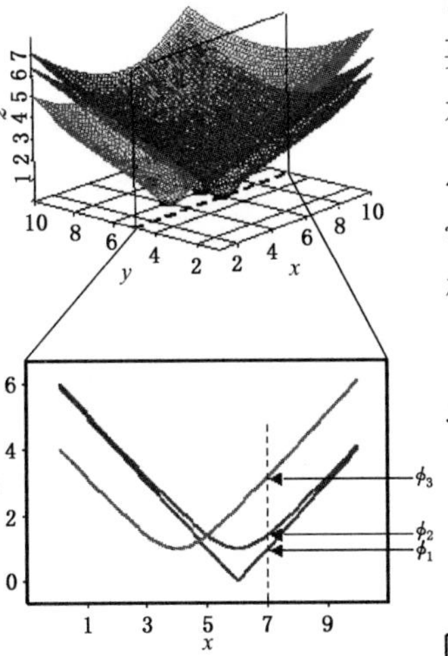

利用确定的权重值和每个径向基函数中的预测高程值,可以求得在 $y=5$、$x=7$ 处的高程值为 $Z = w_1\varphi_1 + w_2\varphi_2 + w_3\varphi_3 + \cdots$

径向基函数的几何意义类似于克里金插值中的半变异函数,但半变异函数同时也表现 DEM 高程间的相关性。表 3-4 列举了若干常用的径向基函数。

图 3-13 径向基函数工作原理示意图

表 3-4 常用径向基函数[①]

径向基函数	表达式(d 为采样点与插值点间距离,c 为光滑因子)	备注
多重高次曲面 (Multiquadric Function)	$\varphi(d) = \sqrt{d^2 + c^2}$	
倒数多重高次曲面 (InverseMultiquadric Function)	$\varphi(d) = \dfrac{1}{\sqrt{d^2 + c^2}}$	
薄板样条 (Thin Plate Splines Function)	$\varphi(d) = d^2 c^2 \ln(cd)$	ArcGIS
	$\varphi(d) = (d^2 + c^2)\ln(d^2 + c^2)$	Surfer
多重对数 (Multilog Function)	$\varphi(d) = \ln(d^2 + c^2)$	
自然三次样条 (Natural Cubic Splines Function)	$\varphi(d) = (d^2 + c^2)^{3/2}$	
弹性样条 (Tension Splines Function)	$\varphi(d) = \ln\left(\dfrac{dc}{2}\right) + I_0(dc) + \gamma$	式中,$I_0(\ )$ 是改进的贝塞尔函数,γ 为欧拉常数
完全规则样条函数 (Completely Regularized Splines Function)	$\varphi(d) = \ln\left(\dfrac{dc}{2}\right) + E_1(dc)^2 + \gamma$	式中,$E_1(\ )$ 是指数积分函数,γ 为欧拉常数

式中,h 为表示由点 (x, y) 到第 i 个数据点的距离;c 是平滑因子,一般由用户指定,受采样点数目、高程、空间分布等因素影响。

在 GIS 软件中使用径向基函数插值法时,用户可根据需要选择不同形式的径向基函数,以及其相应的控制表面光滑程度的参数。不同的函数方法有不一样的参数来控制生成表面的光滑程度。在反高次曲面函数中,参

① 张锦明.DEM 插值算法适应性研究[D].郑州:解放军信息工程大学,2012.

数设置越大,其生成的表面越不光滑;而其他的径向基函数法则一般是参数设置越大,其表面越光滑。ArcGIS 的 Geostatistical Analyst 分析模块提供了五种径向基函数方法,分别是薄板样条、张力样条、完全规则样条、多次曲面函数和反多曲面函数(图 3-14)。虽然每个径向基函数与其参数共同生成曲面,但是曲面之间差异不大。

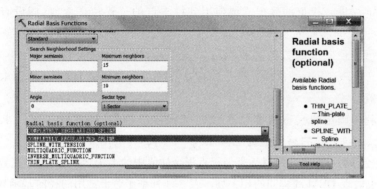

图 3-14　ArcGIS 中的径向基函数

与径向基函数类似,反距离权重插值也是属于精确插值,且插值点的高程值与距已知样本点的几何距离相关(反距离权重将在下文具体说明)。反距离权重内插原理简单,计算效率高,但径向基函数更加灵活,有更多的参数限制,反距离加权插值算法不能计算出高于或者低于采样点的插值点的值,生成表面不够平滑,而径向基函数插值算法则可以计算出高于或低于采样点的插值点的值,生成表面光滑(图 3-15),(图 3-16)。

图 3-15　IDW 与 RBF

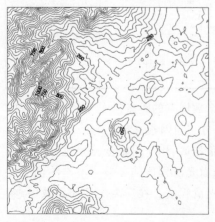 

图 3-16　RBF 插值结果图(薄板样条)

径向基函数特别适合针对有大量采样点的区域进行插值。在实际操作过程中,针对地形起伏较大的山地区域和地形起伏较小的平坦地区,径向基函数均能保留较完整的地形特征,尤其平坦地区地貌,能保留详细的地貌特征,效果良好。但当采样点数据准确度难以保证,以及短距离内高程发生极大变化时,插值效果难以保证。

3.4 逐点内插

逐点内插是以每一待插点为中心,用一个局部函数去拟合周围的数据点,数据点的范围随待插点位置的变化而移动。

与分块内插类似,都属于局部内插,但分块内插的分块范围在内插过程中一经确定,其形状、大小和位置都保持不变,凡落在分块上的待插点都用该分块中唯一确定的数学函数进行内插,而逐点内插的插值形状、大小、位置以及采样点数目会随插值点位置的移动而变化。与分块内插比较,逐点内插具有灵活、精度较高、计算方法简单等优点,因而应用更为广泛。

逐点内插的基本步骤包括:①确定插值点邻域的搜索策略;②确定样本点;③定义局部函数;④通过样本点和局部函数确定插值数学模型;⑤利用插值数学模型求解插值点数值。

在逐点内插的过程中,样本选取非常重要,决定了邻域范围的选择的重要性。这对于插值精度和插值速度都起到至关重要的作用。邻域的搜索策略包括搜索点数、搜索半径、搜索形状和搜索方向。

确定搜索点数,能控制样本点数量,既保证防止数据冗余造成计算量过大,又确保采样点足够多满足插值精度要求。图 3-17 可通过选取最邻近的若干数据点作为样本点,也可搜索规则形状的邻域内一定数量的数据点。对于不同的内插模型,所需的最少点数也不同。一般的,加权平均法需要 4～10 个点,移动拟合法则需要大于 8 个点。

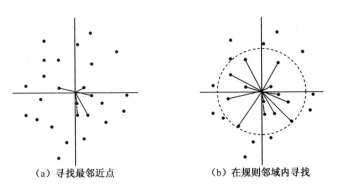

(a) 寻找最邻近点   (b) 在规则邻域内寻找

图 3-17 搜索点数的寻找方式

邻域的形状,即搜索形状,一般用规则形状表示,包括圆形、正方形、椭圆、三角形等,如图 3-18 所示。其中,最常用的为搜索圆形,是以未知插值点为中心,按照一定半径建立圆形的局部搜索区域。目前集成软件中的逐点内插一般也采用圆形进行搜索。

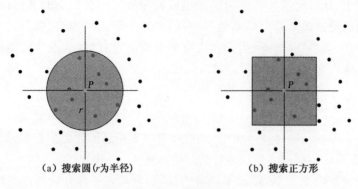

（a）搜索圆（r为半径）　　　　（b）搜索正方形

图 3-18　搜索形状

邻域的大小关系到获取到的样本数据点的数量，一般用搜索半径进行调节。在搜索形状为圆形的情况下，圆形的半径长度直接决定了样本大小。当邻域内搜索到的点数太少或太多，没有达到要求的搜索点数的条件时，可调整搜索半径，扩大或者缩小邻域大小，使满足搜索点数要求。一般，圆形邻域的初始半径可以按照经验公式确定：

$$r = \sqrt{k \cdot \frac{A}{n\pi}}$$

式中，n 为采样点个数；A 是包含 n 个采样点的局部区域面积；k 是数据量的平均值，一般为 7。

搜索方向是当采样数据分布不均匀，出现某个方向有大量采样点，而另一方向没有足够采样点的情况时，可以限制搜索方向，要求在插值点周围的每个方向内的采样点都满足一定数量要求。根据象限划分的数量分为无方向限制、四方向限制、八方向限制等（图 3-19）。

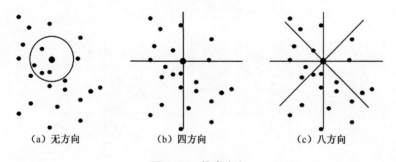

（a）无方向　　　　（b）四方向　　　　（c）八方向

图 3-19　搜索方向

在实际地形表面不一定都是连续变化或者规则变化的高程，部分插值方法会考虑到地貌特征，如悬崖、山脊或者某种其他特殊地形。比如，可以通过添加折线表示特殊地形线，在邻域搜索过程中，仅将位于折线一侧的采样点作为目标采样点。

不考虑地貌特征的逐点内插，把拟合曲面看成是一小块连续光滑的地面。但拟合面是随机划定的，很可能有地性线贯穿其间。在图 3-20 中，圆形曲面有山谷线穿过,内插点落在山谷两侧的坡面上,无论是一次平面,还是二次曲面都不能有效地逼近地表。

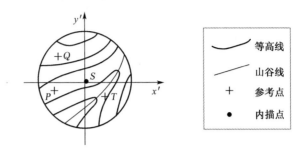

图 3-20　考虑地貌特征的逐点内插示意图

如果采用加权平均法内插,按照权函数的要求,参考点 T 比其他参考点距离内插点都近,应赋予点 T 较大的权。但实际上,点 T 落在山谷线东侧的坡面上,在点 T 与其他点之间,出现地貌突变现象。如果点 T 以较大的权重参与对点 S 的高程内插运算,必将有损于内插结果的精度。防止这种不利情况的措施,是在内插前先判断移面中是否有地性线穿过。对含地性线的拟合面,应按地性线将拟合面再行分割,直到不含地性线为止。分割后曲面如果参考点个数不够,可扩展选点的范围。

3.4.1　移动拟合法

移动拟合法是经典的逐点内插方法。通常以每个待插点的平面位置为原点,以待插值点为圆心作一个圆(或者其他规则形状)作为邻域,计算邻域内所有样本点的均值作为待插值点的高程值,或者利用邻域内的所有样本点拟合一个局部曲面来计算待插值点的高程值。其中,邻域大小的选择和局部曲面拟合函数的选择对结果有重要影响。邻域越大,对远距离样本点的影响越大,近距离样本点的影响越小。

局部多项式插值(Local Polynomial Interpolation)是移动拟合主要采用的方法,是对局部地形采用多项式曲面拟合。与全局多项式插值较为接近,均是针对采样点拟合一个多项式曲面来逼近地形表面。但全局多项式是根据所有采样点拟合一个多项式曲面,而局部多项式是对插值点邻域内的所有采样点拟合局部的多项式曲面,从而预测插值点的高程。面对地形多样化的情况,如连绵起伏的山地,局部多项式插值能更加灵活准确地表现地形表面。

具体来说,首先寻找待插值点邻域内的所有采样点,用多项式函数拟合一个最佳曲面,利用已知点数值解算多项式系数,从而求解待插值点的高程。随着邻域的连续移动,对每个未知点拟合曲面,形成相互重叠的局部曲面,最终完成对整个地表的插值(图 3-21)。

局部多项式插值法仅使用既定邻域内的点对指定阶数(0 阶、1 阶、2阶、3 阶等)的多项式进行拟合。邻域相互重叠,每次预测所使用的值是位于邻域中心的拟合的多项式的值。一般我们选择二阶多项式进行拟合,可

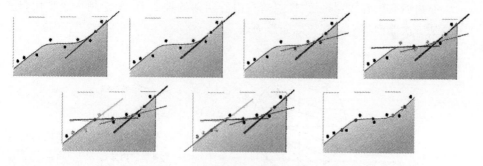

图 3-21　局部多项式插值过程

用如下的函数表示：

$$Z = AX^2 + BXY + CY^2 + DX + EY + F$$

式中，X，Y，Z是各参考点的坐标值，A，B，C，D，E，F为公式中6个参数。当样本点数目大于6时，各参数可由选定的参考点用最小二乘法进行求解。在采样点分布不均的情况下，需要调整搜索邻域的大小，以保证多项式的稳定性和解的可靠性，防止出现空区域的情况（图3-22）。

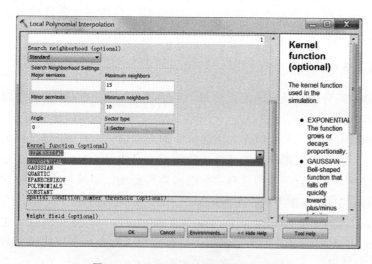

图 3-22　ArcGIS 中的局部多项式插值

局部多项式插值是非精确插值，拟合曲面不经过所有采样点，其生成曲面连续光滑。但当地表起伏异常复杂时，局部多项式插值往往不能得到可靠的插值效果。

3.4.2　加权平均法

加权平均法是移动拟合法的特例，步骤也基本类似，都是通过移动的邻域对未知点进行插值，不同的是在插值过程中对邻域内的样本点设定了权重，提高了解的稳定性。在样本点分布不均或是样本点稀疏的区域，加权平均法能取得更好的效果，并且计算效率高，在实际过程中有广泛应用。解算待定点 P 的高程时，使用加权平均值代替误差方程：

$$Z_P = \sum_{i=1}^{n} p_i Z_i / \sum_{i=1}^{n} p_i$$

式中，Z_P 是待定点 P 的高程，Z_i 是第 i 个样本点的高程值，n 为参考点的个数，p_i 是第 i 个参考点的权重。

加权平均法中权重的选取是关键，不同的权函数衍生出不同的内插方法。

1）反距离权重内插

反距离权重内插（Inverse Distance Weighting，IDW）是 20 世纪 60 年代末提出的计算区域平均降水量的一种方法。实际上是一种加权平均法，其计算相对简单、操作便利，是最常用的空间内插方法之一。其基本思想是距离近的点对插值点的影响比距离远的点大，所以反距离权重内插是利用邻近已知点的数值进行加权运算，所需的权重根据距离远近来确定，离插值点越近的样本点赋予的权重越大。

计算公式如下：

$$z(x,y) = \sum_{i=1}^{n} \frac{1}{(d_i)^p} Z_i / \sum_{i=1}^{n} \frac{1}{(d_i)^p}$$

式中，$z(x,y)$ 为插值点 (x,y) 处的估计值；n 为参与计算的实测样本点数；d_i 为 i 点与插值点之间的距离；Z_i 是第 i 个已知点的数值；p 为距离的幂

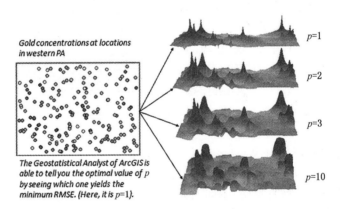

图 3-23　不同 p 值对插值结果的影响

（一般取 2）。当 $p = 0$ 时，距离对插值没有影响；当 $p = 1$ 时，距离的影响呈线性，点之间数值变化率恒定不变；当 $p > 1$ 时，远处样本点对插值点的影响减弱，越靠近插值点，数值变化率越大。故 p 值显著影响内插结果，可通过最小平均绝对误差选取最佳值。

距离的幂 p 的值不同，生成的曲面也不尽相同（图 3-23）。幂越大，插值位置附近的已知点对预测值的影响越大，远处已知点的影响程度随距离迅速减小，因此生成曲面也越平滑，在极值点表现得尤为明显。

在 IDW 中，需要考虑距离对插值点的影响程度（距离的幂 p）和邻域搜索范围（参与计算的样本点数 n）两个影响因素。

图 3-24　IDW 插值结果剖面图

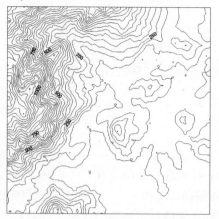

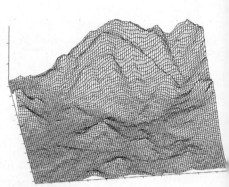

图 3-25　IDW 插值结果图

IDW 属于准确插值,拟合的表面是非光滑的曲面。利用反距离权重内插法得到的未知点的值既不会超过邻域采样点数值的最大值,又不会小于这些数值的最小值。其显著特点是产生小而封闭的等值线(图 3-24,图 3-25)。IDW 算法原理简单,在实际操作过程中运算速度快,效率很高。平坦地区生成的曲面,地貌特征有被简化的现象。但当未知点附近有值很高或很低的采样点时,未知点的结果易受到极值点的影响,而产生明显的"牛眼"现象,即插值点附近出现明显的隆起或凹陷,可通过设施平滑参数消减(图 3-26);当采样点过分集聚或过分稀疏时插值结果会出现偏差。

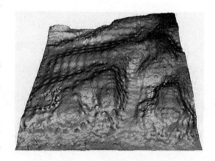

图 3-26　"牛眼"现象

2) 改进谢别德插值法

改进谢别德插值法(Modified Shepard's Method,MSM)是 1980 年由 Franke 及 Nielson 提出的一种改进式算法。与反距离权重插值相似,均是与距离成反比的加权算法,不同的是改进谢别德插值法修改了权重函数,增加了节点函数和地表拟合度。

其原理是使用拟合的局部二次多项式来调整权重,即参与计算的高程值并不一定是样本点本身的高程值,而是通过邻域内的样本点拟合一个二次多项式曲面,取样本点在曲面上的拟合的高程值参与计算。具体是通过距离倒数加权的最小二乘方的方法,并引入节点函数(插值点的二次多项式),其数学表达式为:

$$Z_i = \sum_{i=1}^{n} \frac{Q_i}{(h_i)^p} / \sum_{i=1}^{n} \frac{1}{(h_i)^p}$$

式中,Z_i 为待插点的值;n 为已知采样点的个数;h_i 为权函数,$h_i = \sqrt{d_i^2 + c^2}$,其中 d_i 为待插点与样本点之间的距离,c 为平滑因子,当 $c = 0$ 时为精确插值,当 $c \neq 0$ 时,为非精确插值;Q_i 为二次曲面函数;p 为权重的幂。

改进谢别德插值法利用节点函数的二次多项式拟合值 Q_i 来代替离散点值 Z_i，提高了插值精度和曲面的平滑度；利用了局部最小二乘法来消除或减少所生成等值线的"牛眼"现象；修改了反距离权重插值法的权函数，使其只能在局部范围内起作用，以改变反距离权重插值法的全局插值性质，克服了增加点后重新计算权函数的问题；增加了光滑因子，通过调整光滑因子参数，能控制生成曲面的光滑程度（图3-27）。

改进谢别德插值法的运算速度较快，能保留大部分特征地貌，尤其在地形起伏剧烈的地区，生成的等高线较稠密，保留细微地貌特征。但是在相对平坦的地区，有明显的过度平滑，出现高值被降低，山头被削减的现象。

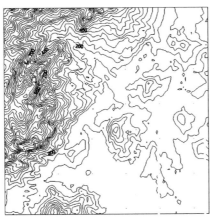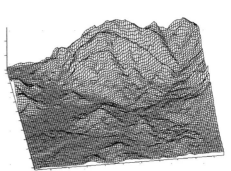

图 3-27   MSM 插值结果图

3）自然邻点插值法

自然邻点插值法（Natural Neighbor Interpolation，NNI）是基于泰森多边形的一种插值方法。与将距离作为权重因子的方法不同，自然邻点插值法将泰森多边形的影响面积比率作为权重的影响因子。泰森多边形是按数据点位置将整个表面分割成若干相邻多边形，每个多边形只包含一个数据点，且多边形内任意一点到该多边形数据点的距离比到其他数据点的距离近（图3-28）。与某数据点所在多边形相邻的多边形内的数据点称为该数据点的自然邻点。

如图3-29，首先对所有样本点 $P_1, P_2, \cdots, P_6$ 构建泰森多边形。对某待插点 P 进行插值时，就将该点加入样本点生成新的泰森多边形。与待插点形成的多边形相交的泰森多边形中的样本点被用来参与插值，它们对插值点的影响权重与它们所在原多边形与待插点新形成的多边形相重叠部分 $w_1, w_2, \cdots, w_6$ 的面积成正比。

计算公式如下：

$$z = \sum_{i=1}^{n} \frac{a_i}{a} Z_i$$

式中，z 为待插值点值，Z_i 为样本点 i 的值，a 为待插点所在多边形的面积，a_i 为样本点 i 所在的原多边形与待插点新形成的多边形相重叠部分的面积或样本点 i 所在的原多边形与后形成的多边形的面积差。

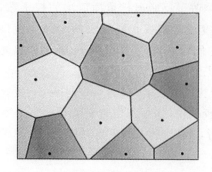

图 3-28　泰森多边形

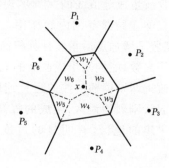

图 3-29　自然邻点插值法示意图

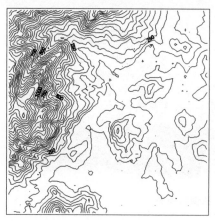
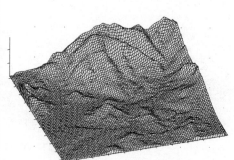

图 3-30　NNI 插值结果图

自然邻点插值法对于插值点的值主要取决于其附近的自然邻点，形成的曲面连续，对于分布不规则的数据具有良好的插值效果，但对地区边缘插值会出现缺失(图 3-30)。由于泰森多边形的建立需要先构建 TIN，故自然邻点插值适合具有断裂线的 DEM 约束插值。

3.5　综合性内插

3.5.1　克里金插值

克里金插值算法也称局部估计或空间局部插值，是地统计学的两大主要内容之一。地统计学源于 20 世纪 50 年代 Krige 在地质和采矿业方面的工作，1963 年法国学者 Matheron 发表了专著《应用地质统计学》，提出了区域化变量理论，并给出了地统计学概念：以区域化变量理论为基础，以变异函数为主要工具，研究在空间分布上既有随机性又有结构性的自然现象的科学。克里金插值充分利用数据点间的空间相关性,可以自动识别采样点的空间分布,消除了采样点分布不均匀带来的误差。它仍是一种光滑的内插方法,在数据点多时,其内插的结果可信度较高。

1) 区域化变量

区域化变量是以空间采样点 x 的三维直角坐标(x_u, x_v, x_w)为自变量的随机场函数 $Z(x_u, x_v, x_w) = z(x)$,当对其进行一次观测后,就得到随机场函数 $Z(x)$ 的一个具体实现 $z(x)$。在空间的每一个点取某一确定的数值后,当由一个点移到下一个点时,函数实现值 $z(x)$ 是变化的。

区域化变量具有随机性和结构性的双重特征。随机性是指区域化变量在具体实现时表现出一定的不规则特征;结构性是指区域化变量在不同的空间方位具有某种程度的空间自相关性。

地形表面是一个连续的随机场表面(许多的学者并不这样认为,如胡鹏就认为地形表面是一个确定的几何面),符合区域化变量的双重特征,因此以区域化变量理论为基础的"地统计学"在地形建模、空间分析等方面的应用方兴未艾。

2) 半变异函数

半变异函数是一种空间变量相关性的定量描述模型,当空间采样点在一维轴 x 上变化时,区域化变量在 x 和 $x+h$ 处的值为 $Z(x)$ 和 $Z(x+h)$,两者之差的方差一半定义为区域化变量在 x 轴方向上的半变异函数,记为 $\gamma(x, h)$:

$$\gamma(x, h) = \frac{1}{2} var[Z(x) - Z(x+h)]$$
$$= \frac{1}{2} E[Z(x) - Z(x+h)]^2 - \frac{1}{2} \{E[Z(x)] - E[Z(x+h)]\}^2$$

在二阶平稳假设下,有:

$$E[Z(x+h)] = E[Z(x)] = m$$

则 $\gamma(x, h)$ 可以改写成:

$$\gamma(x, h) = \frac{1}{2} E[Z(x) - Z(x+h)]^2$$

从上式可知,半变异函数依赖于两个自变量 x 和 h,当半变异函数$\gamma(x, h)$中的 h 与位置 x 无关,而只依赖于分隔两采样点之间的距离时,则 $\gamma(x, h)$ 可以改写成 $\gamma(h)$,即:

$$\gamma(h) = \frac{1}{2} E[Z(x) - Z(x+h)]^2$$

通常情况下,半变异函数值随着采样点间距的增加而增大,并在到达某一间距值后趋于稳定,半变异函数具有三个重要的参数:块金值(Nugget)、基台值(Sill)、变程(Range),表示区域化变量在一定尺度上的空间变异和相关性(图 3-31)。

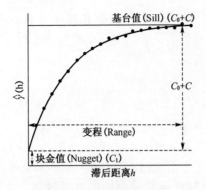

图 3-31　半变异函数图解

块金值:根据半变异函数的定义,理论上当 $h = 0$ 时,半变异函数应等于 0。但是由于取样误差等原因,两个采样点之间距离 h 即使很小,其变量依然存在着差异,表示区域化变量在小于观测尺度时的非连续性变异。

基台值:表示半变异函数随着间距递增到一定程度时出现的平稳值,$(C_0 + C)$ 即为基台值。C 称为结构方差(或拱高),在数值上等于基台值与块金值之间的差值,代表由于样本数据中存在空间相关性而引起的方差变化的范围。

变程:表示半变异函数达到基台值时的间距,反映了空间采样点的自相关距离尺度。在变程距离之内,空间上越近的点之间的相关性越大,当 h 大于变程时,空间采样点之间不具备自相关性,除非半变异函数具有周期性变化特征。更为重要的是,变程表示了空间插值的极限距离,选择在变程范围内的采样点参与插值才具有意义。

在实际插值估计中,由于空间采样点是离散的,无法获取半变异函数 $\gamma(h)$ 的理论值,所以需要通过实验方法获得实验半变异函数值:

$$\gamma^*(h) = \frac{1}{2N(h)} \sum_{i=1}^{n} \left[Z(x_i) - Z(x_i + h) \right]^2$$

式中,$N(h)$ 是近似地相隔 h 的采样点对的数目。

然后根据实验半变异函数值选择一个合适的理论半变异函数模型,并拟合其基本参数。理论半变异函数模型包括几种简单的模型(图 3-32),分别是:

线性模型(LINE):

$$\gamma(h) = \begin{cases} C_0, & h = 0 \\ C_0 + \dfrac{C}{a}h, & 0 < h \leqslant a \\ C_0 + C, & h > a \end{cases}$$

球形模型(SPHERE):

$$\gamma(h) = \begin{cases} 0, & h = 0 \\ C_0 + C\left(\dfrac{3h}{2a} - \dfrac{h^3}{2a^3}\right), & 0 < h \leqslant a \\ C_0 + C, & h > a \end{cases}$$

当 $C_0 = 0$、$C = 1$ 时，称为标准球形模型。

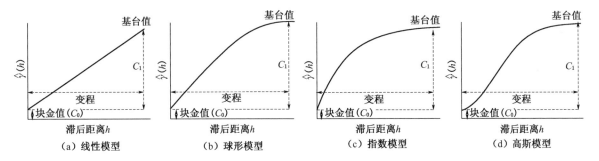

图 3-32　常用变异函数模型图

指数模型（EXP）：

$$\gamma(h) = \begin{cases} 0, & h = 0 \\ C_0 + C(1 - \mathrm{e}^{-h/a}), & h > 0 \end{cases}$$

当 $C_0 = 0$、$C = 1$ 时，称为标准指数模型。

高斯模型（GAUSS）：

$$\gamma(h) = \begin{cases} 0, & h = 0 \\ C_0 + C(1 - \mathrm{e}^{-h^2/a^2}), & h > 0 \end{cases}$$

当 $C_0 = 0$、$C = 1$ 时，称为标准高斯模型。

3）克里金插值算法

克里金插值算法包括简单克里格、普通克里格、通用克里格、指标克里格、概率克里格、分离克里格、分层克里格、联合克里格、因子克里格等20多种不同的变形形式，但是所有的克里金插值算法都是基于下式的微小变异。

$$\hat{Z}(x_o) - m = \sum_{i=1}^{n} \lambda_i [Z(x_i) - m(x_o)]$$

式中，m 为整个区域内所有采样数据的均值；λ_i 是克里格权重；n 是以 x_0 为中心的指定搜索区域内的参与克里金插值的采样点个数；$m(x_0)$ 是指定搜索区域内的采样点均值。

当 m 为已知参数时，克里金插值称为简单克里金插值；当 m 为未知参数时，克里金插值称为普通克里金插值。

从公式可以看出，克里金插值的计算主要在于求解克里格权重 λ_i，而权重 λ_i 必须满足无偏条件且使估计方差最小。

克里金法类型分常规克里金插值和块克里金插值。常规克里金插值其内插值与原始样本的容量有关，在样本数量较少的情况下，采用简单的常规克里金模型内插的结果图会出现明显的凹凸现象；块克里金插值是通过修改克里金方程以估计子块 B 内的平均值来克服克里金点模型的缺点，对估算给定面积实验小区的平均值或对给定格网大小的规则格网进行插值比较适用。块克里金插值估算的方差结果常小于常规克里金插值,所以生成的平滑插值表面不会发生常规克里金模型的凹凸现象。按照空间场是否存在漂移可将克里金插值分为普通克里金和泛克里金,其中普通克里金常称作局部最优线性无偏估计,所谓线性是指估计值是样本值的线性组合,即加权线性平均,无偏是指理论上估计值的平均值等于实际样本值的平均值,即估计的平均误差为 0,最优是指估计的误差方差最小。

3.5.2 ANUDEM 算法

ANUDEM 为 20 世纪 80 年代 Michael F. Hutchinson 教授提出的 DEM 插值算法,并在其基础上开发了专业化的 DEM 生产软件。ANU-DEM 中的 ANU 指澳大利亚国立大学(Australian National University, ANU),ANUDEM 是由澳大利亚国立大学研发的 DEM 生成算法。这种方法在国际上应用已较成熟,但国内对 Hutchinson 算法较少应用。目前,在 ArcGIS 9.3 以后的版本均有集成 ANUDEM 算法,名为地形转栅格(Topo to Raster)。该方法是一种充分考虑地貌特征的插值算法,通过施加约束条件,保持地形结构连续,当输入数据为等高线时,能准确呈现山脊、山谷、河流等地貌类型,构建完整的水文模型。

ANUDEM 采用嵌套式多分辨率迭代计算方法,经过优化,既具有局部插值方法的高效性,同时又不会牺牲全局插值方法的表面连续性。实际上,该方法属于离散化的薄板样条函数法,通过引入一阶偏导数,对薄板样条插值法中糙度罚函数进行合理修改,并将剖面曲率也作为一个糙度罚函数,其粗糙度惩罚系数经过修改,从而使经过拟合后的 DEM 能够还原真实的地形突变。

算法主要包括四个方面,分别是:插值计算、数据平滑、地形强化和局部适应性处理。

插值计算从较粗的初始分辨率(一般为最终分辨率的 8~11 倍)开始,用每次减少至一半的方式,逐渐递减至用户设置的最小分辨率。对于每个分辨率,如果拟合点附近有数据就直接读取该点的高程值;如果附近没有数据点,就在地形粗糙度和有序地形特征线约束下用高斯-赛德尔迭代法(Gauss-Seidel Lteration)计算其高程值。在整个插值过程中,每个分辨率的 DEM 均记录在内存中,所以可根据其变面特征(如坡度、曲率等)监测系统对输入源数据信息读取的数量。在较粗的分辨率层次上,由于栅格较大以至于各栅格点的值是很多观测点的平均值,并进而使地形平缓。随着栅格尺寸的减小,各栅格取值中将没有或很少对观测点进行平均,所以地表坡度将越来越陡,并最终稳定在某一水平上。根据这一特点,可以客观地确定最佳栅格尺寸,对栅格尺寸的确定更加客观和具有可操作性。

数据平滑过程中引入了粗糙度惩罚函数,在平滑过程中充分考虑地表真实度,在预测值与测量值贴近的同时平滑表面。粗糙度罚函数用拟合表面的曲率来定义,引入 3 种曲率分别是表面重力势曲率 $J_1(f)$、总曲率 $J_2(f)$ 和剖面曲率 $J_3(f)$,利用其组合定义粗糙度系数 $J(f)$。

地形强化是在多重分辨率差分插值方法的基础上,嵌入了一种以有效表现水文地貌特征为目标的算法——地形强化算法。该算法通过辨识高程数据中的地形特征点(凹陷、鞍部)和隐含在高程点和等高线中的地形特征线(山脊、沟道),并通过对伪下陷点的清除和河流(坡向转折线)的应用,给算法中加入一组有序地形特征线约束插值计算,使地表的地貌特征(特别是流水侵蚀作用下的地貌特征)能在拟合表面上得到准确、真实的表现。该过程去除输入数据中用户尚未检查出的伪下陷点,提高输出 DEM 的质量和精度。通过对山脊线和沟底线的辨识与表现形成坡向转折,从而保证沟道系统的连续性和山脊、流水线等地貌特征线的正确表现。

局部适应性处理引入剖面曲率,定义新的粗糙度惩罚函数来处理地形突变的情况。

ANUDEM 插值除了可以输入等高线和高程点数据以外,还能将一些地形信息作为控制插值结果的输入数据。在 ArcGIS 中,共有九种数据类型可作为地形类的输入:TopoPointElevation、TopoContour、TopoStream、TopoSink、TopoBoundary、TopoLake、TopoCliff、TopoExclusion、TopoCoast。(表 3-5)

表 3-5　ANUDEM 输入数据

名　称	表　示
TopoPointElevation ([[inFeatures,{field}],...])	表面高程的点要素类 field 用于存储点的高程
TopoContour ([[inFeatures,{field}],...])	高程等值线的线要素类 field 用于存储等值线的高程
TopoStream ([inFeatures,...])	河流位置的线要素类。所有弧线必须定向为指向下游。要素类中应该仅包含单条弧线组成的河流
TopoSink ([[inFeatures,{field}],...])	表示已知地形凹陷的点要素类。地形转栅格不会试图将任何明显识别为汇的点从分析中移除 所用 field 应该能够存储合法汇的高程。如果选择了 NONE,将仅使用汇的位置
TopoBoundary ([inFeatures,...])	边界是包含表示输出栅格外边界的单个面的要素类。输出栅格中,位于此边界以外的像元值被定义为 NoData。此选项可用于在创建最终输出栅格之前沿海岸线裁剪出水域
TopoLake ([inFeatures,...])	指定湖泊位置的面要素类。湖面范围内的所有输出像元值均将被指定为沿湖岸线像元的最小高程值
TopoCliff ([inFeatures,...])	悬崖的线要素类。必须对悬崖线要素进行定向以使线的左侧位于悬崖的低侧,线的右侧位于悬崖的高侧
TopoExclusion ([inFeatures,...])	其中的输入数据为被忽略的区域的面要素类。这些面允许从插值过程中移除高程数据。通常将其用于移除与堤壁和桥相关联的高程数据,这样就可以内插带有连续地形结构的基础山谷
TopoCoast ([inFeatures,...])	包含沿海地区轮廓的面要素类。位于这些面之外的最终输出栅格中的像元会被设置为小于用户所指定的最小高度限制的值

部分数据的使用过程如下：

等值线数据的使用：最初，使用等值线是存储和表示高程信息的最常见方法。遗憾的是，该方法也最难正确应用于各种常规插值法。其缺点就在于等值线之间的信息欠采样，特别是在地形较低的区域。插值过程初期，地形转栅格将使用等值线中固有的信息来构建初始的概化地形模型。这是通过标识各等值线上的局部最大曲率点实现的。然后，使用初始的高程格网（Hutchinson，1989）可得到一个与这些点相交的由曲线河流和山脊组成的网络。这些线的位置会随着 DEM 高程的反复更新而更新。该信息可用于确保输出 DEM 具有正确的水文地貌属性，还可用于验证输出 DEM 准确与否。等值线数据点也可用于在每个像元中内插高程值。所有等值线数据都会被读取并概化。最多从每个像元内的等值线中读取 100 个数据点，并将平均高程值用作与等值线数据相交的每个像元的唯一高程数据点。对于每个 DEM 分辨率来说，每个像元仅使用一个关键点。因此，多条等值线与输出像元交叉的等值线密度是多余的。确定好表面的大致形态后，等值线数据还将用于为各像元内插高程值。使用等值线数据内插高程信息时，将读取并概化所有等值线数据。对于每个像元，将从这些等值线中最多读取 50 个数据点。在最终分辨率下，每个像元仅使用一个关键点。因此，多条等值线与输出像元交叉的等值线密度是多余的。

湖泊数据：早期版本的地形转栅格中的湖泊面是用于将每个湖泊表面的高程设置为与湖泊紧邻的所有 DEM 值的最小高程的简单面。湖边界算法已升级为能够自动确定与相连河流线和相邻高程值完全兼容的湖泊高度。经修订后的湖边界方法也将每个湖边界视为具有未知高程的等值线，并会根据湖边界上的像元值以迭代方式估算该等值线的高程。同时会将每个湖边界的高程调整为与任意上游和下游湖泊的高程保持一致。每个湖边界高程还会调整为与相邻的 DEM 值保持一致，会使湖泊外的像元值位于湖边界的高程之上，而使湖泊内的像元值位于湖边界的高程之下。允许湖边界内包括岛以及在岛内包括湖。正如湖边界面所确定，湖泊内的所有 DEM 值都会设置为湖边界上的 DEM 的估算高度。

悬崖数据的使用：悬崖线允许数据悬崖线每侧的相邻像元值之间的连续中出现完全中断，正如将其编码到输出栅格中那样。悬崖线必须以有向直线形式提供，每条悬崖线的低侧位于左侧，高侧位于右侧。这样就可以移除位于悬崖错误侧的高程数据点（正如将其编码到栅格中那样），已经发现，在河流和悬崖上施加的微小位置偏移（将河流和悬崖包括在栅格中时）会导致这些数据之间发生伪相交。因此开发了一种自动化方法，可在放置河流和悬崖线时进行微小调整，从而最大限度地减少这种伪相交。

海岸线数据：位于该面要素类所指定面以外的最终输出 DEM 中的像

元会被设置为在内部确定的特殊值,该值小于用户所指定的最小高度限制。由此产生的结果是,可将一个完整的沿海面用作输入并将该面自动裁剪为处理范围。

ANUDEM 插值精度和效率均有不错的效果,特别适合对大数据集进行插值。需要注意的是,在样本点过于密集的情况下可能会出现错误;由于算法将尽可能多地在内存中保存信息,可能会出现没有足够的可用资源空间的情况。

3.6 DEM 插值结果评价

不同的插值方法,对于相同的源数据可能会生成不同的插值结果,甚至某些结果会与真实地表的情况相差较大。判断插值结果与真实地表的贴近程度,对于选择合适的插值方法生产准确度高的 DEM 产品至关重要。在此基础上,我们引入精度评价来判断插值结果的优劣。通过评价可在众多插值方法中选择出最适合源数据的方法。

3.6.1 数值指标与交叉验证

通过插值方法来生产 DEM 或多或少会出现地表实际高程与预测高程的不匹配,即精度误差。检验精度误差的大小,最常用的方法是采用交叉验证的方法检查 DEM 上的高程点与预测值之间的差异。交叉验证的原理是假定某一采样点的属性值未知,用周围采样点的值通过内插来估算,然后计算所有数据点的实际观测值与估计值之间的误差值。对于误差值,利用精度数值指标来衡量,通过数值大小能清楚准确地了解误差程度。

在实际操作过程中,首先将已知数据点分为两组,一组作为采样点,参与插值计算;一组作为检查点,不参与插值计算。检查点的选取要求在空间上尽量均匀分布。利用选定采样点进行插值,拟合地表曲面。每个检查点通过对比拟合曲面上的预测高程值与实际高程值,利用数值指标对误差进行估计,评价插值结果。

数值指标与交叉验证结合的方法,原理简单,计算快捷,是较为实用的一种精度评价方法。对所有点的数值指标能综合反映整个地表的拟合程度,对于单个检查点的数值指标能反映局部区域的插值精度,能客观反映插值方法对地区内不同地形、不同区域的模拟程度。由于检查点不参与插值计算,故要求已知点数量不能太少。

可选择中误差($RMSE$)、相对中误差(R-$RMSE$)、平均误差(ME)、标准差(SD)、拟合优越度(R^2)等数值指标作为评估插值精度的标准。一般情况下,中误差最为常用。各数值指标的表达式如表 3-6 所示。

表 3-6　DEM 数值指标表达式

名　　称	表达式
中误差 $RMSE$	$RMSE = \sqrt{\dfrac{1}{n} \cdot \sum\limits_{i=1}^{n} (Z_i - z_i)^2}$
相对中误差 $R\text{-}RMSE$	$R\text{-}RMSE = \sqrt{\dfrac{1}{n} \cdot \sum\limits_{i=1}^{n} \left(\dfrac{Z_i - z_i}{z_i}\right)^2}$
平均误差 ME	$ME = \dfrac{1}{n} \cdot \sum\limits_{i=1}^{n} \| Z_i - z_i \|$
标准差 SD	$SD = \sqrt{\dfrac{1}{n} \cdot \sum\limits_{i=1}^{n} (\| Z_i - z_i \| - ME)^2}$
拟合优越度 R^2	$R^2 = 1 - \dfrac{\sum\limits_{i=1}^{n} (Z_i - z_i)^2}{\sum\limits_{i=1}^{n} (Z_i - \overline{z}_i)^2}$

式中,Z_k 是检查点的预测高程值,z_k 是检查点的实际高程值,n 为检查点个数。

中误差越小,表明拟合效果越好,最佳的插值结果中中误差的值应接近于 0。国家测绘局在基础地理信息数字产品 1∶10 000 和 1∶50 000(表3-7,表3-8)生产技术规程中,针对不同地貌类型,对 DEM 格网点中的高程中误差有详细要求。应用中,一般采用二级精度,若原始资料精度较差,也可采用三级精度。

表 3-7　1∶50 000 精度标准

地形类别	地形图基本等高距/m	地形坡度/°	格网间距/m	格网中高程中误差/m
平地	1	<2	25	4
丘陵地	2.5	2~6	25	7
山地	5	6~25	25	11
高山地	10	>25	25	19

表 3-8　1∶10 000 精度标准

地形类别	地形图基本等高距/m	地形坡度/°	格网间距/m	格网中高程中误差/m		
				一级	二级	三级
平地	1	<2	12.5	0.5	0.7	1.0
丘陵地	2.5	2~6	12.5	1.2	1.7	2.5
山地	5	6~25	12.5	2.5	3.3	5.0
高山地	10	>25	12.5	5	6.7	10.0

3.6.2 误差可视化模型

误差可视化是将抽象的DEM误差转化为具体可视的图形的过程。利用数值指标来表现误差,不容易让人形成直观的空间想象,这样误差与各种影响因子的关系很难被发现。可视化利用图像或图表,将抽象的数值直观地在空间上进行表现,将不易被人理解的误差模型转化为可以度量的视觉变量,增强对误差的空间认知,以便于更好地揭示误差与各种影响因子之间的关系。

1)等高线回放法

等高线回放法,又称等高线套合法,顾名思义,是将插值DEM生成的等高线与实际的原有等高线叠合在一起,根据目视解译比较两者差异,检查等高线的误差状况。根据图像能直观地反映DEM的总体误差情况和误差分布,是一种直接高效的精度评价手段。由于等高线为矢量数据,因此对于低分辨率的DEM也能够进行分析。在操作过程中需要实际的等高线,所以适合由地形图数字化采集样点的数据,一般由野外测量手段采集的数据不适合此方法。

如图3-33所示,选择相同的等高线间距生成等高线,虚线表示插值后的等高线,实线表示实际的等高线数据。一般而言,在地形起伏较大的区域,尤其是地形突变的地方(如山脊、山谷),误差会明显增大。

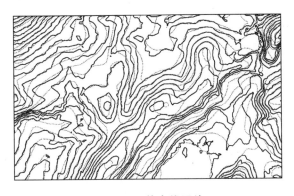

图3-33 等高线回放

2)误差地图

误差地图是通过在区域内叠加误差值来描述误差的可视化方法。叠加误差值除了选择高程值差之外,还可选择坡度、坡向等其他地形参数,能够综合地反映DEM中不同地形因子对插值结果的影响。用定量化的方式,可宏观地表现整个拟合地表与真实地形的差异,也能表现局部地区的误差情况。误差地图需要原始DEM数据,一般用于插值方法的准确度验证和对各种地形因子影响的研究。通过配合使用分层设色的方法制作二维误差地图,通过颜色的区别来表现误差的分布状况,也可以通过误差值生成三维误差地图(图3-34,图3-35)。

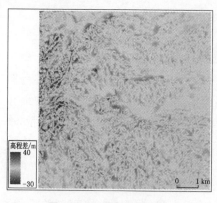

图 3-34 二维误差地图

图 3-35 三维误差地图(点的颜色表示误差大小)

3.6.3 三维地形可视化分析

随着计算机技术的发展,尤其 3D 图形可视化和虚拟现实技术的发展,使得三维图形已成为一种重要的分析比较功能。它有助于用户对空间数据相互关系的直观理解,辅助进行数据的分析。三维地形可视化通过将拟合地表以三维形式表达出来,辅助以颜色分层或晕染,可同时叠加地形数据,能够方便地识别不同插值方法拟合曲面的差异。这是一种较为直观的表现方式,通过定性地判读三维模型的差异,能够反映插值结果的合理性和识别拟合结果中的异常部分。由于其不能反映细微的地表差异,一般作为精度验证的辅助方式。

3.7 课程实验与延伸阅读

3.7.1 Surfer 及空间内插

Surfer 软件是美国 Golden Software 公司编制的一款功能齐全的三维可视化、轮廓和表面建模软件包,以其方便、直观、快捷、安装简单、对系统要求低等优点得到广大用户的青睐,是目前最强大、最灵活和最简易的等值线图和三维图形绘图软件。目前最新版本为 Surfer12。

Surfer 具有的强大插值功能和绘制图件能力,是用来处理空间离散数据的首选软件,是地质工作者必备的专业绘图软件,被广泛用于地形建模、测深建模、景观可视化、表面分析、等高线测绘、流域和 3D 曲面的绘制、网格绘制和体积测定等。可以轻松制作基面图、数据点位图、分类数据图、等值线图、线框图、地形地貌图、趋势图、矢量图以及三维表面图等;提供 12 种数据网格化方法,包含几乎所有流行的数据统计计算方法;提供各种流行图形图像文件格式的输入输出接口以及各大 GIS 软件文件格式的输入输出接口,大大方便了文件和数据的交流和交换;提供新版的脚本编辑引擎,自动化功能得到极大加强。相比其他软件,Surfer 提供了更多的网格化方法和更多的网格参数控制,包括定制的变量。旧版本中存在没有各种投影变换的缺陷,但在新版本中增加了投影系统。

Surfer 的界面如图 3-36 所示,包括菜单栏、工具栏、工作窗口、对象管理器、属性管理器、状态栏等。其主要功能包括:①等高线的绘制;②在等高线图上加背景地图;③图件白化(blank);④数据文件统计功能;⑤粘贴和分类粘贴子图;⑥生成向量图;⑦图形输出;⑧辅助功能:用函数直接作图、标注文字、画简单的图形等。

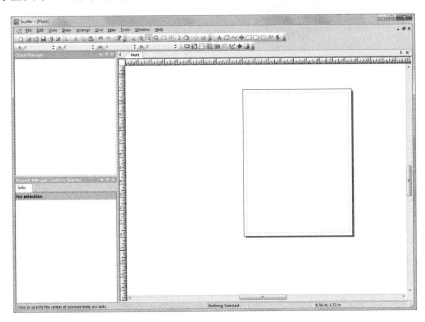

图 3-36　Surfer 界面

软件中提供了多种空间内插模型,如 IDW、克里金法、最小曲率法、改进谢别德法、自然邻点插值法、最近邻点插值法、多元回归法、径向基函数插值法、三角网/线性插值法、移动平均法、数据度量法、局部多项式法等 12 种方法(图 3-37)。

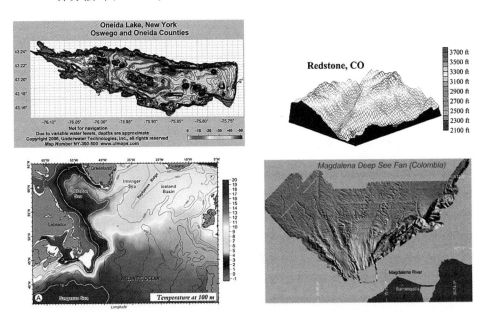

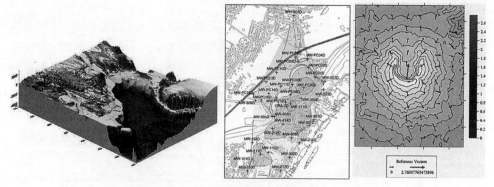

图3-37　等值线图（Contour Map）、三维线框图（3D Wireframe）、图像图（Image Map）、地貌晕渲图（Shaded Relief Map）、三维地形图（3D Surface Map）、散点图（Post Map）、趋势图（1-Grid Vector Map）

一般的，我们可以通过输入含有采样点 X、Y、Z 坐标的数据文件（包含后缀名为 .accdb/.bln/.bna/.csv/.dat/.dbf/.mdb/.slk/.txt/.wrk/.wrl/.xls/.xlsx 等文件类型），通过选择某种插值方法进行网格化，生成等值线图等二维地图或者三维线框、三维地表等三维地图（图 3-38）。其基础流程图如图 3-39 所示。

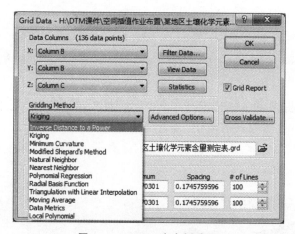

图3-38　Surfer 中内插选项

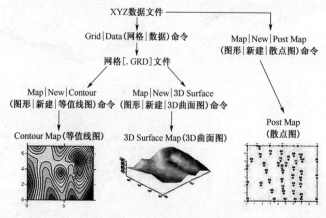

图3-39　Surfer 基础流程图

3.7.2 Surfer 实验设计——插值方法比较

实验:利用 Surfer 软件中提供的多种内插模型,对某地区土壤化学元素含量测定表进行实验操作,熟悉软件的操作环境,对比各方法内插的精度。

可通过克里金插值法和反距离权重插值法这两种空间内插方法,对结果进行比较分析,得出其各自的优劣性。

具体操作步骤:

实验数据:某地区土壤化学元素含量测定表.xls

实验软件:Surfer 10

1) 查看数据并剔除误差点

插值的基础是采样点的 XYZ 数据文件,其中 XY 为平面坐标,用来表示采样点在平面上的位置,Z 为平面坐标的值,在 DEM 插值中为高程值,在本实验中为某元素的含量。实验过程中,我们以 A 元素含量为例(图 3-40)进行分析处理。

样品编号	X	Y	A元素 (10^{-6})	B元素 (10^{-6})	C元素 (10^{-6})	D元素 (10^{-6})	E元素 (10^{-6})	F元素 (10^{-6})
某地区土壤化学元素含量测定表								
HMJ02T	20519.482	3531.542	365	24.3	31.9	76.3	291.2	117.2
HMJ03T	20520.716	3531.347	370	28.2	28.2	54.1	249.2	92.8
HMJ04T	20521.176	3531.223	461	22.8	32.6	71.4	285.7	142.6
HMJ05T	20522.569	3531.451	203	13.1	21.7	73.4	315.2	108.5
HMJ06T	20523.577	3531.157	445	29.5	30.0	68.3	185.9	112.4
HMJ07T	20524.349	3531.293	445	26.9	28.6	61.8	238.7	184.0
HMJ08T	20525.409	3531.202	451	23.6	32.7	121.0	464.1	193.6
HMJ09T	20526.293	3531.353	466	32.7	30.4	113.9	1063.6	136.5
HMJ10T	20527.299	3531.332	334	39.7	39.8	113.9	527.5	128.9
HMJ11T	20528.680	3531.635	402	29.8	31.9	67.6	201.9	96.4
HMJ12T	20529.537	3531.651	467	23.7	30.6	63.7	183.5	99.2
HMJ13T	20530.800	3531.228	384	18.3	24.3	50.1	242.3	103.3
HMJ20T	20519.631	3530.324	383	19.9	25.4	51.3	179.2	91.9
HMJ21T	20520.613	3530.688	511	31.0	36.8	72.6	242.6	152.2
HMJ22T	20521.669	3530.670	349	16.6	26.0	53.1	226.7	89.2
HMJ23T	20522.557	3530.744	408	29.1	51.6	125.8	243.1	116.9

图 3-40　数据表

偏离整体数值的点一般是测量中的误差点,会影响内插的效果,使部分点的内插数据过分偏高或偏低。可利用 Excel 软件对数据进行预处理,以 A 元素含量为生成散点图,可以清楚地看到异常点的存在,将这些点进行剔除(图 3-41)。

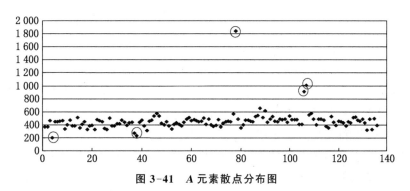

图 3-41　A 元素散点分布图

2) 把数据文件转换成 grd 文件

点击菜单中 Grid(格网)—Data(数据),在打开的对话框中选择数据文件,然后弹出 Grid Data(格网数据)对话框(图 3-42)。

图 3-42　Grid Data 对话框

其中,"Data Columns"表示数据列信息,用来选择数据文件中的 X、Y 坐标数据和 Z 的代表值,同时可显示数据点个数。

"Filter Data…"表示过滤数据,用来筛选数据,选择在某一范围内的数据值。

"View Data"表示查看数据,显示工作表来预览数据。

"Statistics"表示数据统计,针对输入数据形成统计报告,包含单变量统计、多元统计、主成分分析、回归分析、最邻近分析。

"Gridding Method"表示网格化方法,即选择插值方法。

"Advanced Options…"是对于选定插值方法的高级设置,能对插值参数进行调整。

"Cross Validate…"表示交叉验证,选择随机检查点运用绝对平均误差、相对平均误差和中误差(均方根误差)进行精度评价。

"Output Grid File"表示输出格网文件的路径和文件名。

"Grid Line Geometry"表示网格线几何特征,用于指定 x、y 轴的最大最小限制,格网线的间隔和格网节点数。

"Grid Report"表示网格报告,选择是否创建一个统计报告并显示出来。

在"Data Columns"中选择数据文件 XYZ 坐标值,X、Y 对应为数据中的平面坐标 X、Y,Z 选择数据点的值,即 A 元素含量;在"Gridding Method"中选择一种插值方法(在本例中选择 IDW 或者 Kriging);在"Output GridFile"中输出文件名和路径;然后在"Grid Line Geometry"中设置网格点数,可选择默认值。点击"OK",生成画图所需的 grd 文件。

需要注意的是,每个生成的 grd 文件只能运用一种固定参数的插值方法表达,所以当需要更换插值方法或者插值方法的参数时,需要进行 2)的步骤,生成新的 grd 文件。在本次案例中,需生成的是利用 IDW 和 Kriging

插值方式生成的 grd 文件,同时可以更改高级设置中的插值参数来实验不用参数对于插值结果的影响。

本实验中选择 IDW 的权重为 1、2 和 4,Kriging 选择线性、高斯、球状模型(图 3-43)。

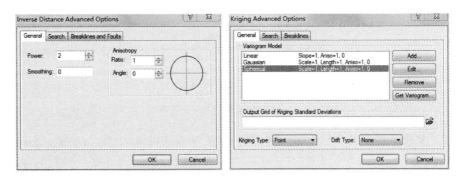

图 3-43　IDW 和 Kriging 的参数选择

3) 创建等值线图

点击菜单栏中 Map(图形)—New(新建)—Contour Layer(等值线图)或在绘图工具条上单击 New Contour Map(新建等值线图)按钮。弹出 open grid 对话框,选择在 2)中创建的格网文件,点击"打开"。这样,在工作窗口会出现等值线图(图 3-44)。

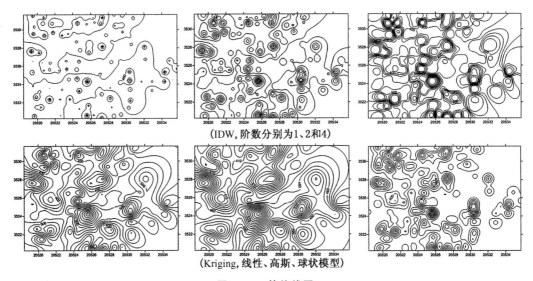

图 3-44　等值线图

对等值线的各种参数可以进行调整。单击生成等值线图,在属性管理器会出现 General(常规)、Levels(层次)、Layer(图层)、Coordinate System(坐标系)等标签(图 3-45)。

General 标签下,可设置等高线的平滑度、是否填充颜色和添加图例、空白区域属性等。

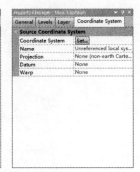

图 3-45　属性管理器

Levels 标签下，在 General 中可以设置等高线的最大值、最小值、等高
线间隔、主要等值线间隔（两条相邻主要等值线内的辅助等高线数目）、填
充颜色、标注字体等。Major Contours 和 Minor Contours 中可分别设置主
要等高线和辅助等高线的颜色、线性、粗细、透明度、是否显示数值等。

Layer 标签下设置图层透明度。

Coordinate System 标签下设置坐标系统。

单击等值线图的坐标轴，同样可在属性管理器对坐标轴的样式等进行
调整（图 3-46）。

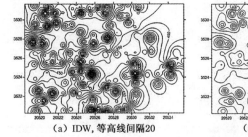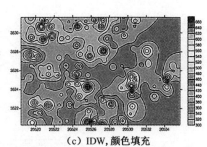

(a) IDW，等高线间隔20　　　　(b) IDW，等高线样式　　　　(c) IDW，颜色填充

图 3-46　修改等值线图参数

4）创建三维地形图

点击菜单栏中 Map（图形）—New（新建）—3D Surface Layer（三维地形
图）或在绘图工具条上单击 3D Surface（新建等值线图）按钮。弹出 Open
grid 对话框，选择在 2)中创建的格网文件，点击"打开"。这样，在工作窗口
会出现三维地形图（图 3-47）。

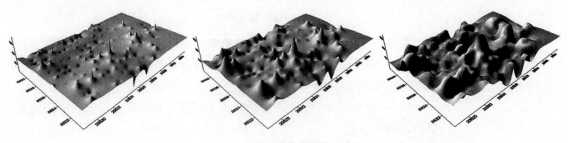

(IDW，阶数分别为1、2和4)

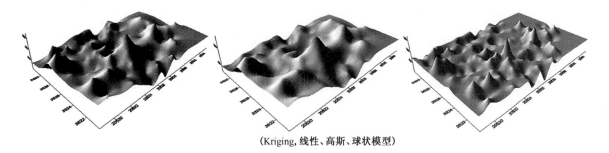

(Kriging,线性、高斯、球状模型)

图 3-47　三维地形图

仿照 3)步骤,对三维地形图的各种参数可以进行调整。单击生成三维地形图,在属性管理器会出现 General(常规)、Mesh(网格)、Lighting(采光)、Overlays(覆盖)等标签,对图中的显示样式进行调整(图 3-48)。单击三维地形图的坐标轴,可调整坐标轴样式。

图 3-48　属性管理器

仿照以上步骤,用相同的方式可以创建地貌晕渲图、三维线框图、散点图等。

5)分析实验结果

可根据等高线图和三维地形图(或者其他图)的显示结果,也可根据 2)中生成.grd 文件时的交叉验证报告和统计报告,判断插值方法与参数选择的合理性,从而调整插值方法或参数,选择最适合数据的插值方法。

思考与练习题

1. 概念解析:DEM 内插、移动拟合法。

2. 数字高程内插是数字地形建模的重要技术环节,请简述其分类、可能性及主要的技术思路。

3. 分块内插的典型方法有哪些? 简述二元样条函数内插的技术原理及特点。

4. 请在课外补充阅读关于地统计学和克里金(kriging)插值的相关文献。设计与开展对照实验,讨论克里金(kriging)插值法与反距离权重插值(IDW)法在参数设定、结果输出方面的特点以及各自的优缺点,通过对比分析、检验，寻找针对实验数据的合适内插方法。

5. 选择 ArcGIS 软件，以该平台提供 Geostatistical Analyst Tools ＞ Interpolation 模块为实验环境，包括反距离加权函数法（IDW）、局部多项式插值（Global Polynomial Interpolation）、克里金插值（Kriging）等多种插值法），熟悉各种插值方法的使用操作方法。

参考文献

［1］李新，程国栋，卢玲.空间内插方法比较[J].地球科学进展，2000，15(3)：260-265.

［2］胡海，游涟，胡鹏，等.数字高程模型内插方法的分析和选择[J].武汉大学学报(信息科学版)，2011，36(1)：82-85.

［3］Dubois G. Spatial interpolation comparison 97：Foreword and introduction[J]. Journal of Geographic Information and Decision Analysis，1998，2(2)：1-10.

［4］Qiu F，Cromley R. Areal Interpolation and Dasymetric Modeling[J]. Geographical Analysis，2013，45(3)：213-215.

［5］Qiu F，Zhang C，Zhou Y. The Development of an Areal Interpolation ArcGIS Extension and a Comparative Study[J]. GIScience & Remote Sensing，2012，49(5)：644-663.

［6］Erdogan S. Acomparision of interpolation methods for producing digital elevation models at the field scale[J]. Earth surface processes and landforms，2009，34(3)：366-376.

［7］Goodchild M F，Lam N S. Areal interpolation：a variant of the traditional spatial problem[J]. Geo-processing，1980(1)：197-312.

［8］Lam N S. Spatial interpolation methods：a review[J]. The American Cartographer，1983，10(2)：129-149.

［9］Kanaroglou P S，Soulakellis N A，Sifakis N I. Improvement of satellite derived pollution maps with the use of a geostatistical interpolation method[J]. Journal of Geographical Systems，2002(4)：193-208.

［10］Yukio Sadahiro. Accuracy of areal interpolation：A comparison of alternative methods[J]. Journal of Geographical Systems，1999(1)：323-346.

［11］Ian A Nalder，Ross W Wein. Spatial interpolation of climatic normals：test of a new method in the Canadian boreal forest[J]. Agric for Meterol，1998(92)：211-255.

［12］韩富江，刘学军，潘胜玲.DEM内插方法与可视性分析结果的相似性研究[J].地理与地理信息科学，2007(1)：31-35.

［13］Heritage G L，Milan D J，Large A R G，et al. Influence of survey strategy and interpolation model on DEM quality[J]. Geomorphology，2009，112(3)：334-344.

[14] Wise S M. Effect of differing DEM creation methods on the results from a hydrological model[J]. Computers & Geosciences, 2007, 33 (10): 1351-1365.

[15] Hardy R L. Multiquadric equations of topography and other irregular surfaces [J]. Journal of geophysical research, 1971, 76 (8): 1905-1915.

[16] Smith M J, Goodchild M F, Longley P A. Geospatial Analysis: A Comprehensive Guide to Principle, Techniques and Software Tools (Second Edition)[M]. Montfort: The Winchelsea Press, 2007.

[17] Franke R, Nielson G. Smooth interpolation of large sets of scattered data[J]. International Journal for Numerical Methods in Engineering, 1980, 15(11): 1691-1704.

[18] Hutchinson M F. A new procedure for gridding elevation and stream line data with automatic removal of spurious pits[J]. Journal of Hydrology, 1989, 106(3): 211-232.

[19] 杨勤科,李领涛,张彩霞. ANUDEM——专业化数字高程模型插值算法及其特点[J]. 干旱地区农业研究,2006,24(3):36-41.

4 不规则三角网(TIN)与规则格网(Grid)的生成

数字高程模型的主要表示模型有规则格网模型、不规则三角网模型、等高线模型和层次模型。不规则三角网和规则格网是两种最基本和最重要的数字高程模型的表达方式,两者各有优缺点。等高线是表示地形常见的形式。使用等高线表示高程,每条等高线对应一个已知的高程值,本章4.1、4.2 两小节将重点描述不规则三角网和规则格网的概念、性质和生成方法,4.3 节主要描述等值线生成的算法,4.4 节描述这几种数据模型之间的转换。

4.1 不规则三角网

不规则三角网(Triangulated Irregular Network,TIN)是由不规则分布的一定数量的地形离散点按照优化组合的原则生成的连续三角面以逼近地形表面的一种数据结构。TIN 将地形表面表达为一组相邻但不相接的三角面,属于不规则镶嵌数据模型,是 DEM 的一种主要模型。

4.1.1 TIN 的基本性质

不规则三角网 TIN 是一种连续三角面,连续但不可微,包括有约束条件和无约束条件两种。从其名称就可以看出 TIN 的基本内涵:

三角化(Triangulated),指三角化离散数据的三角剖分过程,也是 TIN 的建立过程,位于三角形内的任意一点高程值均可通过三角形平面方程唯一确定;不规则(Irregular),表明模型的不规则性,指用来构建 TIN 的采样点的分布形式,由于其不规则性,使模型具有可变分辨率,较规则格网 DEM 能更好地反映地形起伏情况。网(Net),表达整个区域的三角形的分布形态呈网状,亦即三角形之间不能交叉重叠,也隐含了三角形之间的拓扑关系。

TIN 有以下三种基本元素:

节点(Node):是相邻三角形的公共顶点,也是在构建 TIN 的过程中的采样数据,是模型的主要成分。数据集中的每一个点都包含了三个空间坐标向量(X,Y,Z)和属性信息。

边(Edge):是指两个相邻三角形的公共边界,是不规则三角网不光滑性的具体反映。边同时包括特征线、断裂线等区域边界。

面(Face):由最近的三个节点所组成的三角形表面,也是 TIN 描述地形表面的基本单元。在 TIN 中,每一个三角形都描述了局部地形的倾斜状态,因此具有唯一的坡度数值。三角形在点和边都是无缝拼接,换言之,三角形之间是不能重叠或交叉的。

基于三角形的点、边和面之间存在的拓扑关系,TIN 有多重数据结构,包括点结构、边结构、点面结构、边面结构等。

TIN 模型的性质有:①TIN 是唯一确定的,亦即在一定的模型法则下,经优化后,离散点集只能唯一生成一个 TIN;②正三角化,亦即三角网中的每一个三角形都尽可能地接近等边三角形;③三角形的每条边都是由最邻近的点构成的,因而要求在所有生成的三角形中,确定的三角形的边长和最小。

TIN 的优点是能以不同的分辨率来表达地形表面,这意味着 TIN 中的三角形随点集的密度变化而变化,当点集较为密集时,生成的三角形较小,三角网较密;当点集较为稀疏时,生成的三角形较大,三角网较疏。这个性质与现实的地形特征一致,因此对反映实际地形信息较好。同时,也能根据地形特征点,例如山脊、山谷线、地形变化线等来表示数据的高程特征。由于 TIN 根据地形的复杂程度来确定采样点的密度和位置,能够充分表示地形特征点,从而减少了地形比较平坦地区的数据冗余。在 TIN 模型中,较少的点即可获得比较高的精度,能更好地表达地形特征。

但是不规则三角网 TIN 的数据结构较规则格网 grid 更为复杂,在模型中不仅存储了每个点的高程信息 Z,同时还需存储顶点的平面坐标(X,Y)、顶点之间的连接关系和相邻三角形之间的拓扑关系,因此构建 TIN 的过程比较费时,算法设计比较复杂,在做表面分析时的能力较差,因此有很多算法设计来弥补 TIN 的这一缺点(图 4-1)。

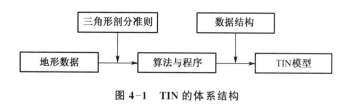

图 4-1　TIN 的体系结构

4.1.2　Voronoi 图和 Delaunay 三角网

TIN 通常是由野外实测的地形特征点(即离散数据点),来构造邻接三角形,因此,数据模型的核心就在于三角形中,每个顶点的三维坐标,包括平面上坐标 x,y 和高程坐标 z。为了更加精准地描述地形特征,在取采样点时,一般都选取地形坡度的变换点或平面位置的转折点。根据计算机几何学,设区域中有 n 个离散点,则它们可构成的互不交叉的三角形的数目最多不超过($2n-5$)个。

离散点生成 TIN 离不开 Voronoi 图和 Delaunay 三角网两种数学模型,它们是分析和研究区域离散数据的有力工具。1908 年,俄国数学家 G.Voronoi 首先在数学上限定了每个离散点数据的有效作用范围,即其有效反映区域信息的范围,并定义了二维平面上的 Voronoi 图,简称 V 图。

1934 年俄国另一位数学家 B. Delaunay 把 Voronoi 图演化成了更易于分析应用的 Delaunay 三角网,简称 D-三角网。从此,Voronoi 图和 Delaunay 三角网就成了分析和研究区域离散数据的工具。

1) Voronoi 图

假设 $V = \{v_1, v_2, v_3, \cdots, v_n\}, n \geqslant 3$ 是欧几里得平面上的一个点集,并且这些点不共线,四点不共圆。用 $d(v_i, v_j)$ 表示表示 v_i、v_j 之间的欧几里得距离。设 x 为平面上的点,则区域 $v(i) = \{x \in E_2 \mid d(x, v_i) \leqslant d(x, v_j), j = 1, 2, \cdots, n, j \neq i\}$ 称为 Voronoi 多边形,又称泰森多边形。各点的 Voronoi 多边形共同组成 Voronoi 图。

平面上的 Voronoi 图可以看作是点集 V 中的每个点作为生长核,以相同的逆集向外扩张直到彼此相遇,而在平面上形成的图形。除最外层的点形成开放的区域外,其余每个点都形成一个凸多边形。

泰森多边形的特性有以下四点:

① 每个泰森多边形内只包含一个离散点数据;

② 泰森多边形内的任意点到该多边形所包含离散点的距离小于到其他离散点的距离;

③ 泰森多边形的任意一个定点必有 3 条边同它连接,这些边是相邻 3 个泰森多边形的两两拼接的公共边;

④ 泰森多边形内的任意一个顶点周围有 3 个离散点,将其连成三角形后,该三角形的外接圆圆心即为该顶点。

近年来,Voronoi 图被引入 GIS 领域,用来描述空间邻近关系,实现 GIS 中的空间邻近操作、缓冲区分析、空间内插、数字化过程中的断点捕捉和多边形构造等。

2) Delaunay 三角网

有公共边的 Voronoi 多边形称为相邻的 Voronoi 多边形,连接所有相邻的 Voronoi 多边形的生长中心所形成的三角网称为 Delaunay 三角网。

Delaunay 三角网的外边界是一个凸多边形,它由连接 V 中的凸集形成,通常称为凸壳。

Delaunay 三角网与 Voronoi 图具有几何对偶性。Voronoi 多边形顶点是它对应的 Delaunay 三角形外接圆的圆心,Voronoi 多边形的边与对应的 Delaunay 三角形的边相互垂直。

由于这样的几何对偶性,很多 Voronoi 图的应用经常以 Delaunay 三角网数据结构来存放数据,如图 4-2 所示,其中实线多边形就是 Delaunay 三角网;虚线多边形是 Voronoi 图。

Delaunay 三角网的性质有以下三点:

① 凸多边形性质

三角网的外边界构成了点集的凸多边形。

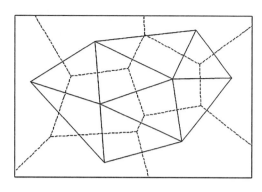

图 4-2　Voronoi 多边形与 Delaunay 三角网的关系

② 空外接圆性质

在由点集所形成的 Delaunay 三角网中,其每个三角形的外接圆均不含点集 V 中的其他任意点。

③ 最小角最大性质

在由点集 V 所能形成的三角网中,Delaunay 三角网中三角形的最小角度是最大的(图 4-3)。

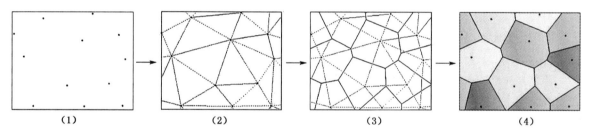

| (1) | (2) | (3) | (4) |

图 4-3　Voronoi 图和 Delaunay 三角网

4.1.3　不规则三角网的生成算法

不规则三角网的连接应该能够保证由点集连接而成的 TIN 是唯一的,且各三角形的边互不相交,同时,TIN 中的三角形形状应该尽可能地接近等边三角形,三角形的边长之和最小。由于三角形剖分准则及数据结构的不同,根据 TIN 生成原理,三角网生成算法种类繁多,如表 4-1 所示。

Delaunay 三角剖分可以最大限度地避免狭长三角形的出现,并且可以不管从何处开始都能保持三角形网络的唯一性,被广泛的应用于数字地面模型建立、空间邻近分析、数字地图自动综合、地学分析以及有限元分析等领域。根据 Delaunay 三角网的最大最小角或空外接圆的特性,已经出现了许多三角剖分算法,下面介绍三角网生长法和逐点插入法的基本原理。

表 4-1 TIN 构建方法分类[①]

基于离散采样点		基于规则格网		基于等高线	基于混合数据
静态	分治算法	格网分解法	重要点法	等高线的离散点直接生成法	将格网 DEM 分解为 TIN,再插入特征线,构建 TIN
	凸包算法	单格网 单对角线 双对角线	地形骨架法	加入特征点的 TIN 优化法	
	三角网生长算法		地形滤波法		
动态	辐射扫描算法	多格网 单对角线 双对角线	层次三角网法	等高线特征约束的特征线法	
	改进层次算法		试探法		
	逐点插入算法		迭代贪婪插入法		

1) 三角网生长法

三角网生长算法最早由 Green 和 Sibson 在 V 图中实现,该方法实现的具体流程如下:

① 任取一点 A 作为起始点,找出与起始点最近的数据点 B,连接 AB 形成三角形的一条边作为基边;

② 对基边 AB 按 Delaunay 三角网的判别法则(最大最小角或者空外接圆)找出 Delaunay 三角形的第三点 C;

③ 连接 BC、CA,保存三角形 ABC,并把 BC、CA 作为新的基边进行迭代,返回第②步直至所有基边都被处理。

三角网生长算法思路简单、清晰,但实现效率不高。算法的主要计算在于寻找满足 Delaunay 三角网判别法则的第三点上。

2) 逐点插入法

Lawson 最早于 1977 年提出了用逐点插入法建立 Delaunay 三角网的算法思想。该算法的实现过程非常简单,具体流程如下:

① 定义一个包含所有数据点的初始多边形;

② 在初始多边形中建立初始三角网,对所有初始多边形中的数据点循环处理下一步;

③ 插入一个数据点 P,在已有三角网中找到包含 P 的三角形 T,把 P 与 T 的三个定点相连,生成三个新的三角形,用 LOP 算法优化三角网。

如上所述,逐点插入法不同于三角网生长法,在该方法的构建过程中,已形成的三角网会因为新点的插入而导致已有三角网的改变,是一个动态的过程。各种实现方法的差别在于其初始多边形的不同以及建立初始三角网的方法不同(表 4-2)。

---

① 鲍蕊娜. 离散点生成不规则三角网算法研究及实现[D].昆明:昆明理工大学,2012.

表 4-2　LOP 优化法则

扩展阅读	LOP 法则
为了构造 Delaunay 三角网,Lawson 于 1977 年提出了一个局部优化过程(Local Optimization Procedure,LOP)方法,一般三角网经过 LOP 优化,可以成为 Delaunay 三角网。其基本做法如下: 1. 将具有共同边的两个三角形组成一个四边形; 2. 以最大空圆准则对两个三角形进行检查,判断三角形的外接圆是否包含四边形的所有定点; 3. 如果包含,对对角线进行修正,对调对角线,完成局部优化过程。	

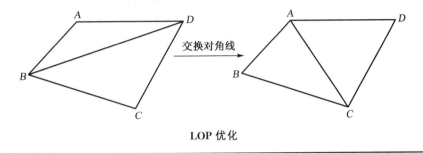

交换对角线

LOP 优化

4.1.4　规则数据 TIN

对于规则分布的数据区域进行三角剖分,可以直接连接对角线按几何关系组成三角网。但是如果单纯简单剖分,将会使等大小三角形均匀分布,无法构成能够描述地形复杂度的 TIN。因此,在对数据域进行剖分时,在采样数据中提取反映地形特征的重要点集(Very Important Points,VIPs),并对其进行三角网剖分,形成三角网。主要方法有 VIPs、循环迭代算法和层次三角形法。

VIPs 算法是在规则分布的数据区中选取地形特征点,常用方法是用采集点周围的点进行内插,得出该点的期望值,并与该点本身作对比。

4.2　规则格网

4.2.1　规则格网基本概念

规则格网(Regular Square Grid)是一种地理数据模型,将区域空间切分为大小相同的规则格网单元,一般是由正方形、三角形形成的规则网格。它将地理信息表示成一系列按行列排列的相同大小的网格单元,每一个栅格单元由其地理坐标表示,如 1 m^2 或 1 km^2,每一个栅格单元都用一个值与某一实体或特征相联系,如一种土壤类型、统计区或植被类型(图 4-4)。这一单元内的值存储在一张属性表里。对于规则格网,DEM 在计算机中可以看成一个二维数组,由格网点的平面坐标及地形高程值构成,即每个格网单元对应一个高程值 Z。

规则格网 DEM 的数据结构通常为二维矩阵结构,每个网格单元表示二维空间的一个位置,不管是沿水平方向还是垂直方向,均能方便地利用简单的数学公式访问任何位置的格网单元。目前,处理这种结构的算法比

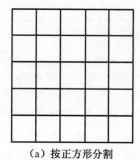
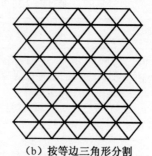

（a）按正方形分割 　　　（b）按等边三角形分割

图 4-4　规则格网 DEM

较多而且成熟,大多数计算机程序语言都有矩阵处理功能。此外,以矩阵形式存储和组织管理数据还具有隐式坐标,即格网单元的平面坐标隐含在矩阵的行列号之中,从而不需要进行坐标数字化。

规则格网表示方法虽然简单,但仍然存在以下缺点:

（1）地形简单区域存在大量数据冗余,数据量过大,管理不便,通常需要进行压缩存储。

（2）在地形复杂程度不同的地区必须改变格网大小,否则无法适用于起伏度不同的区域。

（3）在一些特殊计算中,需要改变格网轴向方向。

（4）由于栅格的粗略性,无法精确表示地形结构和细部。为了更好的描述地形单元,通常会附加地形特征数据,比如山脊线、山谷线等,构成完整的描述地形的 DEM。

4.2.2　规则格网的数据组成

一般的,Grid 数据包括三个部分:元数据、数据头和数据体。元数据用来存放 DEM 的说明信息,如 DEM 的采集时间,空间范围,精度指标以及其他有关信息。数据头用来记录存储 DEM 的二维矩阵的相关信息,如 DEM 的大小,采样间距、行列数等。数据体则是按行或列分布记录 DEM 中所有栅格单元高程值。这里仅记录了每个栅格单元的高程值 Z,而栅格单元的平面坐标已隐含在数据的行列号和采样间距之中(表 4-3、表 4-4)。

表 4-3　Grid 数据的组成部分

名称	解释
元数据	描述 DEM 一般特征的数据,如名称、边界、测量单位、投影参数等
数据头	定义 DEM 起点坐标、坐标类型、格网间隔、行列数等
数据体	沿行列分布的高程数字阵列

表 4-4　ArcGIS 中的 grid 数据

扩展阅读	ArcGIS 中的 grid 数据
在 Arc/Info 中,Grid 的数据组织是一种基于瓦片-块(tile-block)层次数据结构。栅格首先划分为被称为"瓦片"的规则的正方形单元,每个瓦片又被分成规则排列的矩形块(blocks),每个块又按照行列排列成笛卡儿矩阵的正方形细胞(cells)组成。"瓦片—块"结构使得 Grid 数据能被随机地访问,这种层次划分也形成了 Grid 数据集的空间索引。	

4.2.3　规则格网的生成

1)根据离散点生成

离散点形成规则格网是根据内插实现的,即利用已知点的值来估算未知格网点的值。目前,从离散点生成规则格网采用的算法有多种,如距离加权法、移动曲面拟合法、有限元内插法、椎构建法等。这些算法在实现过程中尽管原理各有不同,但首先都必须在待插值格网节点周围按一定的规则搜索到若干参考点,然后才能进行该点属性值的内插。具体的内插方法在第三章中有具体的介绍。

2)根据等高线生成

在 ArcGIS 软件中,若想通过等高线生成规则格网 DEM,需要先根据等高线建立 TIN 模型(见 4.1 节),再将 TIN 转换成规则格网 DEM(表 4-5)。

表 4-5　常见的 DEM 数据

DEM	ASTER GDEM	SRTM3	GTOPO30
数据来源	ASTER 影像	干涉合成孔径雷达	不同区域有不同的数据来源
发布组织	美国国家航空航天局(NASA)与日本经济产业省(METI)	美国国家航空航天局(NASA)/美国联邦地质调查局(USGS)	美国联邦地质调查局(USGS)
发布时间	2009 年、2011 年	2003 年	1996 年
分辨率	1 弧秒(约 30 m)	3 弧秒(约 90 m)	30 弧秒(约 1 000 m)
垂直精度	7～14 m	10 m	30 m
覆盖范围	N83°～S83°	N60°～S56°	全球

4.3　等值线的生成

等值线是对象按某一数量指标,相等的各点连接所形成的光滑曲线。在地图中,较为常见的是等温线、等压线、等高线、等深线等(表 4-6)。等值线图可以表示地面和空间连续分布的现象,精确地表示这些现象的垂直变化和水平方向的强弱差异,并能在地图上求出任一点的数值和强度,因此被广泛地应用于地形、气压、气温的表示。

表 4-6　常见等值线概念介绍

扩展阅读	常见等值线
	等高线：描述地形起伏变化的曲线,由相同高程值的点连接而成,并可以描绘地貌结构如山脊、山谷和鞍部等。 等深线：和等高线类似,但它是描述海洋等水体的等深度值的连线。 等温线：表现气温、水温等变化的曲线,在我国有 0℃ 等温线,作为我国南北方的分界线。

计算机图形学中,等值线往往具有如下性质:a. 是一条光滑连续的曲线;b. 对于给定数量值 Z,对应不止一条等值线;c. 等值线是闭合的,但由于展现部分有限,也会在边界出现不封闭部分;d. 等值线间不会相互交错。

等值线生成算法主要包括等值线绘制和等值线平滑两部分。其中,等值线绘制是生成的基础与重点。概括来说,主要有两种方法,即为规则格网法和三角网法。规则格网绘制等值线算法程序简单,并且等值线不容易相交,但是要求原始数据点分布较为均匀,意味着研究的空间变量需要连续均匀分布。而三角网法精度高、效率高,并且易于处理地性线。本节将会分别介绍这两种方法的主要思路。

4.3.1　三角网生成等值线

三角网生成等值线图的主要思路是:先在三角形各边上内插等值点,而后寻找等值线的起讫点并追踪等值点,在等值线上标注对应数值,光滑等值线。主要步骤如下:

1）初始设置

当制图区域内所有离散点连接成三角网,就可以利用这个三角网来绘制等值线。

设 XC_i、YC_i 和 $ZC_i(i=1,2,\cdots,n)$ 为制图区域内 n 个离散点的三维数据。$IB_1(L)$、$IB_2(L)$ 和 $IB_3(L)$ 分别表示第 L 号三角形的三个顶点的编号;设置 M 为等值点的特征码;m 为特征计数器,L 为三角形编号 $LB(L)$ 为编号 L 的三角形的特征数组,W 为当前所绘等值线的高程值;$XB(m,L)$ 和 $YB(m,L)$ 为等值点的平面位置。

2）在三角形边上内插等值点

（1）首先判断三角形的各边是否有等值线通过:

$$\left[ZC(IB_1(L))-W\right]\left[ZC(IB_2(L))-W\right]\leqslant 0$$

若上式成立,则表示有等值点通过,则用线性内插公式,求取等值点的平面坐标:

$$XB(m,L) = XC(IB_1(L)) + \frac{XC(IB_2(L))-XC(IB_1(L))}{ZC(IB_2(L))-ZC(IB_1(L))}$$
$$\times \left[W-ZC(IB_1(L))\right]$$

$$YB(m,L) = YC(IB_1(L)) + \frac{YC(IB_2(L))-YC(IB_1(L))}{ZC(IB_2(L))-ZC(IB_1(L))}$$

$$\times [W - ZC(IB_1(L))]$$

（2）然后讨论三角网各边等值点通过的情况：

① 三角形三顶点的值不等，而且也与所绘等值线的值不等，如其中一条边有等值点，则其他两边中任一边上也必有等值点。

② 三角形三顶点的值不等，其中有一个顶点的值等于所绘等值线的数值，如果该三角形还存在一个等值点，则该等值点必位于该顶点所对的边上。

③ 三角形两个顶点的值相等，如果该三角形有等值点通过，必位于靠近第三点的两边上；或者这两个值相等的顶点就是等值点，这时由于顶点可能被两个以上的三角形所共用，对这两个顶点将不予考虑。

④ 三角形三顶点的值相等，且不等于所绘等值线的数值，则该三角形没有等值点通过；如果三顶点的值等于所绘等值线的数值，则同③的第二种情况一样处理。

经过判别，对凡有等值点通过的三角形，将特征数组 $LB(L)$ 置 2，与没有等值点通过的三角形（ $LB(L) = 0$ ）相区别。

3）寻找等值线的起讫点，追踪等值点并绘制等值线

① 首先寻找该等值线的起始等值点和终止等值点时，这里分两种情况：

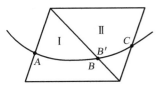

图 4-5　寻找等值线的起讫点

对于非闭合等值线，如图 4-5 所示，B 点既是三角形 Ⅰ 的出口点，又是三角形 Ⅱ 的入口点，因此将三角形 Ⅰ 所记录的 B 点坐标与相邻三角形 Ⅱ 所记录的 B' 点坐标进行比较，两者相等，将特征码 M 置 1。

同时，由于自身还要做一次比较，此时，$m = m + 1 = 2$；对于位于边界线上的等值点，M 则等于 1。据此，当 $M = 1$ 时，该等值点即为起讫等值点并将该三角形的特征数组 $LB(L)$ 置 1；当 $M = 2$ 时，该等值点属于中间等值点。

对于闭合等值线，其等值点的特征码均为 2，任一点都可作为等值线的起点。

② 接下来进行开曲线的追踪与绘制：寻找开曲线的起始等值点（即特征数组 $LB(L) = 1$ 的三角形入口等值点），然后根据某一等值点既是某个三角形的出口点，又是相邻三角形的入口点的原理，建立追踪算法：

将开曲线的起始等值点的坐标 $XB(1, L)$、$YB(1, L)$，赋予绘图数组 $XDO(LD1)$、$YDO(LD1)$。$LD1$ 为等值点的顺序计数。

按照三角形的序号，将绘图数组的坐标值与所有三角形的等值点坐标值进行比较，当 $XDO(LD1) = XB(2, I)$、$YDO(LD1) = YB(2, I)$ 时，$LD1 = LD1 + 1$，并且 $XDO(LD1) = XB(2, I)$、$YDO(LD1) = YB(2, I)$。为避免已经被追踪过的三角形，需抹去该三角形，即将特征数组 $LB(L)$ 置 0，按照这种方法，一直追踪到开曲线的终点，得到开曲线的一组有序的等值点 $XDO(LD1)$、$YDO(LD1)$；然后调用曲线光滑子程序，将一组等值点连接成光滑曲线。

③ 最后进行闭曲线的追踪与绘制：这时在特征码 $M = 2$ 的三角形中，找到任何一个等值点，按照上面的方法进行追踪，直到回到原起点，继续绘制光滑曲线。

4.3.2 规则格网生成等值线

利用规则格网 DEM 生成等值线的算法,可分以下四步,即:数据准备、计算等值点的平面位置、追踪等值点及其坐标计算和连接各等值点并绘制光滑曲线,算法详述如下。

1) 数据准备

(1) 原始数据准备——规则格网数据(高程)

将区域空间切分为规则的格网单元,每个格网单元对应一个数值。数学上可表示为矩阵,计算机实现中则是二维数组,每个格网单元的一个元素对应一个高程值。每一个网格具有唯一的行和列标识,给出某一格网中的 x、y 地理坐标,可以定位一个网格。每一个网格都有一个表示其地理特征的值(高程数值)。

(2) 制图区域设定

设制图区域沿 X 方向的格网划分记为 $j=1,2,\cdots,n$;沿 Y 方向的格网划分记为 $i=1,2,\cdots,m$。格网的边长分别为 nx 和 ny。制图区域共有格网数据点 $m\times n$ 个,对每个格网点的高程数据可表示为 $S_0(i,j)$,该制图区域共有 $(m-1)\times n$ 条网格纵边和 $(n-1)\times m$ 条网格横边(图 4-6)。

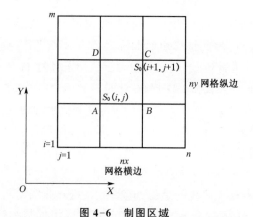

图 4-6　制图区域

2) 计算等值点的平面位置

(1) 技术原理

利用格网点高程数据,采用线性内插方法求解某条等高线的各个等值点在网格横边和纵边上的位置(在网格横边和纵边上内插等值点)。

(2) 关键技术

如何判定等值点在某网格横边或是在纵边上通过的方法?可采用判定等值线与网格边相交条件的方法。

(3) 判定某等值线与网格的相交

设所绘等值线的高程值为 W,只有当 W 值介于相邻两个格网点高程值之间时,该边才有等值点。具体判定条件是:当 $[S_0(i,j)-W]\times[S_0(i,j+1)-W]\leqslant 0$ 时,横边有等值点;当 $[S_0(i,j)-W]\times[S_0(i+1,j)-W]\leqslant 0$ 时,纵边有等值点。

设等值点在横边上的位置为 $\mathrm{d}x(i,j)$,在纵边上的位置为 $\mathrm{d}y(i,j)$,网格的横边长为 nx,网格的纵边长为 ny,网格 $ABCD$ 的角点高程值分别为 $S_0(i,j)$、$S_0(i,j+1)$、$S_0(i+1,j+1)$、$S_0(i+1,j)$。在横边 AB 之间内插高程值为 W 的等值点 A'(图 4-7)。

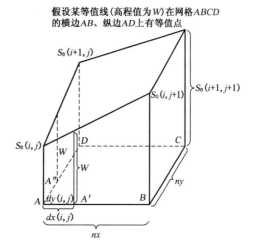

图 4-7　格网高程图

在网格横边上,A' 到格网点 A 点的距离 $\mathrm{d}x(i,j)$,可通过以下公式计算:

$$\frac{W-S_0(i,j)}{S_0(i,j+1)-S_0(i,j)}=\frac{\mathrm{d}x(i,j)}{nx}$$

同理,可求出网格纵边上的等值点 A'' 到格网点 A 的距离 $\mathrm{d}y(i,j)$,即:

$$\frac{W-S_0(i,j)}{S_0(i+1,j)-S_0(i,j)}=\frac{\mathrm{d}y(i,j)}{ny}$$

如令 $nx=1,ny=1$,上面的两个公式可简化为:

$$\mathrm{d}x(i,j)=\frac{W-S_0(i,j)}{S_0(i,j+1)-S_0(i,j)} \qquad \mathrm{d}y(i,j)=\frac{W-S_0(i,j)}{S_0(i+1,j)-S_0(i,j)}$$

$$(0\leqslant \mathrm{d}x(i,j)\leqslant 1) \qquad\qquad (0\leqslant \mathrm{d}y(i,j)\leqslant 1)$$

从上式可知,当 $S_0(i,j)=W$ 时,则

$$\mathrm{d}x(i,j)=0,\mathrm{d}y(i,j)=0$$

为避免这种情况,便于以后寻找等值线上起始的等值点,以及利用 $\mathrm{d}x(i,j)$ 和 $\mathrm{d}y(i,j)$ 的值作为判定网格上有等值点通过的条件,因此当 $S_0(i,j)=W$ 时,可将格网点高程 $S_0(i,j)$ 加上一个在制图精度许可范围内的值,例如 0.001。

对于经过判定,确定凡没有等值线通过的网格边用 -2 表示,即:

$$\mathrm{d}x(i,j)=-2,\mathrm{d}y(i,j)=-2$$

3）追踪等值点及其坐标计算

（1）技术原理——将等值点整理为有序点集

当某条等值线（高程为W）的所有等值点的平面位置$(\mathrm{d}x(i,j),\mathrm{d}y(i,j))$都计算完成后，接着就需要将这些等值点分别整理成开曲线或闭曲线上有序的点集。

这需要首先拟定等值点的追踪方法，并且由于同一网格单元可能有一个以上的等值点，因此必须对计算出的$\mathrm{d}x(i,j)$和$\mathrm{d}y(i,j)$值作分析，预先设计好等值点的连接方法的各种判别方案，以保证追踪和绘出的等值线不会出现彼此相交的现象。

（2）技术步骤

① 确定追踪方向

设任意两块相邻的网格Ⅰ和Ⅱ，如果已经顺次找到两等值点a_1和a_2的位置，这时a_2在网格Ⅰ和Ⅱ的邻边上，a_1在网格Ⅰ的其他三边的任一边上（图4-8）。网格Ⅰ的序号用(i,j)来表示，网格Ⅱ的序号可能为$(i+1,j)$、$(i,j+1)$、$(i-1,j)$、$(i,j-1)$四种情况，追踪等值点的方向有以下四种可能性：

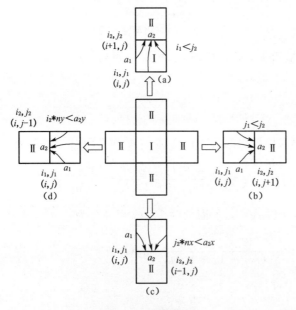

图4-8　追踪方向

a）确定追踪方向情况之一——向上追踪（a）

当从上边找到起始等值点a_2时，向上追踪，如图4-9。此时，等值点a_1的位置有三种情况，即：$\mathrm{d}y(i,j)$、$\mathrm{d}x(i,j)$和$\mathrm{d}y(i,j+1)$。等值点a_2的位置为$\mathrm{d}x(i+1,j)$。由此可见，向上追踪的条件是：a_1点的行下标$<a_2$点的行下标，若令a_1点的行下标为i_1，a_2点的行下标为i_2，则$i_1<i_2$。所追踪的a_3等值点可能落在网格单元Ⅱ三边的任意一边上，或者三边的两边上，或同时在三边上。当网格单元的另外三边上有多于一点的等值点时，需从中选取一点作为所需追踪的点，具体方法见"追踪等值点的具体判别方法"。

b）确定追踪方向情况之二——向右追踪（b）

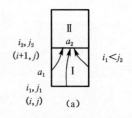

图4-9　向上追踪

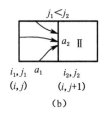

图 4-10 向右追踪

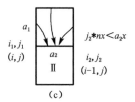

图 4-11 向下追踪

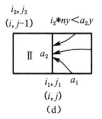

图 4-12 向左追踪

当从右边找到起始等值点 a_2 时,向右追踪。如图 4-10。此时,等值点 a_1 的位置有三种情况,即:$dy(i,j)$、$dx(i,j)$ 和 $dx(i+1,j)$,等值点 a_2 的位置为 $dy(i,j+1)$。由此可见,向右追踪的条件是:a_1 点的列下标 < a_2 点的列下标,若令 a_1 点的列下标为 j_1,a_2 点的列下标为 j_2,为 $j_1 < j_2$。

c) 确定追踪方向情况之三——向下追踪(c)

当从下边找到起始等值点 a_2 时,向下追踪。如图 4-11。此时,等值点 a_1 的位置有三种情况,即:$dy(i,j)$、$dy(i,j+1)$ 和 $dx(i+1,j)$ 等值点 a_2 的位置为 $dx(i,j)$。这时等值点位置的下标没有规律,但此时经过情况一的判别,a_2 点的横坐标的整数值 $j_2 * nx < a_2$ 的绝对坐标值 $a_2 x$ 可作为向下追踪的判别条件。

d) 确定追踪方向情况之四——向左追踪(d)

当从左边找到起始等值点 a_2 时,向左追踪,如图 4-12。此时,等值点 a_1 的位置有三种情况,即:$dx(i,j)$、$dx(i+1,j)$ 和 $dy(i,j+1)$,等值点 a_2 的位置为 $dy(i,j)$。这时等值点位置的下标没有规律,但此时经过情况二的判别,a_2 点的纵坐标的整数值 $i_2 * ny < a_2$ 的绝对坐标值 $a_2 y$,可作为向左追踪的判别条件。

② 追踪等值点的具体判别方法

假设对于某一条等值线,已经找到它起始的两点 a_1、a_2,现在需要追踪第三点 a_3,为使等高线不发生相交,可采取下列策略:

a) 向上追踪,即 $i_1 < i_2$。此时,a_3 点在 $dy(i_2,j_2)$、$dy(i_2,j_2+1)$ 和 $dx(i_2+1,j_2)$ 中找,有下述三种情况:

- $dy(i_2,j_2)$、$dy(i_2,j_2+1)$ 中都有等值点,则取其中较小的值为 a_3 点;
- $dy(i_2,j_2)$、$dy(i_2,j_2+1)$ 中只有一个等值点,则此点即为 a_3 点;
- $dy(i_2,j_2)$、$dy(i_2,j_2+1)$ 中没有等值点,则 a_3 点必为 $dx(i_2+1,j_2)$。

b) 向右追踪,即 $j_1 < j_2$。此时,a_3 点在 $dx(i_2,j_2)$、$dx(i_2+1,j_2)$ 和 $dy(i_2,j_2+1)$ 中找,有下述三种情况:

- $dx(i_2,j_2)$、$dx(i_2+1,j_2)$ 中都有等值点,则取其中较小的值为 a_3 点;
- $dx(i_2,j_2)$、$dx(i_2+1,j_2)$ 中只有一个等值点,则此点即为 a_3 点;
- $dx(i_2,j_2)$、$dx(i_2+1,j_2)$ 中没有等值点,则 a_3 点必为 $dy(i_2,j_2+1)$。

c) 向下追踪,即 $j_2 * nx < a_2 x$。此时,a_3 点在 $dy(i_2,j_2)$、$dy(i_2,j_2+1)$ 和 $dx(i_2,j_2)$ 中找,有下述三种情况:

- $dy(i_2,j_2)$、$dy(i_2,j_2+1)$ 中都有等值点,则取其中较大的值为 a_3 点;
- $dy(i_2,j_2)$、$dy(i_2,j_2+1)$ 中只有一个等值点,则此点即为 a_3 点;
- $dy(i_2,j_2)$、$dy(i_2,j_2+1)$ 中没有等值点,则 a_3 点必为 $dx(i_2,j_2)$。

d) 向左追踪,即 $i_2 * ny < a_2 y$。此时,a_3 点在 $dx(i_2+1,j_2)$、$dx(i_2,j_2)$ 和 $dy(i_2,j_2)$ 中找,有下述三种情况:

- $dx(i_2+1,j_2)$、$dx(i_2,j_2)$ 中都有等值点,则取其中较大的值为 a_3 点;
- $dx(i_2+1,j_2)$、$dx(i_2,j_2)$ 中只有一个等值点,则此点即为 a_3 点;
- $dx(i_2+1,j_2)$、$dx(i_2,j_2)$ 中没有等值点,则 a_3 点必为 $dy(i_2,j_2)$。

③ 计算等值点的坐标(绝对坐标)

根据上述条件,一旦找到 a_3 点,这时相应的 dx 或 dy 数组的下标置为 i_3 和 j_3,并计算 a_3 点的绝对坐标 a_3x 和 a_3y:

$$a_3x = [j_3 + ss \times dx(i_3,j_3)] \times nx$$
$$a_3y = [i_3 + (1-ss) \times dy(i_3,j_3)] \times ny$$

式中,ss 是 $a3$ 点所在边的标志。当 a_3 点在横边上时,$ss=1$;当 a_3 点在纵边上时,$ss=0$。每当算出 a_3x 和 a_3y 以后,则将 $dx(i_3,j_3)$ 或 $dy(i_3,j_3)$ 的值置为 -2。

④ 等值线起点的搜索

每次追踪等值点总是在 a_1、a_2 和 a_3 三点之间按递推方式进行,即首先找到某条等值线起始的两点 a_1 和 a_2 后,以后的 a_1 和 a_2 是通过将 a_2 变为 a_1,a_3 变为 a_2 来实现的。因此,问题可描述为:关于某一等值线起始的两点 a_1 和 a_2 的寻找。确定起始的 a_1 和 a_2 的方法随开曲线和闭曲线两种情况的不同而不同。

a) 开曲线起点的搜索

对于开曲线,首先从图廓的四条边线上去寻找,当找到一个等值点,则将该点设为 a_2 点,然后根据追踪方向(向上、向右、向下、向左)的要求,虚插 a_1 点(图 4-13)。具体的虚插策略有四种情况。

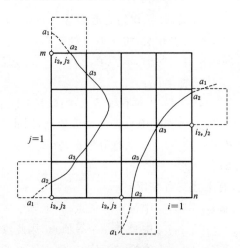

图 4-13 开曲线起点的搜索

应用上述判别方案顺次追踪,每追踪一点就记录该点的下标变量,并用后续等值点的编号和下标变量来替代前一等值点的编号和下标变量,即 $a_3 \rightarrow a_2$、$a_2 \rightarrow a_1$,$j_3 \rightarrow j_2$、$j_2 \rightarrow j_1$,$i_3 \rightarrow i_2$、$i_2 \rightarrow i_1$。这样等值点的追踪将顺次在 a_1、a_2 和 a_3 三点之间展开,直至最后一点出现在图幅边界上,表示完成该条等值线的追踪,即结束条件为:

- 若 $i_2=m$,则表示到达图幅的上边界;
- 若 $j_2=n$,则表示到达图幅的右边界;
- 若 $a_2y=ny$,则表示到达图幅的下边界;
- 若 $a_2x=nx$,则表示到达图幅的左边界。

当一个等值点追踪完毕后,需将其值抹去,即赋值 -2,以防止重复利用该点。

b）闭合曲线起点的搜索

• 当从边界上出发的等值线绘完以后,再找同一值的所有闭合等值线,这时凡属非闭合等值线的等值点位置已从数组 dx 和 dy 中抹去。

• 这时搜索采用的策略可形象称为剥皮法,即从 $j=2$ 到 $j=n-1$,$i=2$ 到 $i=m-1$ 的范围内去寻找 a_2 点,此时方法同"开曲线起点的搜索"。须注意的是搜索过程最终要回到起始的 a_2 点,因此找到的第一个 a_2 点数据要暂时保存。

• 当一组等值线绘制完成后,其数组 dx、dy 的值已全部抹去。

4）连接各等值点并绘制光滑曲线

当一条等值线上的所有等值点都追踪结束,得到组成有序的点集{$XD(k),YD(k)$},将以上形成有序点集(即绘图数据),利用曲线绘制算法,即可在计算机屏幕或其他输出设备上连接生成光滑的等值线;同时,可利用屏幕交互编辑方法检查所绘等值线是否存在问题,并及时进行编辑与修改。至此,利用规则格网 DEM 数据绘制等值线的工作完成,算法结束。

5）连接各等值点并绘制光滑曲线

当一条等值线上的所有等值点都追踪结束,得到组成有序的点集{$XD(k),YD(k)$};将这些有序的点连接生成光滑的等值线。

4.4 数据模型之间的相互转换

根据前面三节的介绍,规则格网与不规则三角网各有优缺点,不规则三角网能够充分反映点分布密度和地形的复杂程度,而规则格网数据格式简单,便于存储处理。二者适用于不同的实际场合和应用目的。因此,在一定条件下,对二者进行相互转换是必不可少的。如今,由规则格网转为 TIN 模型的主要方法有:地形骨架法、地形滤波法、层次三角网法、试探法等。TIN 转为规则格网情况较少,可以通过三角形内插来实现。

等高线是表示地形常见的形式,其地形特征线也是表达地面高程的重要信息源,如山脊线、山谷线等。使用等高线表示高程,高程值的集合是已知的,每一条等高线对应一个已知的高程,这样一系列等高线集合和它们的高程值一起构成了一种地面高程模型。目前,利用等高线生成 DEM 的方法很多。等高线数据既可直接生成不规则三角网,又可直接生成规则格网,规则格网也可由等高线先生成 TIN 再内插而获得。

在 ArcGIS 中,可以通过 3D Analysis 工具集直接进行三者之间的相互转换。

4.4.1 规则格网生成 TIN

规则格网到 TIN 的转换,基本先产生一个候选三角网,使之可以足够覆盖所有输入的栅格点(栅格中心),再逐步调整 TIN 使之符合规定的 Z 公差,并在迭代过程中不断添加新的栅格中心。

在 ArcGIS 中,可以通过 ArcToolBox 中的［3D Analyst Tools］→

［Conversion］→［From Raster］→［Raster to TIN］,直接进行 TIN 的生成,
如图 4-14(a)。

　　编辑 TIN 图层的属性,在图层属性对话框中,点击［Symbology］选项
页,将［Edge types］和［Elevation］前面复选框中的勾去掉,再点击［add］
按钮添加［Edges with the same symbol］和［Nodes with the same symbol］,
具有相同符号的边和节点的不规则三角网显示如图 4-14(b)。

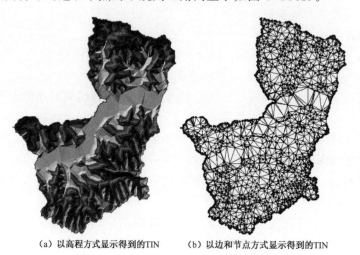

　　(a) 以高程方式显示得到的TIN　　　　(b) 以边和节点方式显示得到的TIN

图 4-14　由规则格网生成的 TIN

4.4.2　TIN 转换为规则格网

　　TIN 向规则格网的转换是通过插值来进行的,输出的每个栅格根据其
栅格中心是否落在 TIN 的插值区域内来决定被赋予一个高程值抑或是无
值。在实现过程中,很大程度上依赖于插值方法的选取。常用的三角网生
成格网的方法主要有线性内插、多项式内插。

　　在 ArcGIS 中,可以通过 ArcToolBox 中的［3D Analyst Tools］→
［Conversion］→［From TIN］→［TIN to Raster］,直接进行(图 4-15)。

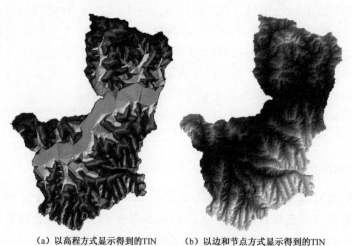

　　(a) 以高程方式显示得到的TIN　　　　(b) 以边和节点方式显示得到的TIN

图 4-15　由 TIN 生成规则格网

4.4.3 等高线生成 TIN

等高线即对相同高程值的点的连线,在 GIS 软件中可以直接通过等高线来生成不规则三角网。等高线生成 TIN,可以利用等高线离散点直接生成,也可以利用等高线作为特征线来生成。利用等高线离散点的生成方法有逐点内插法和三角网生长法,而利用等高线作为特征线,可以采用三角网生长法。

在 ArcGIS 软件中,可以通过 ArcToolBox 中的[3D Analyst Tools]→[Data Management]→[TIN]→[Create TIN]工具构建三角网,在选择数据源时选择通过等高线生成(图 4-16)。

图 4-16 由 20 m、100 m、150 m 等高距的等高线分别生成的 TIN

4.4.4 规则格网生成等高线

在 ArcGIS 软件中,可以通过 ArcToolBox 中的[Spatial Analyst Tools]→[Surface]→[contour]工具绘制等高线,输入 DEM,设置等高距,从而生成等高线(图 4-17)。

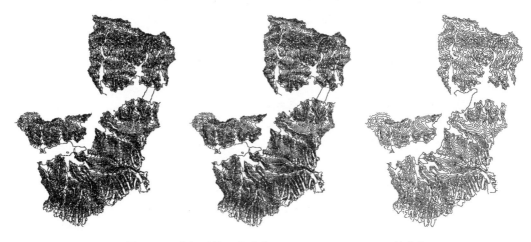

图 4-17 由规则格网生成的 50 m、100 m、150 m 间距等高线

4.5 课程实验与延伸阅读

4.5.1 ArcGIS 3D Analyst 及 TIN、RASTER 的建立与转换

ArcGIS 3D Analyst 分析模块提供了强大、先进的三维可视化、三维分析和表面建模工具。通过 ArcGIS 3D 分析模块，可以从不同的视点观察表面、查询表面，确定从表面上某一点观察时其他地物的可见性，还可以将栅格和矢量数据贴在表面以创建一幅真实的透视图，还可以对三维矢量数据进行高端分析。使用 ArcGIS 3D 分析模块，还可以有效地编辑和管理三维数据。

ArcGIS 3D 分析扩展模块的核心是 ArcGlobe 应用程序，ArcGlobe 提供浏览多层 GIS 数据、创建和分析表面的界面，高效地处理栅格、矢量、地形和影像数据集等功能。

作为 ArcGIS Desktop 产品的扩展模块，ArcGIS 3D Analyst 在 ArcView、ArcEditor 和 ArcInfo 上都能得到很好的支持。

利用 ArcGIS 3D Analyst 模块能够实现下列功能：

(1) 进行表面创建和分析；

(2) 建立 ArcGIS 所支持的数据格式的表面模型，其中包括 CAD、shapefiles、coverages 和 images 数据格式；

(3) 进行交互式透视图的显示和分析，包括拖动和缩放、旋转、倾斜以及飞行模拟；

(4) 模拟诸如建筑物的现实世界表面特征；

(5) 模拟水井、矿、地下水以及地下储藏设施等地下特征；

(6) 从属性值来生成飞行的三维表面；

(7) 把标准化数据以及扩大的数据运用在飞行中；

(8) 把二维数据遮盖在表面上且在三维空间中显示；

(9) 计算表面积、体积、坡度、坡角以及山阴影；

(10) 进行视域和视线分析、点的高度插值、画剖面图及最陡路径判断；

(11) 进行日照分析、最大建筑高度分析、三维网络分析等高端三维应用分析；

(12) 使用许多数据图层效果，诸如透明度、亮度、阴影及深度优先；

(13) 生成二维或三维要素的等高线；

(14) 基于属性或位置的三维数据查询；

(15) 在网络上利用 VRML 输出显示数据；

(16) 创建可视化的动画（AVI，MPEG，QuickTime）；

(17) 在三维可视化场景中进行编辑和管理 3D 数据；

(18) 在三维可视化场景中叠加视频；

(19) 进行日照分析、最大建筑高度分析、三维网络分析等高端三维应用分析。

在 ArcMap 中提供了 TIN editing toolbar 的工具（图 4-18），可以用来

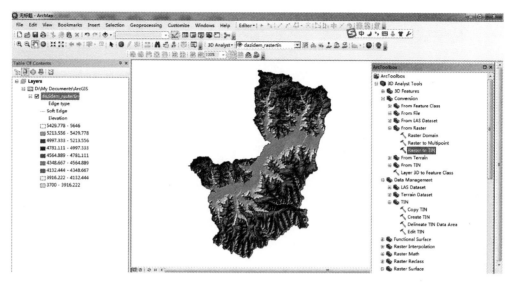

图 4-18 TIN editing toolbar

创建和维护 terrain 数据集(特别是在使用 lidar 数据源的时候),并可编辑 TIN 数据集。

下面将简单介绍 3D 模块中,对 TIN、grid 和等高线的操作。

1)模型的创建

TIN 模型可以通过等值线建立,如图 4-19 所示,输入一定范围内的等高线,选取高程值作为 Height field 来生成 TIN 模型。

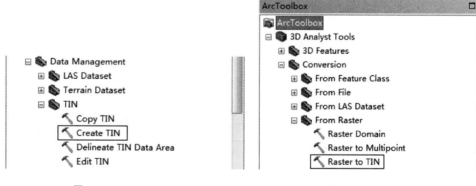

图 4-19　Create TIN　　　　　　　图 4-20　Raster to TIN

Raster 的建立可以通过点集插值生成。

2)模型的转换

在 3D Analyst 模块中可以方便地进行格网、不规则三角网的转换(图 4-20,图 4-21)。

3)等值线的生成

在 Raster Surface 模块,可以通过规则格网来建立等值线模型,具体如图 4-22 所示。

图 4-21 TIN to Raster　　　图 4-22 等值线生成工具

4.5.2 编程实现算法

实验数据：50 个离散点和 200 个离散点的数据。

实验要求：使用 C♯ 或 C＋＋语言，自行选择算法，实现由离散点生成 TIN 的算法（使用数据量小的点集进行尝试，使用数据量大的点集对程序进行优化）。

可通过 MFC 建立图形界面，编程实现，算法选用三角形生长法，按上文提到的算法步骤，自行编程实现。

4.5.3 TIN 和 DEM 的转化

实验数据：庐山北部山区等高线。

实验要求：根据庐山等高线数据，在 ArcGIS 中建立 TIN 模型，并生成 DEM。

使用 3D Analyst 模块实现。

思考与练习题

1. 概念解析：不规则三角网（TIN 模型）、Voronoi 图、Delaunay 三角网。

2. 简述 Delaunay 三角网的特点、性质及产生的基本准则。

3. Delaunay 三角网生成的算法分哪几类？请简要叙述其主要技术思路。

4. 请比较不规则三角网与格网 DEM 的优缺点。

5. 简述格网 DEM 内插生成等高线图的算法原理和主要步骤。

参考文献

［1］马昊，郑晓颖，李之棠. 不规则三角网数据结构的研究［J］. 微型电脑应用，2000，16(11)：20-21.

［2］Hjelle Ø，Dæhlen M. Triangulations and Applications［M］. ［s. l.］：Springer，2006.

［3］Du Ding-Zhu，Hwang F. Computing in Euclidean geometry［M］. ［s. l. ］：World Scientific，1995.

［4］Tsai V J D. Delaunay triangulations in TIN creation：an overview and a linear-time algorithm［J］. International Journal of Geographical Information Science，1993，7(6)：501－524.

［5］Joe B，Wang C A. Duality of constrained Voronoi diagrams and Delaunay triangulations［J］. Algorithmica，1993，9(2)：142－155.

［6］Chew L P. Constrained delaunay triangulations［J］. Algorithmica，1989，4(1-4)：97－108.

［7］Zhao R，Li Z，Chen J，et al. A hierarchical raster method for computing Voronoi diagrams based on quadtrees［C］. Computational Science—ICCS 2002. Heidelberg：Springer，2002：1004－1013.

［8］周培德. 计算几何/算法设计与分析［M］. 北京：清华大学出版社，2005.

［9］周雪梅，黎应飞. 基于 Bowyer-Watson 三角网生成算法的研究［J］. 计算机工程与应用，2013，49(6)：198－200

［10］李强，李超，甘建红. 基于三角网的等值线填充算法研究［J］. 计算机工程与应用，2013，49(5)：185－189

［11］Lee D T，Schachter B J. Two algorithms for constructing a Delaunay triangulation［J］. International Journal of Computer & Information Sciences，1980，9(3)：219－242.

［12］Xu Y，Liu L，Gotsman C，et al. Capacity — constrained Delaunay triangulation for point distributions［J］. Computers & Graphics，2011，35(3)：510－516.

［13］Shewchuk J R，Brown B C. Fast segment insertion and incremental construction of constrained delaunay triangulations［C］//Proceedings of the 29th annual symposium on Symposuim on computational geometry. ACM，2013：299－308.

［14］胡友元，黄杏元. 计算机地图制图［M］. 北京：测绘出版社，1987.

［15］陆守一. 地理信息系统［M］. 北京：高等教育出版社，2004.

［16］杜丹蕾. 带约束条件的离散点不规则三角网生成［D］. 长沙：中南大学，2008.

［17］鲍蕊娜. 离散点生成不规则三角网算法研究及实现［D］. 昆明：昆明理工大学，2012.

［18］唐译圣. 三维数据场可视化［M］. 北京：清华大学出版社，1999.

5　数字地面模型的数据组织

　　数字地面模型依靠计算机进行存储、管理、分析、显示,因此如何构建数字地面模型的数据组织类型,将其由具体的地形曲面转化为计算机能够识别的语言显得至关重要。计算机系统运行效率在很大程度上取决于数据组织的效率,特别的,数字地面模型为了更真实地模拟地表,一般数据量较大,且精度越高数据量越大,因此高效的数据结构在解决地形相关的数据存储问题方面显得尤为关键。

　　数字地面模型一般由栅格数据(或称格网数据)、矢量数据组成,栅格数据主要包含规则格网(DEM),矢量数据中有点、线、面三种形式,主要包括不规则三角网(TIN)、等高线、地形特征线、高程点等数据。所以,一般数字地面模型的数据组织有格网数据结构、矢量数据结构及矢量栅格混合的数据结构(图 5-1)。

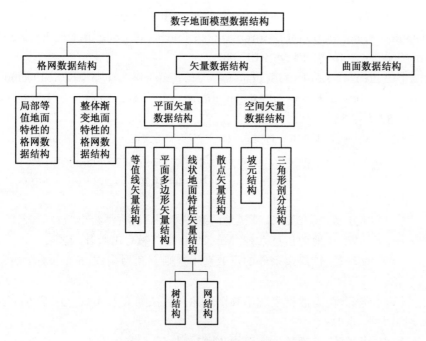

图 5-1　数字地面模型数据结构分类

　　本章将主要介绍数字高程(地面)模型的逻辑存储结构,从逻辑上分析对地面特性空间分布数据所作的组织,描述并确定这些数据的拓扑关系和地理位置。

5.1 数字地面模型的格网数据结构

将数字地面模型覆盖区的最小外接矩形划分为大小相等、形状相似的格点面元阵列(格点面元通常采用正方形或矩形),按规定顺序存储每个格点面元的地面特性取值,格点面元的位置信息则隐含在存储顺序中,这种数据组织形式称作规则格网数据结构,又称栅格结构,以下简称格网结构。

格网数据结构表示的是不连续的、量化的和近似离散的数据。在数字地面模型中最常用的格网数据是数字高程数据(DEM),即用格网单元来表示地形起伏,每个格网单元代表一个高程值(图5-2)。此外,应用格网数据结构的数据还有航天遥感影像数据、扫描地图等(其数据类型和获取方式参见第2章)。

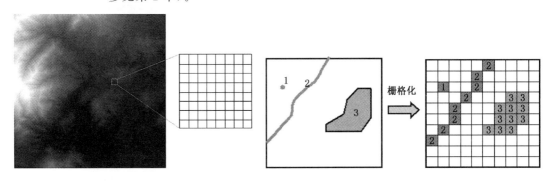

图 5-2　格网数据　　　　　　　　　图 5-3　格网数据的图形表示

整个格网数据由连续的格网单元排列组合而成,每个格网单元都有位置坐标和属性值。位置坐标可表示为格网单元的 x 坐标、y 坐标,也可表示为在格网数据中的行、列值。属性值表示该格网单元位置上的空间现象特征,一般为整型或浮点型数值。比如在 DEM 中每个格网单元赋予一个高程值。格网单元的大小决定了分辨率,30 m×30 m 的格网单元表示每个单元为 900 m²,10 m×10 m 的格网单元表示每个单元为 100 m²,因此格网单元边长越短,分辨率越高,但如果格网单元过小会大大增加数据量和数据处理时间。对于有多个波段的遥感数据,同一格网单元在每个波段均有属性值。

格网数据可以用来表示点、线、面等基本图形元素。其中,点用单个格网单元表示,点的中心位置为格网单元的中心;线表示为一系列相邻像元;面为聚集在一起的连续像元的集合(图5-3)。当数据分辨率过低或者数据放大倍数过大时,会有明显的锯齿状现象。

格网数据表示具有空间分布特征的地理要素,不论采用什么编码系统和数据结构(矢、栅)都应在统一的坐标系下。为了便于区域的拼接,格网系统的起始坐标应与国家基本比例尺地形图公里网的交点相一致,并分别采用公里网的纵横坐标轴作为栅格系统的坐标轴。

格网结构的最大优点是容易分层叠加和便于按照位置进行检索;主要缺点是要求较大的存储空间,但可以采用行程编码、链码和四叉树结构,进行数据压缩,可明显节省空间。

5.1.1　格网数据的组织方法

格网结构中每一个格点单元只能对应唯一的属性值才能保证数据的正确读取,但地理信息具有多维结构,对于现实世界,每个地理位置可能包含不同的属性或者同一属性的不同特征,所以可能需要多个图层来表达统一地理区域的不同信息,使同一位置的格网单元在不同图层上赋予不同属性值。图 5-4 是同时表达土壤、植被和地形的栅格地图,它用三个图层分别来表示土壤、植被、地形的不同类型,每个像元同时在三个图层里都有相对应的属性,这是格网数据的分层存储。

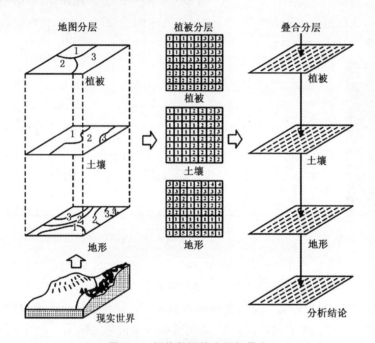

图 5-4　栅格数据的分层与叠合

对于这些多层的地理信息,格网数据的组织方法有以下三种(图 5-5):

1) 方法 a——基于像元的组织方法

以像元为独立存储单元,对每个像元的位置坐标、在各层的属性值进行记录。每个像元的记录内容表示为一个数组。这种组织方式最为常见,当栅格层数较多的时候,对不同层的每个像元只需记录一次坐标值,节省存储空间。

2) 方法 b——基于层的组织方法

以像元为记录序列,对不同层上同一像元位置上只记录一次像元的位置坐标,并记录各层的属性值。由于栅格数量很多,对于每层的同一像元均要存储地理坐标,需要大量的存储空间。

3) 方法 c——基于多边形的组织方法

以层为存储基础,每层以多边形为序列记录多边形的属性值和多边形内各像元的坐标。将同一属性的制图单元的 n 个像元的属性只记录一次,有效节约用于存储属性的空间。

基于像元的数据组织方式简单明了,便于数据扩充和修改,但进行属

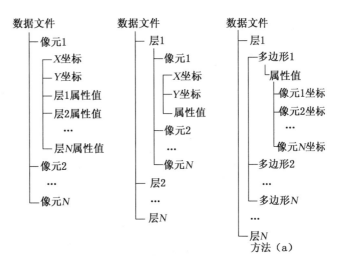

方法（a）

图 5-5 栅格数据组织方法

性查询和面域边界提取时速度较慢；基于层的数据组织方式便于属性查询，但每个像元的坐标均要重复存储，浪费了存储空间；基于多边形的数据组织方式虽然便于面域边界提取，但在不同层中像元的坐标还是要多次存储。（表 5-1）

表 5-1 ArcGIS 支持的栅格数据集

扩展阅读	ArcGIS 支持的栅格数据集（部分）

Format	Description	Extensions	Read/Write
ArcSDE raster	Raster data stored within an ArcSDE database.	Stored in SDE database	Read and write
ASCII Grid	The Arcinfo ASCII Grid format is an Arcinfo Grid exchange file.	Single file—extension *.asc	Read-only
Band interleaved by line (BIL), band interleaved by pixel (BIP), band sequential (BSQ)	This format provides a method for reading and displaying decompressed, BIL, BIP, and BSQ image data. By creating an ASCII description file that describes the layout of the image data, black-and-white, grayscale, pseudo color, and multiband image data can be displayed without translation into a proprietary format.	Multiple files Data file—extension *.bil, *.bip, or *.bsq Header file—extension *.hdr Color map file—extension *.clr Statistics file—extension *.stx	Read-only (Write—developer only)
Digital Terrain Elevation Data (DTED) Level 0, 1, and 2	A simple, regularly spaced grid of elevation points, based on 1 degree latitude and longitude extents. Created by NGA.	Single file—various file extensions (*.dt0, *.dt1, *.dt2) All possible file extensions are available by default (*.dt0, *.dt1, *.dt2).	Read-only
ERDAS IMAGINE	Produced using IMAGINE image processing software created by ERDAS. IMAGINE files can store both continuous and discrete, single-band and multiband data.	Single file—extension *.img If image is bigger than 2 GB—extension *.ige World file—extension *.igw	Read and write
Multi-resolution Seamless Image Database (MrSID)	A compression technique especially for maintaining the quality of large images. Allows for a high compression ratio and fast access to large amounts of data at any scale.	Single file—extension *.sid World file—extension *.sdw	Read-only
Tagged Image File Format (TIFF) (GeoTIFF tags are supported.)	Widespread use in the desktop publishing world. It serves as an interface to several scanners and graphic arts packages. TIFF supports black-and-white, grayscale, pseudo color, and true color images, all of which can be stored in a compressed or decompressed format.	Single file—possible file extensions *.tif, *.tiff, and *.tff World file—extension *.tfw ArcCatalog only recognizes the .tif file extension by default. To add .tiff or .tff files to ArcMap without renaming them, add those file extensions to ArcCatalog or drag those files from Windows Explorer into your map.	Read and write
United States Geological Survey (USGS) digital elevation model (DEM)	This format consists of a raster grid of regularly spaced elevation values derived from the USGS topographic map series. In their native format, they are written as ANSI-standard ASCII characters in fixed-block format.	Single file—extension *.dem (need to change .dat extension to .dem)	Read-only

Source: http://webhelp.esri.com/arcgisdesktop/9.3/index.cfm?TopicName=Supported_raster_dataset_file_formats

· BIL 文件（波段交叉行格式）：先存储第一个波段的第一行，接着是第二波段的第一行，直到所有波段都存储为止

· BIP 文件（波段交叉像元格式）：按顺序存储所有波段第一个像素，接着是所有波段的第二个像素，交叉存储所有像素

· BSQ 文件（波段顺序格式）：将图像同一波段的数据逐行存储下来，再以同样的方式存储下一波段数据

DEM 影像头文件：<image>.hdr

5.1.2 局部等值地面特性的格网结构

很多地面特性,如土壤、植被、土地利用、土地权属、行政区等,都具有局部等值的空间分布特点,即在每个局部范围内部,地面特性的取值是相同的,仅在两相邻局部范围边界处发生值的突变。在专题地图中,称这种局部范围为图斑,是图中的最基本单元。

如图 5-6 是某地区的土壤分布类型图的局部,图斑上的字母代表土壤类型取值。对它进行扫描数字化或手工格网处理,可获得"0、1"图像,一般"1"值表示图斑周界通过的格点面元,图斑内部的格点面元赋予"0"值。地面特性取值另行输入。

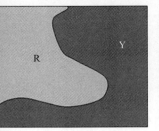
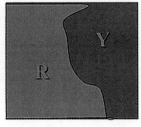

– **图 土壤类型分布**　　　　　**图 5-7　格点面元取值示意图**

1) 格点面元地面特性的取值

格点面元是格网结构的存储单元,虽然微小,但仍有一定面积。在对格网结构进行存储时,需要先确定每个格点面元的地面特性,即格点面元的属性值。

对于有局部等值地面特征的图像,需要先将其划分为格网,对每个格点面元进行取值(图 5-7)。若该格点面元内部只包含一个地面特性值,则取值为该唯一值;若格点面元内部包含多种地面特性值,则需要对其进行判定,主要的判定方法有以下几种:

(1)中心点法:用处于格网单元中心处的地物类型或现象特性决定栅格代码。为了方便寻找中心,覆盖使用的网格常常使交点与网格单元的中心对准,这时读数据只考虑网格交点所对应地图上的值,因此中心点法也可以叫做"网格交点归属法"。此法常用于具有连续分布特性的地理要素,如降雨量分布、人口密度图等。如图 5-8 中左图,点 O 的值为 C。

(2)面积占优法:以占栅格最大的地物类型或现象特征决定栅格单元的代码。面积占优法最适合分类较细、地物类别斑块较小的情况。如图 5-8 中左图,B 面积最大为 45,双点 O 值为 C。

(3)长度最占优法:当覆盖的格网过中心部位时,横线占据该格中的大部分长度的属性值定为该栅格单元的代码。如图 5-8 中右图,点 O 值为 C。

(4)重要性法:根据栅格内不同地物的重要性,选取最重要的地物类型决定相应的栅格单元代码。这种方法对于特别重要的地理实体,其所在区域尽管面积很小或不在中心,也采取保留的原则,如稀有金属矿产区域等。重要性法常用于具有特殊意义而面积较小的地理要素,特别是具有点、线状分布的地理要素,如城镇、交通枢纽、河流水系等。

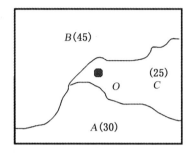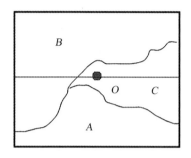

图 5-8　格网单元值的确定

2)格网结构数据的存储

在没有压缩的情况下,将格网数据按直接编码的存储方式,将格网数据看成一个数据矩阵,将矩阵的行自上而下编号,矩阵的列从左到右排列,然后按照格网单元的排列顺序,将每个单元逐行逐个进行记录。这是一种非压缩性的全栅格阵列的格网数据组织形式,顺序存放每个格网单元的属性值,以构成一个栅格矩阵的存储文件。格网单元由矩阵的行、列号定位,本质上是二维数组结构,但一般按一维序列存储。

格网单元的记录顺序有若干种,如图 5-9 为两种格网结构按不同记录顺序的存储形式,图中所标注数字表示每个格点面元的存储次序。图(a)中,各行的列元素都从左到右排列,上一行的尾接下一行的首列,从左上角到右下角顺次存储格点面元;图(b)中,奇数行的列元素从左到右排列,偶数行的列元素从右到左排列。

1	2	3	4	5	6	7	8
9	10	11	12	13	14	15	16
17	18	19	20	21	22	23	24
25	26	27	28	29	30	31	32
33	34	35	36	37	38	39	40
41	42	43	44	45	46	47	48
49	50	51	52	53	54	55	56
57	58	59	60	61	62	63	64

（a）方法一

1	2	3	4	5	6	7	8
16	15	14	13	12	11	10	9
17	18	19	20	21	22	23	24
32	31	30	29	28	27	26	25
33	34	35	36	37	38	39	40
48	47	46	45	44	43	42	41
49	50	51	52	53	54	55	56
64	63	62	61	60	59	58	57

（b）方法二

图 5-9　存储方式示意图

上述存储方式,将每个格网单元的属性值一一记录,故又称逐个像元存储。因没有经过数据压缩,一般数据量较大,尤其高分辨图像更是如此。

3)格网结构的数据压缩

由于需要储存每个格点面元的信息,格网结构容易出现数据冗余、数据量大的现象,尤其是局部等值地面特性的格网有许多相邻单元属性值相同,所以需要对其进行数据压缩。

数据压缩是指按照一定的算法对数据进行重新组织,减少数据的冗余和存储的空间。分为有损压缩和无损压缩,无损压缩利用数据的统计冗余进行压缩,可完全恢复原始数据而不引起任何失真,有损压缩为了实现更高的压缩率允许一定程度的数据损失。在格网结构的数据压缩中一般使用无损压缩保证精度需求。

通常采用游程编码、块式编码、链式编码、四叉树编码等。

(1)游程编码

若在行(列)上相邻的若干格点面元上有相同的地面特征值,可以采取游程编码的压缩方式进行数据压缩。游程指相邻同值格网单元的数量,游程编码是逐行将相邻同值格网单元合并,只记录其相同的属性值和合并的格网单元数量(或者合并格网的终点列号)。

具体方法是将格网点结构每一行的格网单元序列,变换为数对(T_k,L_k)的一维序列。T_k是格点面元的地面特性取值,可以是数字或其他字符。L_k为游程,用整数表示,即一行中地面特性取值相同的并列格网单元的个数(图5-10)。

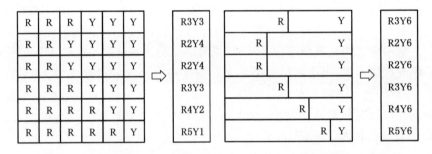

图 5-10　游程编码示意图　　　　图 5-11　游程编码另一种形式

此外,L_k也可用游程终点在一行中的列号表示,这是游程编码压缩的另一种形式(图5-11)。

一般来说,游程编码的压缩比与图像的复杂程度成反比。图像越复杂,格网单元的属性值彼此越不相似,变化的游程数越少,压缩比就越低;图像越简单,相邻格网单元的相似性越高,变化的游程数越多,压缩比越高。

游程编码是连续精确的编码,在传输过程中,如其中一位符号发生错误,会影响整个编码序列,将无法还原回原始数据。

在实际操作过程中,数据量没有明显增加,压缩效率较高,且易于检索、叠加合并等操作,运算简单,适用于机器存储容量小,数据需大量压缩,而又要避免复杂的编码和解码运算,增加处理和操作时间的情况。

(2)块式编码

块式编码就是把游程扩大到二维的情况,其原理是把多边形范围划分为若干个具有同一属性的正方形,对各个正方形进行编码。块式编码的数据结构包含三个部分：块的初始位置（块的中心像元或者块某个顶点像元的行列号）、块的大小（包含像元的数目）、块的属性代码。

以图 5-12 分块的数据为例，块状编码如下：(1,1,2,M)、(1,3,1,R)、(1,4,1,M)、(1,5,1,M)、(1,6,1,M)、(1,7,2,M)、(2,3,2,R)、(2,5,1,M)、(2,6,1,R)、(3,1,1,M)、(3,2,1,R)、(3,5,3,R)、(3,8,1,M)、(4,1,1,M)、(4,2,2,R)、(4,4,1,R)、(4,8,1,M)、(5,1,1,M)、(5,4,1,R)、(5,8,1,M)、(6,1,1,M)、(6,2,1,R)、(6,3,1,R)、(6,4,2,R)、(6,6,1,R)、(6,7,1,R)、(6,8,1,M)……括号中前两个数字分别表示块初始位置的行列号，即块最左上角的格网单元行列号；第三个数字表示块的边长的像元个数；第四个为块的属性值，可为数字或字符。

块式编码对于大而简单的多边形更有效，但是对于复杂的多边形效果欠佳；对于多边形求并求交都较为方便，但对于有些运算不适应，需要转换成简单栅格文件才能进行。

（3）链式编码

链式编码，又称为弗里曼链码（Freeman,1961）或边界链码，主要用于记录线状地物和面状地物的边界。该多边形的边界可表示为：由某一原点开始并按某些基本方向确定单位矢量链。基本方向可定义为：东＝0，东南＝1，南＝2，西南＝3，西＝4，西北＝5，北＝6，东北＝7 等 8 个基本方向（图 5-13）。

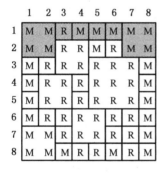

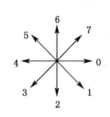

图 5-12　块状编码示意图　　图 5-13　链式编码的方向　　图 5-14　链式编码示意图

以图 5-14 中数据为例，线状地物是以 R 属性值的格网单元连接来表示的，确定其初始点为(1,5)，则链式编码为 1,5,3,2,2,3,3,2,3。面状地物是以 G 属性值的聚集的格网单元来表示的，确定其初始点为(3,5)，则该多边形边界按顺时针方向的链式编码为 3,5,0,2,1,3,2,4,4,6,6,7,6。其中前两个数字表示初始点的行列号，从第三个数字开始的每个数字代表单位矢量的方向。

链式编码对多边形的表示具有很强的数据压缩能力，且具有一定的运算功能，如面积和周长计算等，探测边界急弯和凹进部分等都比较容易，比较适于存储图形数据。缺点是对叠置运算如组合、相交等则很难实施，对局部修改将改变整体结构，效率较低，而且由于链码以每个区域为单位存储边界，相邻区域的边界则被重复存储而产生冗余。

（4）四叉树编码

四叉树编码是最有效的栅格数据压缩编码方法之一。绝大多数图形的操作和运算都能直接在四叉树结构上实现，既压缩了数据量，又极大地提高了图形操作效率。

四叉树是一种特殊的有向树，它的根和节点的出边数为4，节点的度为5，叶和节点的入边数均为1。图5-15其数据压缩的基本思想是将空间区域按照四个象限递归分割 n 次，每次分割形成 $2^n \times 2^n$ 个子象限，直到子象限中的属性数值都相同为止，该子象限就不再分割。凡属性值都相同的子象限，不论大小，均作为最后的存储单元。每个存储单元在四叉树用一个叶子节点来表示和存储。

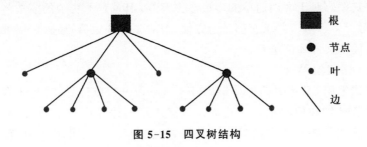

| | 根 |
| 节点 |
| 叶 |
| 边 |

图 5-15　四叉树结构

以图5-16中(a)数据为例，根据四叉树原理，对数据进行分割，得到的结果如图5-16(b)所示。

0	0	0	0	1	1	0	0
0	0	0	0	1	1	0	0
0	0	0	0	2	2	1	1
0	0	0	0	2	2	1	1
1	1	1	1	1	2	2	2
1	1	1	1	3	0	2	2
1	1	1	1	3	3	0	0
1	1	1	1	3	3	0	0

(a)

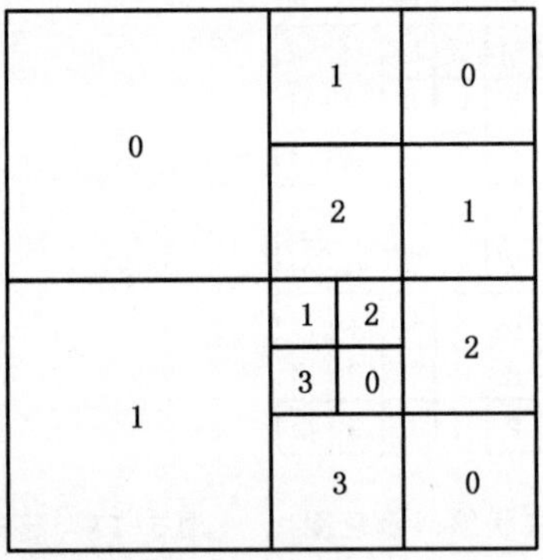

(b)

图 5-16　四叉树分割

将分割后的四叉树进行编码，将四个等分区域划分为四个子象限，按左上（NW）、右上（NE）、左下（SW）、右下（SE）分布。以图5-16所得结果为例，其四叉树的结构如图5-17所示。每个节点代表一个象限，在每个可继续分割的节点下有四个子节点，不断分割该节点所属象限的数据直至所有节点不再可分割为止。没有子节点的点，即不可分割的节点，又称为叶子节点，代表了具有相同像元值的象限。

四叉树中每个叶子节点表示的数据尺寸是不一样的，位于越高层级的叶子节点表示分割的次数越少，数据深度越小，尺寸越大，结构相对简单；位于越低层次的叶子节点表示分割的次数越多，数据深度越大，尺寸越小，

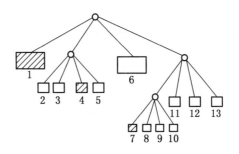

图 5-17　四叉树结构

结构相对复杂。四叉树编码能够自动依照地形变化而调整尺寸象限,因此具有极高的压缩效率(邬伦,1994)。

四叉树结构是应用图论设计的一种多层次格网结构,可用来压缩格网结构,通常有以下两种压缩方案:

当格网结构的行数和列数都等于 2^m 时(m 为正整数,行距和列距可以不相等),将整个数字地面模型矩形覆盖区划分为 4 个一级象限,如果一级象限中所有格点面元的地面特性是相等的,则不再对它进行划分,对含有不同地面特性取值格点面元的一级象限要再分为四个二级象限,依次类推,直到所有各级象限内部的地面特性取值均为单一为止。这种数据组织称为自上往下的四叉树。

另一种方法是将格点面元合并成较大的网格,一个网格由 $2^T \times 2^T$ 个值相等的格点面元合并而成($T < M$,为正整数),然后以网格为单位,将值相同的四个相邻网格不断合并,直到没有合并的网格为止。这种数据组织称为自下往上的四叉树。

为了克服常规四叉树占用存储空间大的缺点,人们提出了线性四叉树的算法。线性四叉树编码的基本思想是:不需记录中间节点和使用指针,仅记录叶节点,并用地址码表示叶节点的位置。线性四叉树有四进制和十进制两种,十进制四叉树的地址码又称 Morton 码。为了得到线性四叉树的地址码,首先将二维栅格数据结构的行列号转化为二进制数,然后交叉放入 Morton 码中,即为线性四叉树的地址码。这样,在一个 $2^n \times 2^n$ 的图像中,每个像元点都给出一个 Morton 码,用 Morton 码写成一维数据,通过 Morton 码就可知道像元的位置。对用上述线性四叉树的编码方法所形成的数据还可进一步用游程长度编码压缩,压缩时只记录第一个像元的 Morton 码。解码时,根据 Morton 码就可知道像元在图像中的位置(左上角),本 Morton 码和下一个 Morton 码之差即为像元个数,知道了像元的个数和像元的位置就可恢复出图像了。

(5)对地面特性取值的数据压缩

地面特性取值可分为以下两大类:第一类是定量的,用数值表示,如高程、坡度、降水量、地价等。对这类地面特性取值的数据压缩可采用适当选择起算点的方法。第二类是定性的,它们必须按照与既定的分类系统相对应的代码系统进行赋值(表 5-2)。

表 5-2　面向图斑的格网结构

扩展阅读	面向图斑的格网结构

　　面向图斑的格网结构是局部等值地面特性的格网结构的一种。记这种格网结构为 PG,它以图斑为存储单位,每个单位存放一个地面特性取值。采用 PG 结构便于进行数据压缩,并可提高数据处理效率。

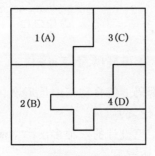

面向图斑的格网结构图

　　在存储过程中,分别记录图斑类别、各图斑的属性值、格网数量、格网的行列号。格网行列号的记录可采用行程码编码。每个图斑只要记录一次属性值,大大减少了数据量。

图斑编号	1	2	3	4
地面特性取值	A	B	C	D
格网点面元数	14	26	14	10
行列号		......	......	......

行号	首列号	尾列号
1	1	5
2	1	5
3	1	4

PG 结构图

5.1.3　整体渐变地面特性的格网结构

　　数字高程模型中,很少有相邻海拔值相同的情况。诸如地表起伏形态等整体渐变的地面特性,在采用格网结构时,与局部等值地面特性的格网结构的存储方式和数据压缩有些不同。

　　1）格网结构数据的存储

　　整体渐变地面特性的格网结构,同样是利用一维序列,采用逐个像元编码的方式记录每个像元。记录顺序除可采用行次序降维存储外,在大多数情况下,采用块次序降维存储,将更有利于数据压缩和后续处理。

　　如图 5-18 为格网结构按块次序降维的一种存储形式,图中所注数字表示每个格点面元的存储次序。其本质上就是自下而上的四叉树的存储顺序,可利用 Morton 码反推其行、列值(表 5-3)。

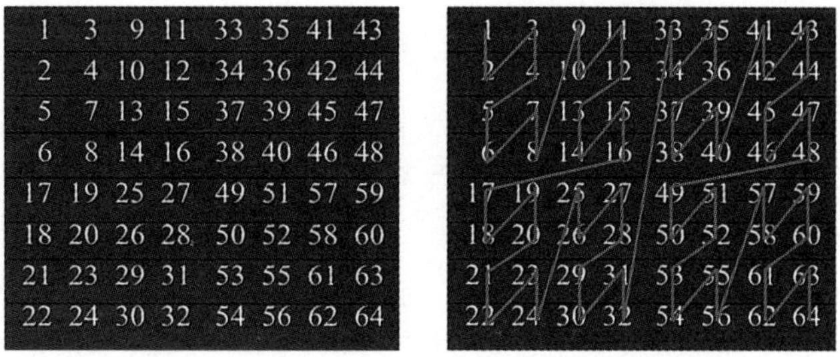

图 5-18　块次序一维排列存储方式

表 5-3　Morton 码计算方式

扩展阅读	Morton 码计算方式

1. 将行号与列号转换为二进制数
2. 两个二进制数两两交叉得到新的二进制数
3. 将新的二进制数转换为十进制数

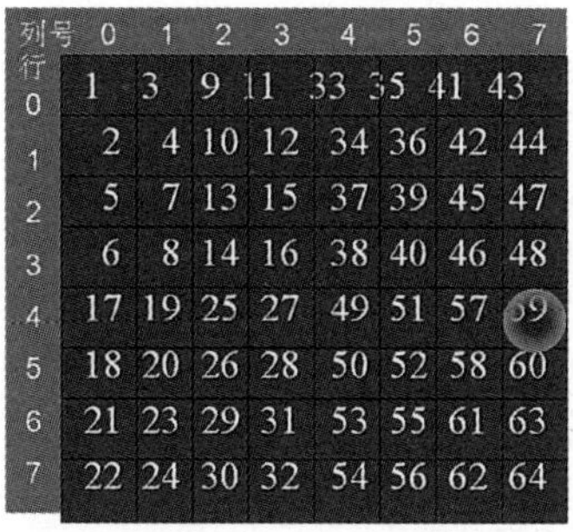

十进制的 Morton 码

$59-1=58$

$58_{10}=2^5+2^4+2^3+2^1=111010_2$

拆解：

列数$=111_2=7$

(列数对应奇数位)

行数$=100_2=4$

(行数对应偶数位)

2）格网结构的数据压缩

整体渐变地面特性的取值通常为数值，而且相邻格点面元的地面特性取值具有高度的相关性，这有利于进一步提高数据压缩比。具体办法是先对格网数据进行差分运算，再用行程码或四叉树压缩差分结果(图 5-19)。

2	4	4	4	4	7	7	7
2	5	5	5	5	8	8	8
3	3	6	6	9	9	9	8
4	4	4	6	6	6	6	6
5	5	5	5	8	8	8	7
6	6	6	6	7	7	9	9
5	4	4	4	4	6	6	6
4	4	4	4	7	7	7	8

整体渐变地面特性的格网结构

2	2	0	0	0	3	0	0
2	3	0	0	0	3	0	0
3	0	3	0	3	0	0	-1
4	0	0	2	0	0	0	0
5	0	0	0	3	0	0	-1
6	0	0	0	1	0	2	0
5	-1	0	0	0	2	0	0
4	0	0	0	3	0	0	1

左图的差分结果

图 5-19　格网结构的数据压缩

5.2 数字地面模型的不规则三角网结构

不规则三角网(TIN)是重要的数字高程模型的类型之一,具有存储量少、数据可压缩、保留采样点坐标值及高程值原始精度的特点,特别适合于地形表面及其切割剖面的三维显示。

TIN 是一种含有点、边、三角形之间的拓扑关系的模型,其存储数据结构比格网结构复杂得多,除了存储每个顶点的坐标和高程值之外,还必须体现一定的拓扑关系。

TIN 基本元素为顶点、边、面。需要存储每个点的高程,其平面坐标、节点连接的拓扑关系,三角形以及邻接三角形等。其模型是一种矢量拓扑结构,只是缺少"岛"等拓扑关系。其最简单的数据组织形式有两种:一种是需要三角形顶点文件、三角形边文件(包含组成边的两顶点)、三角形文件(包含组成三角形的三条边);另一种是需要三角形顶点文件、相邻三角形文件(包含组成三角形的三个顶点和相邻三角形的编号)(图 5-20)。

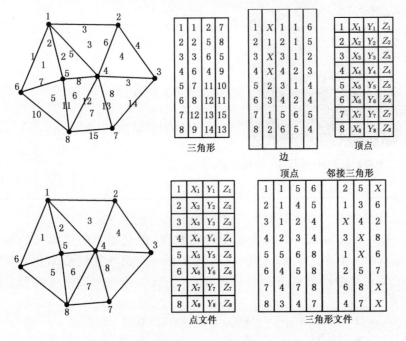

图 5-20 TIN 结构

上面两种结构都能完整表达 TIN 的基本几何信息,结构简单,但是在检索和编辑时比较麻烦,目前,国内外已有很多学者对 TIN 拓扑结构的存储方式做了深入的研究,并给出了其数据的存储结构。

5.3 数字地面模型的三维数据结构

三维数据表达的要求与二维相似,但在数据采集、系统维护和界面设计等方面比二维数据结构复杂得多,如三维数据的组织与重建,三维变换、查询、运算、分析、维护等方面。下面主要介绍三维数据结构,它的表示方法有很多种,其中运用最普遍的是具有拓扑关系的八叉树表示法和三维边界表示法。

5.3.1 八叉树三维数据结构

八叉树三维数据结构是用八叉树来表示三维形体(图5-21),并研究在这种表示下的各种操作及应用是在进入80年代后才比较全面地开展起来的。这种方法,既可以看成是四叉树方法在三维空间的推广,也可以认为是用三维体素阵列表示形体方法的一种改进。

1) 八叉树的逻辑结构

假设要表示的形体 V 可以放在一个充分大的正方体 C 内,它的边长为 2^n,形体 $V \in C$,它的八叉树可以用以下的递归方法来定义:

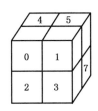

图 5-21
八叉树

八叉树的每个节点与 C 的一个子立方体对应,树根与 C 本身相对应,如果 $V = C$,那么 V 的八叉树仅有树根,如果 $V \neq C$,则将 C 等分为八个子立方体,每个子立方体与树根的一个子节点相对应。只要某个子立方体不是完全空白或完全为 V 所占据,就要被八等分,从而对应的节点也就有了八个子节点。这样的递归判断、分割一直要进行到节点所对应的立方体或是完全空白,或是完全为 V 占据,或是其大小已是预先定义的体素大小。

如此所生成的八叉树上的节点可分为三类:

灰节点,它所对应的立方体部分地为 V 所占据;

白节点,它所对应的立方体中无 V 的内容;

黑节点,它所对应的立方体全为 V 所占据。

后两类又称为叶节点。形体 V 关于 C 的八叉树的逻辑结构是这样的:它是一棵树,其上的节点要么是叶节点,要么就是有八个子节点的灰节点。根节点与 C 相对应,其他节点与 C 的某个子立方体相对应。

2) 八叉树的存储结构

八叉树有三种不同的存储结构,分别是规则方式、线性方式、一对八方式。相应的八叉树也分别称为规则八叉树、线性八叉树及一对八式八叉树。不同的存储结构的空间利用率及运算操作的方便性是不同的,分析表明,一对八式八叉树优势更大。

(1) 规则八叉树存储结构

规则八叉树的存储结构用一个有九个字段的记录来表示树中的每个节点。其中一个字段用来描述该节点的特性(在目前假定下,只要描述它是灰、白、黑三类节点中哪一类即可),其余的八个字段用来作为存放指向其八个子节点的指针。这是最普遍使用的表示树形数据的存储结构方式。

规则八叉树缺陷较多,最大的问题是指针占用了大量的空间。假定每个指针要用两个字节表示,而节点的描述用一个字节,那么存放指针要占总的存储量的94%。因此,这种方法虽然十分自然、容易掌握,但在存储空间的使用率方面不是很理想。

（2）线性八叉树存储结构

线性八叉树注重考虑如何提高空间利用率。用某一预先确定的次序遍历八叉树（例如以深度第一的方式），将八叉树转换成一个线性表（图5-22），表中的每个元素与一个节点相对应。对于节点的描述可以丰富一点，例如用适当的方式来说明它是否为叶节点，如果不是叶节点时还可用其八个子节点值的平均值作为非叶节点的值等。这样，可以在内存中以紧凑的方式来表示线性表，可以不用指针或者仅用一个指针表示。

线性八叉树不仅节省存储空间，对某些运算也较为方便，但是为此付出的代价是丧失了一定的灵活性。例如为了存取属于原图形右下角的子图形对应的节点，那么必须先遍历了其余七个子图形对应的所有节点后才能进行；不能方便地以其他遍历方式对树的节点进行存取，导致了许多与此相关的运算效率变低。

（3）一对八式八叉树存储结构

一个非叶节点有八个子节点，将它们分别标记为0，1，2，3，4，5，6，7。如果一个记录与一个节点相对应，那么在这个记录中描述的是这个节点的八个子节点的特性值。而指针给出的则是该八个子节点所对应记录的存放处，而且还隐含

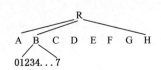

图 5-22　线性八叉树

地假定了这些子节点记录存放的次序。也就是说，即使某个记录是不必要的（例如，该节点已是叶节点），那么相应的存储位置也必须空闲在那里，以保证不会错误地存取到其他同辈节点的记录。这样当然会有一定的浪费，除非它是完全的八叉树，即所有的叶节点均在同一层次出现，而在该层次之上的所有层中的节点均为非叶节点。

5.3.2　三维边界表示法

三维边界表示法的原理如下：首先考虑一个简单的四面体应如何表示，它是一个平面多面体，即它的每个表面均可以看成是一个平面多边形。为了做到无歧义、有效地表示，需指出它的顶点位置以及由哪些点构成边，哪些边围成一个面等一些几何与拓扑的信息（图5-23）。

1）存储方法

比较常用的表示一个平面多面体的方法是采用三张表来提供这些信息（图5-23），这三张表就是：

（1）顶点表：用来表示多面体各顶点的坐标；

（2）边表：指出构成多面体某边的两个顶点；

（3）面表：给出围成多面体某面的各条边。

对于后两个表一般使用指针的方法指出有关的边、点存放的位置。

为了更快地获得所需信息，更充分地表达点、线、面之间的拓扑关系，

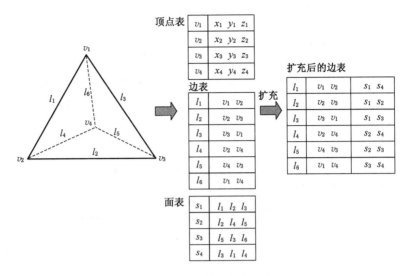

图 5-23　三维边界表示法

可以把其他一些有关的内容结合到所使用的表中。图 5-23 中的扩充后的边表就是将边所属的多边形信息结合进边表中以后的形式。这样利用这种扩充后的表,可知某条边是否为两个多边形的公共边,如果是,相应的两个多边形也立即知道。这是一种用空间换取时间的方法。

除了描述几何结构,还要指出该多面体的其他特性,如每个面的颜色、纹理等。这些属性可用另一个表独立存放。当有若干个多面体时,还需有一个对象表,每个多面体在这个表中列出围成它的诸面,同样也可用指针的方式实现,这时面表中的内容,已不再只和一个多面体有关。

2）特点

采用这种分列的表来表示多面体,可以避免重复地表示某些点、边、面,因此一般来说存储量比较节省,对图形显示更有好处。例如,由于使用了边表,可以立即显示出该多面体的线条画,也不会使同一条边重复地画上两次。

可以想象,如果表中仅有多边形表而省略了边表,两个多边形的公共边不仅在表示上要重复,而且很可能会画上两次。类似地,如果省略了顶点表,那么作为一些边的公共顶点的坐标值就可能反复地写出好多次。

3）拓扑检查

多面体的拓扑检查是检查输入数据的一致性、完整性等,是一项必不可少的工作。一般来说,数据越多,输入时出错的可能性也越大,对上面提及的数据结构,至少可以检查以下诸项:

（1）顶点表中的每个顶点至少是两条边的端点;

（2）每条边至少是一个多边形的边;

（3）每个多边形是封闭的;

（4）每个多边形至少有一条边是和另一个多边形共用的;

（5）若边表中包含了指向它所属多边形的指针,则指向该边的指针必在相应的多边形中出现。

5.4 矢栅一体化数据结构

所谓矢量栅格一体化技术,是将 GIS 中的矢量数据与栅格数据结合、统一起来,进行同步查询、显示、分析。矢量数据和栅格数据由于数据结构的差异,在表示不同形式的地理信息方面各有千秋,将它们结合起来使用有诸多方面的优点(表 5-4)。

表 5-4　矢量数据、栅格数据比较

	优　点	缺　点
矢量	1. 便于面向实体的数据表达 2. 结构紧凑,冗余度低,便于描述线或边界 3. 空间数据拓扑关系清晰,利于网络分析、空间查阅等 4. 图形显示质量好,精度高	1. 数据结构复杂,各自定义,不便于数据标准化和规范化,数据交换困难 2. 多边形叠置分析困难,没有栅格有效,表达空间变化性能力差 3. 不能做类似数字图像增强处理的操作 4. 软硬件要求高,显示与绘图成本高
栅格	1. 结构简单,易进行数据交换 2. 叠置分析和地理现象模拟较易,能有效表达空间可变性 3. 利于与遥感数据的匹配应用和分析,便于图像处理 4. 输出快速,成本低廉	1. 现象识别效果不如矢量方法,难以表达拓扑关系 2. 图形数据量大,数据结构不严密、不紧凑,需用压缩技术解决该问题 3. 投影转换困难 4. 图形质量较低,图形输出不美观、线条有锯齿,需要增加栅格数量来克服,但会增加数据文件

5.4.1 矢栅一体化数据结构的技术思想

对于面状地物,矢量数据用边界表达的方法将其定义为多边形的边界和一内部点,多边形的中间区域是空洞。而在基于栅格的 GIS 中,一般用元子空间充填表达的方法将多边形内任一点都直接与某一个或某一类地物联系。显然,后者是一种数据直接表达目标的理想方式。对线状目标,以往人们仅用矢量方法表示。

事实上,如果将矢量方法表示的线状地物也用元子空间充填表达的话,就能将矢量和栅格的概念辩证统一起来,进而发展矢量栅格一体化的数据结构。

假设在对一个线状目标数字化采集时,恰好在路径所经过的栅格内部获得了取样点,这样的取样数据就具有矢量和栅格双重性质。一方面,它保留了矢量的全部性质,以目标为单元直接聚集所有的位置信息,并能建立拓扑关系;另一方面,它建立了栅格与地物的关系,即路径上的任一点都直接与目标建立了联系。

因此,可采用填满线状目标路径和充填面状目标空间的表达方法作为一体化数据结构的基础。每个线状目标除记录原始取样点外,还记录路径所通过的栅格;每个面状地物除记录它的多边形周边以外,还包括中间的面域栅格。

无论是点状、线状地物还是面状地物均采用面向目标的描述方法,因

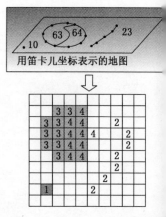

用笛卡儿坐标表示的地图

图 5-24　矢栅一体化数据结构

而它可以完全保持矢量的特性,而元子空间充填表达建立了位置与地物的联系,使之具有栅格的性质。这就是一体化数据结构的基本概念,从原理上说,这是一种以矢量方式来组织栅格数据的数据结构(图5-24)。

5.4.2 三个约定和细分格网法

1)三个约定

地面上的点状地物是地球表面上的点,它仅有空间位置,没有形状和面积,在计算机内部仅有一个位置数据。

地面上的线状地物是地球表面的空间曲线,它有形状但没有面积,它在平面上的投影是一连续不间断的直线或曲线,在计算机内部需要用一组元子填满整个路径。

地面上的面状地物是地球表面的空间曲面,并具有形状和面积,它在平面上的投影是由边界包围的紧致空间和一组填满路径的元子表达的边界组成。

2)细分格网法

由于一体化数据结构是基于栅格的,表达目标的精度必然受栅格尺寸的限制。可利用细分格网法提高点、线(包括面状地物边界)数据的表达精度,使一体化数据结构的精度达到或接近矢量表达精度(图5-25)。

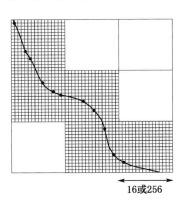

$\longleftrightarrow$ 16或256

图5-25 细分格网

在有点、线通过的基本格网内再细分成 256×256 细格网(精度要求低时,可细分为 16×16 个细格网)。为了与整体空间数据库的数据格式一致,基本格网和细格网均采用十进制线性四叉树编码,将采样点和线性目标与基本格网的交点用两个 Morton 码表示(简称 M 码)。其中,M_1 表示该点(采样点或附加的交叉点)所在基本格网的地址码,M_2 表示该点对应的细分格网的 Morton 码,亦即将一对 X,Y 坐标用两个 Morton 码代替。例如 $X = 210.00,Y = 172.32$,可转换为 $M_1 = 275,M_2 = 2\,690$。

这种方法可将栅格数据的表达精度提高 256 倍或 16 倍,而存储量仅在有点、线通过的格网上增加两个字节。

5.4.3 矢栅一体化数据结构的设计

线性四叉树编码、三个约定和多级格网法为建立矢栅一体化的数据结构奠定了基础。线性四叉树是基本数据格式,三个约定是设计点、线、面数据结构的基本依据,细分格网法能够保证足够精度。

1)点状地物和节点的数据结构

根据对点状地物的基本约定,点仅有位置没有形状和面积,不必将点状地物作为一个覆盖层分解为四叉树,只要将点的坐标转化为地址码 M_1 和 M_2,而不管整个构形是否为四叉树。这种结构简单灵活,便于点的插入和删除,还能处理一个栅格内包含多个点状目标的情况。

所有的点状地物以及弧段之间的节点数据用一个文件表示,其结构见表 5-5。可见,这种结构几乎与矢量结构完全一致。

表 5-5　点状地物和节点的数据结构

点标识号	M_1	M_2	高程 Z
...	...	...	...
10025	43	4 048	432
10026	105	7 725	463
...	...	...	...

2）线状地物的数据结构

一般认为用四叉树表达线状地物是困难的,但采用元子填满整条路径的方法,它的数据结构将变得十分简单。根据对线状地物的约定,线状地物有形状但没有面积,没有面积意味着线状地物和点状地物一样不必用一个完全的覆盖层分解四叉树,而只要用一串数据表达每个线状地物的路径即可,表达一条路径就是要将该线状地物经过的所有栅格的地址全部记录下来。一个线状地物可能由几条弧段组成,所以应先建立一个弧段数据文件,如表 5-6、表 5-7 所示。

表 5-6　弧段的数据结构

弧标识号	起节点号	终节点号	中间点串(M_1,M_1,Z)
20078	10025	10026	58,7 749,435,92,4 377,439

表 5-7　线状地物的数据文件

线标识号	弧段标识号
...	...
30031	20078,20079
30032	20092,20098,20099
...	...

3）面状地物的数据结构

根据对面状地物的约定,一个面状地物应记录边界和边界所包围的整个面域。其中边界由弧段组成,它同样引用表 5-6 的弧段信息。面域信息则由线性四叉树或二维行程编码表示。

同一区域的各类不同地物可形成多个覆盖层。这里规定每个覆盖层都是单值的,即每个栅格内仅有一个面状地物的属性值。每个覆盖层可用一棵四叉树或一个二维行程编码来表示。为了建立面状地物的数据结构,做这样的修改,二维行程编码中的属性值可以是叶节点的属性值,也可以是指向该地物的下一个子块的循环指针。即用循环指针将同属于一个目标的叶节点链接起来,形成面状地物的结构(图 5-26)。

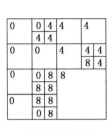

(a)四叉树分割

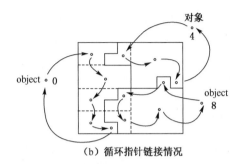

(b)循环指针链接情况

图 5-26　面状地物的数据结构

<table>
<tr><td colspan="2">表 5-8　二维行程编码</td></tr>
<tr><td>二维行程 M 码</td><td>属性值</td></tr>
<tr><td>0</td><td>0</td></tr>
<tr><td>5</td><td>4</td></tr>
<tr><td>8</td><td>0</td></tr>
<tr><td>16</td><td>4</td></tr>
<tr><td>30</td><td>8</td></tr>
<tr><td>31</td><td>4</td></tr>
<tr><td>32</td><td>0</td></tr>
<tr><td>37</td><td>8</td></tr>
<tr><td>40</td><td>0</td></tr>
<tr><td>44</td><td>8</td></tr>
<tr><td>46</td><td>0</td></tr>
<tr><td>47</td><td>8</td></tr>
</table>

<table>
<tr><td colspan="2">表 5-9　循环指针属性值</td></tr>
<tr><td>二维行程 M 码</td><td>循环指针属性值</td></tr>
<tr><td>0</td><td>8</td></tr>
<tr><td>5</td><td>16</td></tr>
<tr><td>8</td><td>32</td></tr>
<tr><td>16</td><td>31</td></tr>
<tr><td>30</td><td>37</td></tr>
<tr><td>31</td><td>4(属性值)</td></tr>
<tr><td>32</td><td>40</td></tr>
<tr><td>37</td><td>44</td></tr>
<tr><td>40</td><td>46</td></tr>
<tr><td>44</td><td>47</td></tr>
<tr><td>46</td><td>0(属性值)</td></tr>
<tr><td>47</td><td>8(属性值)</td></tr>
</table>

表 5-8 中的循环指针指向该地物下一个子块的地址码,并在最后指向该地物本身。这样,只要进入第一块就可以顺着指针直接提取该地物的所有子块,从而避免像栅格数据那样为查询某一个目标需遍历整个矩阵,大大提高了查询速度。

对于面状地物的边界栅格,采用面积占优法确定公共格网值,如要求更精确地进行面积计算或叠置运算,可进一步引用弧段的边界信息。

面状地物的数据结构包括弧段文件、带指针二维行程表和表 5-10 面文件。这种数据结构是面向地物的,具有矢量的特点。通过面状地物的标识号可以找到它的边界弧段并顺着指针提取所有的中间面块,同时它又具有栅格的全部特性,二维行程本身就是面向位置的结构。给出任意一点的位置都可在表 5-9 顺着指针找到面状地物的标识号确定是哪一个地物。

表 5-10　面状地物的数据文件

面标识号	弧标识号	面块头指针
40001(属性值为 0)	20001,20002,20003,…	0
40002(属性值为 4)	20002,20004,…	16
40003(属性值为 8)	20005,…	37
…	…	…

思考与练习题

1. 概念解析：八叉树、三维边界表示法、矢栅一体化数据模型。

2. 在 ArcGIS 平台上，开展 DEM 数据矢栅转换实验，完成如下任务：(1)选择合适数据源，下载 DEM 数据，在 ArcMap 上打开该数据，查询并了解数据行列数、属性值等数据集特性，并分析其数据存储方式。(2)利用 ArcToolbox 中的 Conversion Tools 工具集，学习与开展矢量、栅格数据转换实验。

3. 对于整体渐变地面特性的格网数据结构，除可采用行次序降维存储外，在大多数情况下，采用块次序降维存储，其中，采用十进制 Morton 码表示是一种很好的编码方案。请你结合教材所附插图设计该编码方案的技术原理与具体算法。

参考文献

[1] 龚健雅,夏宗国.矢量与栅格集成的三维数据模型[J].武汉大学学报(信息科学版),1997,22(1):7-15.

[2] 边馥苓,傅仲良.面向目标的栅格矢量一体化三维数据模型[J].武汉大学学报(信息科学版),2000,25(4):294-298.

[3] 叶为民,张玉龙.地理信息系统中的栅格结构与矢量结构[J].同济大学学报(自然科学版),2002,30(1):101-105.

[4] 李清泉,李德仁.三维空间数据模型集成的概念框架研究[J].测绘学报,1998,27(4):325-330.

[5] 杨树强,陈火旺,王峰.矢量和栅格一体化的数据模型[J].软件学报,1998,9(2):91-96.

[6] 闾国年,钱亚东,陈钟明.基于栅格数字高程模型提取特征地貌技术研究[J].地理学报,1998,53(6).

[7] 谢顺平,都金康,王腊春,等.基于游程编码的 GIS 栅格数据矢量化方法[J].测绘学报,2004,33(4):323-327.

[8] 闫浩文,褚衍东,杨树文,等.计算机地理制图原理与算法基础[M].北京:科学出版社,2007.

[9] 吴立新.地理信息系统原理与算法[M].北京:科学出版社,2003.

[10] Jenson S K, Domingue J O. Extracting topographic structure from

digital elevation data for geographic information system analysis[J]. Photogrammetric engineering and remote sensing, 1988, 54(11): 1593-1600.

[11] Fowler R J, Little JJ. Automatic extraction of irregular network digital terrain models[J]. ACM SIGGRAPH Computer Graphics, 1979, 13(2): 199-207.

[12] Mark D M. Part 4: mathematical, algorithmic and data structure issues: automated detection of drainage networks from digital elevationmodels[J]. Cartographica: The International Journal for Geographic Information and Geovisualization, 1984, 21(2): 168-178.

[13] Moore I D, Grayson R B, Ladson A R. Digital terrain modelling: a review of hydrological, geomorphological, and biologicalapplications[J]. Hydrological processes, 1991, 5(1): 3-30.

[14] Couclelis H. People manipulate objects (but cultivate fields): beyond the raster-vector debate in GIS[M]. Springer: Springer Berlin Heidelberg, 1992: 65-77.

[15] Goodchild M F, Shiren Y. A hierarchical spatial data structure for global geographic information systems[J]. CVGIP: Graphical Models and Image Processing, 1992, 54(1): 31-44.

[16] Frank A U. Spatial concepts, geometric data models, and geometric datastructures[J]. Computers & Geosciences, 1992, 18(4): 409-417.

6 数字地形分析

数字地形分析技术包括地形曲面拟合、剖面计算、面(体)积计算、坡度坡向分析、通视分析、流域网络与地形特征提取，以及土壤、水文、环境等领域广泛应用的地形要素特征提取。从其复杂性角度，将地形分析分为两大部分：基本地形因子(坡度、坡向等)计算和复杂地形(通视分析、地形特征提取和流域特征分析等)。

6.1 地形分析

地形信息是生产生活需要考虑的重要因素。例如城市规划、景观设计、道路设计等，需要综合考虑当地的地表形态，因地制宜；地质学家和地理学家要研究地表结构；生物学家需要根据不同的地形特征分析生物的分布。因此，地形信息和地形分析是测绘地理学科领域的重要内容。传统的地形数据采集手段主要有地面测量、地形图数字化和摄影测量方法。

近年来，以航天技术、传感器技术、计算机技术为代表的对地观测技术快速发展，一些新型地形信息获取技术投入使用，例如高分辨率遥感图像立体测量、合成孔径雷达干涉测量和激光雷达(LiDAR)技术。这些为地形数据的获取注入新的活力。

地形分析是地理环境认知的重要手段，最早的地形分析，基于二维平面上的地图来进行，尤其在野外考察中，通过对地形图的判读联系实际观察，可以方便快捷地确定点位以及确定所处地区的地貌特征。然而随着计算机技术的不断发展，地形分析的模型结合了计算机软件的实现，可以自动生成某些地形分析要素，提高了效率，减少了人工工作量。近年来，三维可视化技术和虚拟现实技术不断发展，使得地形表面可以在计算机中以可视化的形式进行展现，分析的结果也可以进行虚拟仿真展现。

数字地形的表示可分为数学描述和图形描述两类。常用的数学描述方法使用傅立叶级数和多项式来描述地形；常用的图形描述方法包括规则格网、不规则三角网、等高线和剖面等(图 6-1)。

DEM 即为栅格化的数字地形模型，使用 DEM 进行函数推导及计算可以得出很多地形因子。例如坡度、坡向、坡度变化率、曲率、凹凸系数等，这些地形因子也可称为地貌因子。从数字地形模型到数字地貌模型即为由 DEM 推导、派生、组合的过程。

DEM 作为数字化的地形图，包含了大量的地形结构和特征信息，是定量描述地貌结构、水文动态、生物分布等空间变化的基础。DEM 数据属于离散的高程数据，每个数据本身无法反映实际地表的几何特征。依据 DEM 进行地形分析便要基于数字地形分析技术(Digital Terratin Analysis,DTA)。数字地形分析是在 DEM 上进行地形属性计算和特征提取的技术。进行地形属性计算的数学模型、地形特征提取算法称为 DEM 解译算法(DEN Interpretation Algorithms)。

在 GIS 软件的 Spatial Analyst 中的 Surface 工具条下,有相关的地形表面各要素的求取。本节将结合 ArcGIS 的表面分析模块,使用西藏达孜的 DEM 数据,以及相关的地形要素来介绍数字地貌模型。

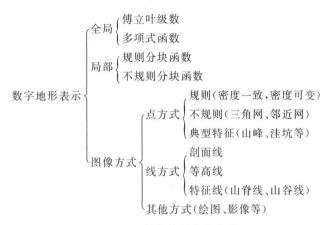

图 6-1　数字地形表示方法

6.2　简单地形因子提取

DEM 是地形的数据模型,因此,可以将 DEM 看作是一个或多个函数的和。如果对函数一阶求导并组合,则可得到坡度、坡向、起伏度、变异系数等;如果求二阶导数并组合则可得到坡度变化率、曲率、凹凸系数等。

依据反映地标信息的空间结构,分为微观因子、宏观因子和其他相关信息因子三类。

微观因子,描述反映地面具体点位的地形信息特征,包括坡度、坡向、地面曲率、变率等。在对此类地形因子进行提取和分析中,一般采用单栅格或小窗口的栅格处理方法。宏观因子,描述一定区域的地形特征,包括地形起伏度、粗糙度、沟壑密度等。其他相关因子是多种参数组合模型,包括太阳辐射通亮密度、反射系数和太阳直接日辐射等。

6.2.1　坡度

地面一点的坡度是过该点切平面与水平地面的夹角,最大的高度变化率,表示了地表在该点的倾斜程度。地面某点的坡度是该点高程值变化的一个量,既有大小,也有方向,是一个矢量,其模等于地标曲面函数在该点的切平面与水平面的夹角的正切值。

实际应用中所说的坡度是指坡度值,即地表曲面函数在该点的切平面与水平面的夹角值。在输出的坡度数据中,有两种计算方式,即坡度(水平面与切平面的夹角,其值介于 0°~90°之间)和坡度百分比(高程增量与水平增量之比,每百米的高程增量)。耕地坡度分级标准见表 6-1。

扩展阅读	耕地坡度分级标准
	1984 年中国农业区划委员会颁发《土地利用现状调查技术规程》,对耕地坡度分为五级,即≤2°、2°~6°、6°~15°、15°~25°、>25°。地面坡度的不同级别,对耕地利用的影响不同。≤2°一般无水土流失现象;2°~6°可发生轻度土壤侵蚀,需注意水土保持;6°~15°可发生中度水土流失,应采取修筑梯田、等高种植等措施,加强水土保持;15°~25°水土流失严重,必须采取工程、生物等综合措施防治水土流失;>25°为《水土保持法》规定的开荒限制坡度,即不准开荒种植农作物,已经开垦为耕地的,要逐步退耕还林还草

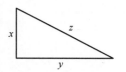

图 6-2　坡度示意图

　　在二维平面中,坡度常用反正切来表示,如图 6-2 所示,如果 $x=3, y=4$,那么该坡的坡度就是 $\arctan(3/4)$。当然如果是用正弦来表示,那么就是

$$x/\sqrt{x^2+y^2}$$

　　而对于一个分析表面,地表单元的坡度 θ 在数学上是地表单元的法矢量 $\overrightarrow{n_{i,j}}$ 与 z 轴的夹角,而两矢量夹角的余弦等于两者的数量积与模的乘积之商。坡度矢量的模等于地表函数在该点的切平面与水平面的夹角的正切,其方向是在该切平面上沿最大倾斜方向的某一矢量在水平面的投影方向(图 6-3,图 6-4)。

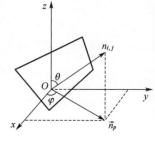

图 6-3　分析表面坡度示意图

$$\vec{z} \cdot \overrightarrow{n_{i,j}} = |\vec{z}| \times |\overrightarrow{n_{i,j}}| \times \cos\theta$$

原始DEM　　　　　　　　坡度数据

图 6-4　由 DEM 生成坡度数据

6.2.2　坡向

　　地面一点的坡向是该点切平面的法线在水平面的投影与过该点的正北方向的夹角。坡向是一个斜坡方向的量度,从正北方向 0°开始,顺时针再回到正北方向结束,坡向值范围为 0°~360°。对于栅格来说,即确定 z 值改变的最大变化的方向。在实际应用中,通常将坡向转换为北、北东、东、南东、南、南西、西、北西 8 个基本方向(图 6-5)。

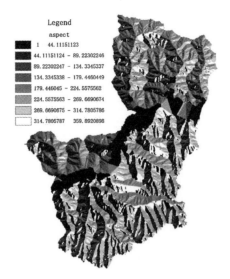

	Legend
	aspect
	1 44. 11151123
	44. 11151124 - 89. 22302246
	89. 22302247 - 134. 3345337
	134. 3345338 - 179. 4460449
	179. 446045 - 224. 5575562
	224. 5575563 - 269. 6690674
	269. 6690675 - 314. 7805786
	314. 7805787 - 359. 8920898

图 6-5　由 DEM 生成坡向数据

6.2.3　体积

体积通常是指空间曲面与一基准面之间的空间的体积。DEM 体积可由四棱柱和三棱柱的体积进行累加得到。四棱柱上表面可用抛物双曲面拟合,三棱柱上表面可用斜平面拟合,下表面均为水平面或参考平面,计算公式分别为:

$$V_3 = \frac{Z_1 + Z_2 + Z_3}{3} \cdot S_3 , V_4 = \frac{Z_1 + Z_2 + Z_3 + Z_4}{3} \cdot S_4$$

式中,S_3、S_4 分别是三棱柱与四棱柱的底面积。

根据这个体积公式,可计算 DEM 的挖填方,在对 DEM 进行挖、填后,体积可由原始 DEM 体积减去新的 DEM 体积求得:

$$V = V_{老DEM} - V_{新DEM}$$

式中,当 $V > 0$ 时,表示挖方;当 $V < 0$ 时,表示填方;当 $V = 0$ 时,表示既不挖方也不填方。

6.2.4　剖面积

剖面又称断面,是公路、铁路、渠道等线状工程土方计算经常采用的一种方法。

根据工程设计的线路,可计算其与各格网边交点 $P_i(X_i, Y_i, Z_i)$,则线路剖面积为:

$$S = \sum_{i=1}^{n-1} \frac{Z_i + Z_{i+1}}{2} \cdot D_{i,i+1}$$

式中,n 为交点数;$D_{i,i+1}$ 为 P_i 与 P_{i+1} 之间的距离:

$$D_{i,i+1} = \sqrt{(y_{i+1} - y_i)^2 + (x_{i+1} - x_i)^2}$$

6.2.5 坡形

局部地表坡面的曲折状态称为坡形。通常情况下可分为直线形坡、凸形斜坡、凹形斜坡和 S 形斜坡四种类型,后三种又统称为曲线形坡。三维空间中,坡形是曲面,二维空间中坡形是曲线。为了研究方便,通常在二维空间中研究曲线。从分水岭到斜坡底部的地面坡度基本不变,为直线形坡。地面坡度随着与分水岭距离的增加而增加,为凸形斜坡。斜坡上半部较陡,下半部较缓为凹形斜坡。而若坡形为凸形和凹形的组合,即斜坡与阶地相间,则为 S 形坡。

从微观上来说,可以通过地面曲率因子和地面变率因子来表量地面一点的弯曲变化程度。

地面曲率因子是对地形表面某点的扭曲变化程度的定量化。在垂直方向和水平方向上的分量分别成为平面曲率和剖面曲率。

对地面坡度的沿最大坡降方向的地面高程变化率的度量为剖面曲率,其实质是对 DEM 求两次坡度。在地形表面上,对任一点,用过该点的水平面沿水平方向切地形表面所得的曲线在该点的曲率值为平面曲率。它是一个反映等高线弯曲程度的度量,其实质是对 DEM 进行坡向提取后,对这个坡向提取坡度。

地面变量描述的是坡度变率和坡向变率。

在格网内部,任一格网点的坡度变化率应取该格网点相邻八个格网点坡度变化率中绝对值最大的一个,并与它有相同的符号。对于位于四角的格网点,它的坡度变化率根据相邻三个格网点的坡度变化率确定,位于边沿但非四角的格网点,根据它对相邻五个格网点的坡度变化率确定。

坡度变率表现地形曲面坡度的变化速率,而坡向率表现地形曲面坡向的变化速率。两者的计算分别是在坡度和坡向的基础上,再次求解坡度得到的(图 6-6)。

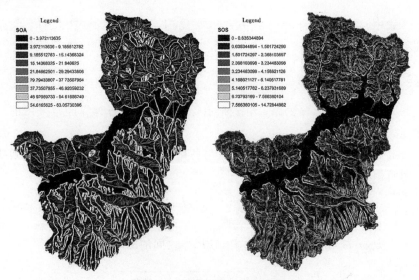

图 6-6　坡度变率与坡向变率

6.2.6 格网 DEM 表面积和投影面积

空间曲面的面积包括在一定范围内的曲面投影面积和在该范围内的表面积。

1) 表面积

如果是格网 DEM,则将格网 DEM 的每个格网分解为三角形,计算三角形的表面积使用海伦公式:

$$S = \sqrt{P(P-D_1)(P-D_2)(P-D_3)}$$

$$P = \frac{1}{2}(D_1 + D_2 + D_3)$$

$$D_i = \sqrt{\Delta X^2 + \Delta Y^2 + \Delta Z^2}(1 \leqslant i \leqslant 3)$$

式中,D_i 表示第 $i(1 \leqslant i \leqslant 3)$ 对三角形两顶点之间的表面距离;S 表示三角形的表面积;P 表示三角形周长的一半。整个 DEM 的表面积则是每个三角形表面积的累加。

2) 投影面积

投影面积是指任意多边形在水平面上的投影面积,当然可以直接采用海伦公式进行计算,只需将上式中的距离改为平面上两点的距离即可。而更简单的方法是根据三角形累加法,如果一个多边形由顺序排列的 N 个点组成并且第 N 个点与第 1 个点相同,则水平投影面积计算公式为:

$$S = \frac{1}{2}\sum_{i=1}^{N-1}(X_i \times Y_{i+1} - X_{i+1} \times Y_i)$$

如果多边形顶点按顺时针方向排列,则计算的面积值为负;反之,计算的面积值为正。多边形的面积可以通过累加三角形面积的一个动态平衡求得,它适用于已知多边形的节点坐标来推求面积。

考虑图 6-7 中的多边形 $ABCD$,连接各节点和坐标轴的原点 O,显然有:

$$S_{ABCD} = S_{\triangle BCO} + S_{\triangle CDO} - S_{\triangle DAO} - S_{\triangle ABO}$$

这些三角形的面积可由矢量交叉乘积的方法得到:

$$S_{\triangle ABO} = \frac{1}{2} \cdot \begin{vmatrix} X_a & X_b \\ Y_a & Y_b \end{vmatrix} = \frac{1}{2}(X_a Y_b - X_b Y_a)$$

考虑矢量的方向,取顺时针方向,即可推出由几个节点组成的多边形面积的计算公式:

$$S = -\frac{1}{2}\sum_{i=1}^{N-1}(X_i Y_{i+1} - X_{i+1} Y_i)$$

为使多边形的周界闭合,在 $i = n$ 时,式中的 X_{i+1}、Y_{i+1} 可用 X_1、Y_1 替代。

计算面积的方法如表 6-2 所示。

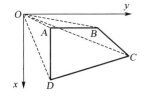

图 6-7　三角形面积累加法

表 6-2 　计算面积的方法

扩展阅读	利用计算机测多边形的面积
利用计算机量测多边形的面积,需要解决两个问题:一是图形坐标的数字化;二是根据量测的目的和精度,选择适当的数学方法来设计量测程序。简单地说,通过对图形的数字化在围绕面积的封闭曲线上定出 N 个点的平面坐标(X_1,Y_1)、(X_2,Y_2)、(X_3,Y_3),…,(X_N,Y_N),但要求起始点坐标(X_1,Y_1)和终点坐标(X_N,Y_N)相同。 　计算面积的方法具体有:辛普森法、矩形法、梯形法、三角形面积累加法等,可根据图形特点选用。	

6.2.7　凹凸系数

格点面元的四个格点中,最高点与其对角点的连线称作格点面元主轴,主轴两端点高程的平均值与格点面元平均高程的比,称作格点面元凹凸系数,记为 CD:

$$CD = \left(\frac{Z_{\max} + Z'_{\max}}{2}\right) - \bar{Z}$$

式中,$Z_{\max}$ 为最高格点高程,$Z'_{\max}$ 为最高格点的对角格点高程,$\bar{Z}$ 为格点面元高程的平均值。当 CD 为正值时,格点面元的实际表面为凸形坡;当 CD 为负值时,格点面元的实际表面为凹形坡;当 CD 为零时,格点面元的实际表面为平面坡。

6.2.8　坡位

坡面所处的地貌位置称为坡位(表 6-3)。例如位于正地形或负地形,处于沟间地、沟坡地抑或沟底地。

坡位指数(Topographic Position Index,TPI)是用来描述地形部位的地形参数,它是 Weiss 于 2001 年在 ESRI 国际大会中提出的。其原理是:用某点高程与其周围一定范围内平均高程的差,结合该点的坡度来确定其在坡面上所处的部位。

$$TPI = (z - Z, G)$$

式中,TPI 为坡位指数;z 为地表某点的高程;Z 为该点周围一定范围内的平均高程;G 为该点的坡度。

表 6-3 　坡位分类

分类代码	名称	释义
1	山脊(Ridge)	$TPI > 1SD$
2	上坡(Upper slope)	$0.5SD < TPI \leqslant 1SD$
3	中坡(Middle slope)	$-0.5SD < TPI < 0.5SD, slope > 5°$
4	平坡(Flat slope)	$-0.5SD < TPI < 0.5SD, slope \leqslant 5°$
5	下坡(Lower slope)	$-0.1SD < TPI < -0.5SD$
6	谷底(Valley)	$TPI < -1.0SD$

基于 DEM 提取沟间地的基本方法是先从沟间地的形态特征和成因原理出发,根据坡度特征提取缓坡图层,再利用沟谷缓冲分析,获得沟谷图层,然后将两个图层相减,便得到沟间地。

6.2.9 地形复杂度因子

地形复杂度因子包括地形起伏度、地表粗糙度、地表切割深度和高程变异系数等。

1）地形起伏度

地形起伏度是在指定区域内最大高程与最小高程的差。

$$RF_i = H_{\max} - H_{\min}$$

式中,RF_i 指地形起伏度;$H_{\max}$ 指分析窗口内的最大高程值;$H_{\min}$ 指分析窗口内的最小高程值。

2）地表粗糙度

地表粗糙度是反映地表的起伏变化和侵蚀程度的指标,定义为格点面元的粗糙度,指的是格点面元所对应的 DEM 上的表面积与其水平投影面积的比,记为 CZ:

$$CZ = \frac{S_{表面积}}{S_{投影面积}}$$

当 $CZ = 1$ 时,粗糙度最小,格点面元的实际表面为水平面。

3）地表切割深度

地表切割深度是地面某点的邻域范围内的平均高程与该邻域范围内的最小高程的差值。

$$D_i = H_{mean} - H_{\min}$$

式中,D_i 指地面某点的地表切割深度;H_{mean} 指一个固定分析窗口内的平均高程;$H_{\min}$ 指一个固定分析窗口内的最低高程。

4）高程变异系数

格网单元顶点的标准差与平均高程的比值为高程变异系数,是反映区域内地表单元格网各顶点高程变化的指标。

6.2.10 等高线

地面点的高程是点沿铅垂线到大地水准面的距离,是反映地形表面的最基本的因素。等高线(Contour Line)是地形图上高程相等的点所连成的闭合曲线。通常,我们会在其上标注所代表的海拔高度。等高线主要分为首曲线、计曲线、间曲线与助曲线四种(表 6-4)。

在地貌模型中,我们可以通过 DEM,辅助需要的等高距,生成地形表面的等高线。不同的等高距,等高线间的疏密不同。而对于相同等高距的等高线图中,等高线越密集表明地形越陡峭;越稀疏,表明地形越平缓。因此,DEM 转成等高线后,使用等高线助记,可以更加清晰地反映区域内海拔高度的变化。

表 6-4　等高线分类标准

扩展阅读	等高线的分类
	首曲线亦称"基本等高线"。在地图上由平均海水面起算按基本等高距测绘的细实线,用以显示地貌的基本形态。 　　计曲线亦称"加粗等高线"。在地形图中从平均海平面计起,每隔 4 条首曲线,加粗描绘一条粗实线,利用它可快速判明山的概略高程。 　　间曲线亦称"半距等高线"。在地形图上按二分之一基本等高距描绘的细长虚线,用以显示首曲线不能显示的某段微型地貌。 　　助曲线亦称"辅助等高线"。在地形图上按四分之一规定等高距描绘的短虚线,用来补助半距等高线还不能显示的局部地貌。

6.3　地形特征提取

　　地形表面千姿百态,形态各异,表面上虽然没有规律,但实质上是由一系列的面、线、点构成,这些地形面、地性线、地形点称为地形要素或形态要素,它们的骨架线决定地形地貌的几何形态和基本走势。地形形态特征的分析和提取方法与对地表特性的认识是紧密相关的,不同的认识可能导致提取方法的不同。

6.3.1　地形特征点

　　地形特征点主要包括山顶点(peak)、鞍部点(pass)、山脊点(ridge)、山谷点(channel)、和洼地点(pit)等几类,这些类型的特征点能够在格网上通过一定的算法进行识别和分类。目前,进行地形特征点识别的方法主要有:

　　(1)断面极值法,即在 DEM 的水平方向或垂直方向形成的断面上,通过曲线拟合检测局部地形极值点。

　　(2)邻域比较法,对局部窗口中的各个高程点进行比较,中心单元最高者为可能的山脊点,反之为可能的山谷点,此方法的变异主要在窗口范围和比较方法的选取上。

　　(3)流水模拟法,计算流水每一个栅格单元的汇流累积量,汇流累积量为零栅格为可能的山脊点,超过给定阈值的栅格为可能的山谷点。

　　不同地貌类型地区具有不同的地形参数变化符号,根据这些地形参数的符号变化也可以判断出该地形点所属的类型,Wood 在 1996 年对这些地貌类型与地形参数变化符号之间的关系进行了总结,参见表 6-5。

表 6-5　最大凸度

类型	坡度	断面曲率	纵向曲率	最大凸度	最小凸度
山顶点	0			>0	>0
	>0	>0	>0		
山脊点	0			>0	0
	>0	>0	0		
	>0	0	>0		

类型	坡度	断面曲率	纵向曲率	最大凸度	最小凸度
鞍部点	0			>0	<0
	>0	>0	<0		
	>0	<0	>0		
山谷点	0			0	<0
	>0	<0	0		
	>0	0	<0		
洼地点	0			<0	<0
	>0	<0	<0		

6.3.2　地形特征线

山脊线是指邻近山脊点连接起来形成的线,在地形形态上就是条带状隆起的顶部形成的线。山谷线是指相邻山谷点连接形成的线。山谷线和山脊线是两个完全相反的概念,即将地形区相反数后山脊线和山谷线正好对调。目前,山脊线和山谷线的提取算法从数据来源上可分为三类:基于规则格网数据的地形特征提取、基于等高线数据的地形特征提取和基于TIN的地形特征提取,下面分别介绍这三类方法。

1)基于规则格网数据的地形特征提取

目前在地形特征线提取中,研究最多的是基于规则格网DEM的地形特征线提取,该方法的算法原理目前可以归结为以下四种:基于图像处理的算法、基于地形表面几何形态分析的算法、基于地形表面流水物理模拟分析的算法、几何形态分析与流水模拟相结合的算法。

2)基于等高线数据的地形特征提取

基于等高线的特征提取方法有以下几种:等高线曲率判别法、等高线垂线跟踪法、等高线骨架化法、基于Voronoi图的骨架法。

3)基于TIN的地形特征提取

基于TIN的地形特征提取是通过计算三角面的夹角来判断三角面的公共边是否为分段的地形特征线,再利用TIN的拓扑信息将这些分段的地形特征线连接起来。由于TIN在数据存储方面比较复杂,此类方法的研究甚少。

6.4　水文分析

随着社会经济的不断发展,如何合理利用水资源已成为社会关注的重点问题。地形表面形态决定了水流怎样流经一个地区。降水汇集在地面低洼处,在重力作用下经常性或周期性地沿流水本身所造成的槽性谷地流动,形成河流。而河流在空间内是始终不停流动的,也就为使用GIS中水文空间分析的地理空间统计的相关模型提供了可能;同时,GIS可以细节化表现水体表面的特征,表面分析也是 GIS 应用的主要领域。因此,使用 GIS 的手段对水文进行空间分析是非常实用的。通过 GIS 的水文分析创建的水文模型,已经应用在区域规划、水文规划和农林业等多个领域,这些领域需要的水文信息主要是水在该区域内是如何流动的,以及这个地方的相关地形特征是否影响到了水的流向及其水域特征(图 6-8)。

基于 DEM 的分布式水文模型具有以下特点:①具有物理基础,能够描述水文循环的时空变化过程;②由于分布式的特点,能同全球气候模型(Global Climate Model,GCM)进行嵌套,研究自然变化和气候变化对区域内水文动态的影响;③同遥感和 GIS 相结合,能够及时模拟出人类活动或下垫面因素的变化对流域水文循环过程的影响。

在城市和区域规划、农业及林业等许多领域,水文对理解地球表面的形状具有十分重要的意义。沟壑的形成过程是流域地貌演化的过程,也是土壤侵蚀过程。沟壑密度能从宏观上真实反映地形破碎程度和地面被径流切割的程度,也是反映土壤受侵蚀程度的重要定量指标,是一个综合性很强的地貌宏观指标。沟壑密度值越大,地表与降雨、径流接触发生侵蚀的面积就越大,降雨径流的冲刷力和侵蚀力就越大,越易引发土壤侵蚀。

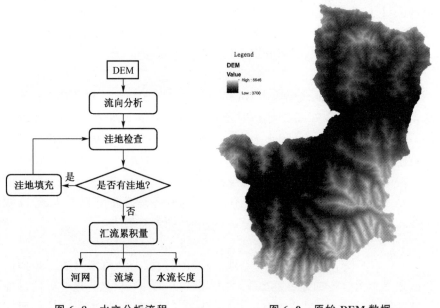

图 6-8　水文分析流程　　　　图 6-9　原始 DEM 数据

ArcGIS 软件为我们提供了较为完整的水文分析工具,在进行分析时,需要使用该区域的 DEM 数据来对表面进行填充洼地、计算水流方向、计算汇流累积量、河网提取、河网连接和集水流域计算等,并可以利用水文分析模型得到的分水线和汇水线来提取山脊线和山谷线(图 6-9)。本章节将结合 ArcGIS 软件的相关模块,对水文模型的各要素进行简介。

原始的数据准备是该区域的 DEM 数据,有关 DEM 数据的下载和使用,请参见第 1 章。下面我们将以西藏自治区达孜县的 DEM 数据来进行水文分析。

6.4.1 水流洼地和洼地填充

在提取水文参数前,需要考虑到洼地是影响流水过程的重要因素。自然情况下,水流是向低处流动的,那么倘若此处存在洼地区域,水流会先将洼地填满,然后再从该洼地的某一最低出口流出继续其流动过程。因此,我们无法确定洼地处的水流方向,得到的流向栅格有误。DEM 中的洼地部分通常被认为是模型中的误差,这种误差一般来源于 DEM 数据采样点的影响,当然也有可能是在把高程值取整时造成的。为了减少该误差的影响,通常会把洼地先填平。ArcGIS 提供了洼地检查工具 Sink(图 6-10)。

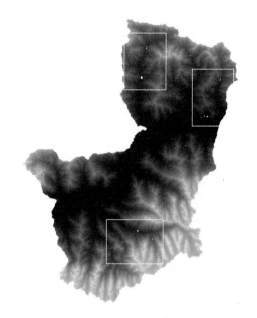

图 6-10　洼地检查

对于上一步检查出的洼地,我们需要将洼地填平,如果需要极其精准的洼地填充,可以使用 Spatial Analysis-Zonal 工具条不断调试,设置阈值。因为,当一个洼地被填充后,已经填充的区域边界会产生新的细小的需要填充的洼地,但一般情况下,我们会使用 Fill 工具进行直接填充,得到无洼地数据 DEM。该方法将洼地栅格的像元值增加,使其与周围的最低像元值相同。

6.4.2 水流方向

水流方向的确定是水文分析模型中的重要部分,GIS 中常用的确定水流方向的算法为 D8 算法和 D-infinity 算法。ArcGIS 使用 D8 算法来计算流向栅格。

D8 算法的原理是:假设每个栅格中的水流只会流入与之相邻的 8 个栅格中,那么在 3×3 的栅格上,计算中心栅格与相邻栅格之间的距离权重落差,取距离权重落差最大的栅格作为中心栅格的流出栅格。

中心栅格周围的 8 个栅格以数值表示流向,数字变化范围为 1~255,

其中,1-东,2-南东,4-南,8-南西,16-西,32-北西,64-北,128-北东。而其他数值表示流向不确定,正如前文所讲,主要是由于存在洼地引起的。因此,在创建水文模型中,往往需要计算两次水流方向,一次是对最初的未经处理的 DEM 数据,而后进行洼地检查,并将洼地填充后,重新计算水流方向。主要方向示意图如图 6-11。

例如,如果该栅格邻近陡峭(下降最快)的栅格处在它的下面,那么水流方向的栅格编码即为 4。

D8 算法主要有以下局限性:①一些小的局部地形中,会产生较奇怪的水流方位;②不能用于土地消融模型;③在土地水分指数模型中使用会出现错误。(图 6-12)

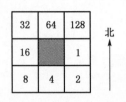

32	64	128
16		1
8	4	2

北 ↑

图 6-11　水流方向示意图

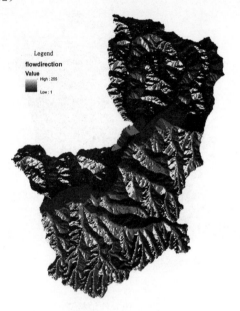

图 6-12　流向栅格

6.4.3　汇流累积量

汇流累积量数值矩阵表示的是区域地形每点的流水累积量。在模拟地表径流的过程中,通过水流方向数据来计算。其基本原理是:以规则格网表示的 DEM 每点处都有一个单位水量,按照水流从高向低流的规律,根据区域地形的水流方向数据计算每点处的水量数值,得到该区域的汇流累积量。对每一个栅格来说,汇流累积量的大小表示在该栅格的上游有多少个栅格的水流方向最终汇流经过此栅格。汇流累积量的数值越大,区域内越容易形成地表径流。

对于汇流累积量的阈值设定,可以初步提取河网。通常,根据需要来对汇流累积量进行阈值设定,在设定阈值后,栅格的汇流累积量大于此值时,就认为该栅格属于水系。阈值越大,区域内被认为是河流的数量就越少,河网就越稀疏;反之,河网较密(图 6-13)。

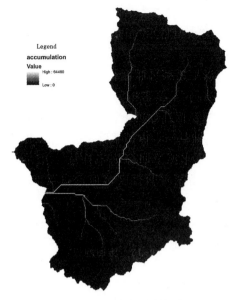

图 6-13　汇流累积量栅格

6.4.4　河网的系列操作

河流(干流)沿途接纳很多支流,水量不断增加,干流和支流共同组成河网(Stream Networks)。

1) 河网连接

河网连接主要是把两个连续的接点、接点和出口、接点和分水线连接起来。

2) 河网矢量化

该工具可以将得到的河网转换成矢量,以便我们剔除掉一些细小的、边缘的"河流"。

3) 河网分级

河流分级是水文领域的重要研究对象,水文学家和地理学家通常使用河流分级来研究和量测世界水域的大小。河流分级理论最早是由 Arthur Newell Strahler 于 1952 年提出的,该分级系统分为 12 级,两个 1 级河流汇为 2 级,两个 2 级河流汇为 3 级,依次类推,但是一个 1 级河流和一个其他级河流汇聚依然为其他级河流,例如,一个 1 级河流和一个 3 级河流汇聚依然为 3 级(图 6-14)。

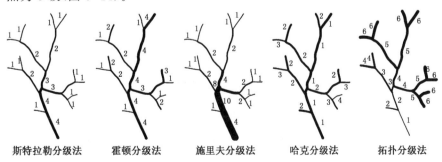

斯特拉勒分级法　　霍顿分级法　　施里夫分级法　　哈克分级法　　拓扑分级法

图 6-14　几种常见的河流分级法

ArcGIS 提供了两种河流分级方法，除了上述的 Strahler 法外，还有 Shreve 法，其原理为：两个 1 级河流汇为 2 级，一个 2 级河流和一个 1 级河流汇为 3 级，即汇聚的河流级数为两条河流的级数之和。

6.4.5　集水区域

通用的是 1967 年 Shreve 提出的一个具有根的树状图描述的流域结构模式。流域结构元素包括节点集、界限集和面域集，流域由分水线集控制。外部沟谷段和内部沟谷段分别有一个外部汇流区和两个内部汇流区，两个内部汇流区分布在内部沟谷段的两侧。整个流域被分为多个子流域，每个子流域如同树状图中的一片叶子。

通常情况下，降水汇集在地表低洼处，在重力作用下周期性地沿水流本身造成槽型谷地流动，形成河流；河流干流会接纳支流，使水量不断增加而形成水系；水系从陆地上获得水量的补给，那么便将此陆地范围成为水系的集水区。水流盆地和集水区域是一定范围内降雨、降雪汇聚到一个低高程点的地表区域，低高程点通常是水流盆地的出口。

1）集水区域

集水区域是指一定区域内的所有河流流入的一个水体，可以由河流倾泻点和河网来确定。

2）流域盆地

流域盆地和集水区域的原理大致相同（图 6-15）。

影响流域分析的因素如表 6-6 所示。

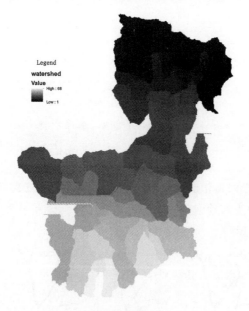

图 6-15　流域盆地

表 6-6　影响流域分析的因素

扩展阅读	影响流域分析的因素
	影响流域分析结果的因素有很多种,其中主要有 DEM 的分辨率和质量及生成流向的算法。 　　不同 DEM 的分辨率和质量不同,分析结果不同。通常情况下,分辨率太低,DEM 过于粗糙,无法提供地貌和水文建模所需的地貌要素细节,所提取的河网密度也会随之粗略。高分辨率的 DEM 更容易细致地反映较小的流域,因此河网密度更为详尽。在小流域研究中,一般使用不小于 10 m 的空间分辨率才能得到较好的效果。同时,DEM 的质量也很重要,若 DEM 包含错误,将导致在提取河网时出现错误。 ——Kangtang Chang. 地理信息系统导论[M]. 北京:科学出版社,2010

6.5　可视性分析

地形可视性也称为地形通视性(Visibility),是指从一个或多个位置所能看到的地形范围或与其他地形点之间的可见程度。可视性分析通常分为通视分析(Line of Sight)和可视域分析(Viewshed Analysis),通视分析是要解决两点之间可见与不可见的问题,而可视域分析是以某些点为观察点,研究某一区域内各点的可视范围。典型的例子是观察哨所的设定、森林中火灾监测点的设定、无线发射塔的设定等。可视性问题可以分为五类:

(1) 已知一个或一组观察点,找出某一地形的可见区域;

(2) 欲观察到某一区域的全部地形表面,计算最少观察点数量;

(3) 在观察点数量一定的前提下,计算能获得的最大观察区域;

(4) 以最小代价建造观察塔,要求全部区域可见;

(5) 在给定建造代价的前提下,求最大可见区。

根据问题输出维数的不同,通视可分为点的通视、线的通视和面的通视。点的通视是指计算视点与待判定点之间的可见性问题;线的通视是指已知视点,计算视点的视野问题;面的通视是指已知视点,计算视点能可视的地形表面区域集合的问题。

6.5.1　可视性分析原理

1) 通视分析

两点间可视性分析即视线操作,是通视分析的基础,也是可视性分析的核心问题。传统意义上的"可视"是强调视觉上的通达性,即从一个或多个位置所能看到的范围或可见程度。其实,更为一般的情况是不仅是视线可达,还包括非视线的可达性,例如,日照分析中的视线为太阳光线,其辐射范围即为从太阳到地面所形成的可视范围;又如火炮的覆盖范围,视线为炮弹的轨迹,弹着点为炮弹可到达的位置。尽管所描述的对象不同,但其本质是一致的,即都是以视线与地形的相交判断为基础,通过比较视线高度与地形高程得到分析结果。

如图 6-16 所示,图中 A、D 两点为观察点,分别从 A 点观察 B 点、C 点,从 D 点观察 A、B、C 点,从 B 点观察 C 点,视线 $A-B$,$B-C$,$D-B$,$D-C$ 被地形阻断,即每两点之间不通视或不可达,视线 $A-C$、$D-A$ 与地形没有相交点,即每两点之间通视或可达。

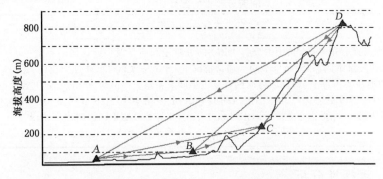

图 6-16 两点间做剖面线来判断是否通视

除了通过判断视线是否被地形阻断之外,还可以通过观察点、被观察点和中间各点和视线的仰角或者俯角关系,将两点间是否通视的问题转换为求角度的对偶问题。

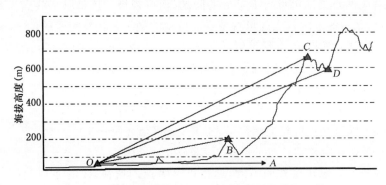

图 6-17 根据角度大小及水平距离来判断是否通视

如图 6-17 为一段地形剖面图,O 点为观察点,OA 为水平线,从 O 点观察 B、C、D 三点。为了判断 OB、OC、OD 分别是否通视,可以先测量 $\angle AOB$、$\angle AOC$、$\angle AOD$,通过判断角度大小以及被观察点距离观察点的水平距离来判断是否通视。

在这个例子中,观察点和被观察点的水平距离关系分别为 $B < C < D$,$\angle AOB < \angle AOC$、$\angle AOC > \angle AOD$,故可以确定 B 点未能阻断视线 OC,即 OC 两点通视,C 点阻断视线 OD,即 OD 两点不通视。

2)视域分析

视域分析是将视线操作扩展到整个研究区域的每个单元或 TIN 的每个面的上面。实质上就是,通过一个或多个观测点将可以看到的地表范围提取出来的过程称之为可视性分析或者是视域分析。

视域分析的要素主要有视点集(Viewpoin Set),集合中元素为一个或多个观察点;表面集(Surface Set),在地形分析中一般是指 TIN 或者 DEM;视线集(Sight Line Set),是指表示视点和表面点是否可视的集合。令 $V = \{V_1, V_2, \cdots, V_i, \cdots, V_m\}$ 代表所有的视点集,m 为视点集元素的个数;$S = \{S_1, S_2, \cdots, S_j, \cdots, S_n\}$ 代表表面集,n 为表面集元素的个数,$L = \{0,1\}$ 代表视线集,0 表示两点间不可视,1 表示两点间可视或者可达;则通视分析问题就转化为 $L = \{0,1\}$ 中选择一个值赋予 V,S 的任意元素对 (V_i,S_j)。如此这般，我们能够得到由 (V_i,S_j) 的标签构成的集合 $f = \{f_1, \cdots, f_k\}$，k 与 (V_i,S_j) 的元素对数一致。f 的取值生成过程，可以看做是一个函数在离散定义域 (V,S) 上的求值过程：$f:(V,S) \rightarrow L$，也就是说，f 是一个从 (V,S) 到 L 的映射。(图 6-18)

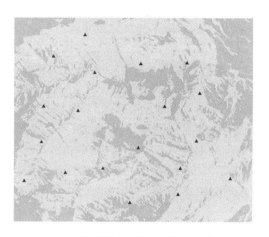

图 6-18　手机能接收到信号的区域(浅绿色)

6.5.2　常见的通视分析算法

由高程栅格到可视域包括以下步骤：第一，在观察点和目标位置之间创建视线。第二，沿视线生成一系列中间点。通常，这些中间点选自高程栅格的格网线与视线的交叉点。第三，插值获得中间点的高程。第四，通过算法检查中间点的高程，并判断目标是否可视。而具体的算法根据分析要素的差异各有不同。

1）点对点通视

基于格网 DEM 的通视问题，为了简化问题，可以将格网点作为计算单位。这样点对点的通视问题简化为离散空间直线与某一地形剖面线的相交问题。

已知视点 V 的坐标为 (x_0,y_0,z_0)，以及 P 点的坐标为 (x_1,y_1,z_1)。DEM 为二维数组 $Z[M][N]$，则 V 为 $(m_0,n_0,Z[m_0,n_0])$，P 为 $(m_1,n_1,Z[m_1,n_1])$。计算过程如下：

(1) 使用 Bresenham 直线算法，生成 V 到 P 的投影直线点集 $\{x,y\}$，$K = ||\{x,y\}||$，并得到直线点集 $\{x,y\}$ 对应的高程数据 $\{Z[k],(k=1,\cdots,K-1)\}$，这样形成 V 到 P 的 DEM 剖面曲线。

Bresenham 算法是计算机图形学领域使用最广泛的直线扫描转换算法。算法原理如下：过各行各列像素中心构造一组虚拟网格线，按直线从起点到终点的顺序计算直线与各垂直网格线的交点，然后确定该列像素中与此交点最近的像素。该算法的巧妙之处在于采用增量计算，使得对于每一列，只要检查一个误差项的符号，就可以确定该列的所求像素。

$$y_{i+1} = y_i + k(x_{i+1} - x_i) = y_i + k$$

（2）以 V 到 P 的投影直线为 X 轴，V 的投影点为原点，求出视线在 X - Z 坐标系的直线方程：

$$H[k] = \frac{Z[m_0][n_0] - Z[m_1][n_1]}{K} \cdot k + Z[m_0][n_0], (0 < k < K)$$

式中，K 为 V 到 P 投影直线上离散点数量。

（3）比较数组 $H[k]$ 与数组 $Z[k]$ 中对应元素的值，如果 $\forall k, k \in [1, K-1]$ 存在 $Z[k] > H[k]$，则 V 与 P 不可见，否则可见。

2）点对线通视

点对线的通视，实际上就是求点的视野。应该注意的是，对于视野线之外的任何一个地形表面上的点都是不可见的，但在视野线内的点有可能可见，也可能不可见。基于格网 DEM 点对线的通视算法如下：

（1）设 P 点为一沿着 DEM 数据边缘顺时针移动的点，与计算点对点的通视相仿，求出视点到 P 点投影直线上的点集 $\{x, y\}$，并求出相应的地形剖面 $\{x, y, Z(x, y)\}$。

（2）计算视点至 $p_k \in \{x, y, z(x, y)\}, k = 1, 2, \cdots, K-1$ 的直线与 Z 轴的夹角：

$$\beta_k = \arctan\left(\frac{k}{Z_{pk} - Z_{vp}}\right)$$

（3）求得 $\alpha = \min\{\beta_k\}$，对应的点就为视点视野线的一个点。

（4）移动 P 点，重复以上过程，直至 P 点回到初始位置，算法结束。

3）点对区域通视

点对区域的通视算法是点对点算法的扩展。与点到线通视问题相同，P 点沿数据边缘顺时针移动，逐点检查视点至 P 点的直线上的点是否通视。一个改进的算法思想是，视点到 P 点的视线遮挡点，最有可能是地形剖面线上高程最大的点。因此，可以将剖面线上的点按高程值进行排序，按降序依次检查排序后每个点是否通视，只要有一个点不满足通视条件，其余点不再检查。点对区域的通视实质仍是点对点的通视，只是增加了排序过程。

4）曲率和大气折射校正

在执行通视线计算时，曲率选项会根据地球曲率进行调整，但只能在输入表面的空间参考位于投影坐标系统中，且 z 坐标单位已定义的情况下使用。

因为地球表面是一个弧形球面，我们的视线分析坐标系一般是基于笛卡儿平面直角坐标，因而需要对高程进行预校正。当区域直径远远小于地球半径时，可以采用如下近似公式校正：$E' = E - \left(\frac{D^2}{2R}\right)$，其中，$E$ 为原始高程，E' 为校正后的高程，D 为视点到目标点的距离，R 为地球半径；校正误差为 $\left(\frac{D^2}{2R}\right)$。

6.5.3 ArcGIS 中可视性分析的计算流程

1）创建视线

创建视线交互式工具 👁️ 仅在 ArcMap 的 3D Analyst 工具条上可用，而且适用于栅格、TIN、LAS 数据集或 Terrain 数据集表面。以下步骤将介绍如何使用创建视线交互式工具在表面上执行视线分析。

（1）在 ArcMap 中，单击 3D Analyst 工具条上的创建视线按钮 👁️。

（2）也可以输入观察点偏移。观察点偏移是相对于观察点位置的视线高度，该高度决定所见内容的范围。高度为 0 的观察点视线将比有高度值的观察点视线更容易受阻一些。高度单位和表面的 z 单位相同。

（3）也可以输入目标偏移。目标偏移是目标点在表面上方的高度。高度为 0 的目标点比给定高度大于 1 的目标点更不易可见。

（4）也可选中应用曲率和折射校正复选框。若启用此选项，则表面必须有采用投影坐标定义的空间参考和 z 单位。

（5）首先单击表面的观察点位置，然后单击表面的目标点位置，将绘制一条彩色线，表示从观察点位置沿着识别的路径什么是可见的和什么是不可见的。（图 6-19）

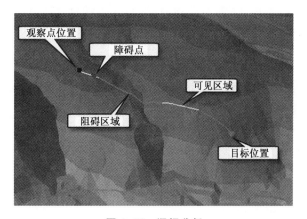

图 6-19 通视分析

利用庐山局部地区进行通视分析，如图 6-19 所示，在 DEM 上绘制一条线段，ArcGIS 会对绘制线段进行符号化，此处为显示清楚做了修改，在 ArcGIS 中各符号显示效果：图钉状的观察点位置用黑色圆点表示；旗状的目标点位置用红色圆点表示（如果紧挨目标位置的区域可见，则用绿色圆点表示）；观察点与目标点之间的菱形障碍点用蓝色圆点表示；白色线段表现为绿色；黑色线段表现为红色。在这里，白色区域是对观察点可见的区域，黑色区域是对观察点有阻碍的区域。

2）视域分析

进行视域分析，可以通过以下步骤完成视域分析（图 6-20）：

（1）单击【Toolbox】→【Spatial Analysis】→【Surface】→【Viewshed】，出现 Viewshed 对话框；

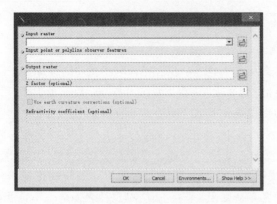

图 6-20　视域分析工具

（2）输入栅格数据；

（3）输入视点或视点折线要素；

（4）输出栅格；

（5）Z 因子：{default}；

（6）使用地球曲率校正选项{default}；

（7）折射系数{default}。

如图 6-21 使用以下颜色和符号对 3D 线进行符号化：红色区域是对观察点不可见的区域；绿色区域是对观察点可见的区域；黑色的点表示观察点的位置。

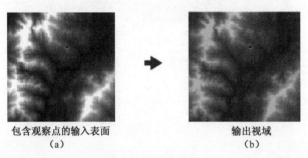

包含观察点的输入表面　　　　　　　　　输出视域
　　　　（a）　　　　　　　　　　　　　　（b）

图 6-21　视域分析

利用庐山地区的 DEM 数据进行视域分析，设置一个点图层作为观测点分布数据，在视域分析工具中输入图 6-21(a)中的 DEM 及观测点数据，得到视域分析结果如图 6-21(b)，其中浅灰色区域是对所有观测点不可见的区域，深灰色区域是对至少一个观测点可见的区域。

6.6　误差与不确定性分析

DEM 已经在测绘、资源与环境、灾害防治、国防等各应用领域内发挥着越来越巨大的作用。然而，各类 DEM 误差的存在不同程度地降低了分析与应用结果的可信度。强化对基于地形图的 DEM 精度检查与质量评估的研究，为各类 GIS 分析产品提供科学合理的质量标准，对评价 DEM 数据质量,减少生产单位质量检查的盲目性等方面有着深远的影响,具有十分重要的理论意义和应用价值。

在数字地形分析中影响分析结果精度的原因有两个,一是DEM的精度,如果DEM自身存在着不可忽视的误差,那么其分析结果的精度自然不会高;二是用于数字地形分析的解译算法及其参数的选择对于分析结果的精度有着重大影响。

6.6.1 DEM的误差来源

DEM误差的产生与DEM的生产过程密切相关,DEM的生产一般经过原始数据的采集和内插建模两个阶段。

原始数据的采集根据采样方式的不同可以分为直接采集和间接采集两种方法。一般来说,直接采集误差主要来源于GPS和全站仪等仪器造成的观测误差。DEM的间接采集方式造成的误差主要有通过地图采集数据中的原始地图误差和数字化误差、通过遥感图像采集数据的误差、通过摄影测量采集数据的误差,DEM为再生数据,其精度不可能高于原始数据,因而DEM常常要强调原始数据的尺度和精度。

DEM的内插是根据若干相邻参考点的高程求出待定点上的高程值,一般将其分为三类:即整体内插、分块内插和逐点内插。整体内插主要是通过多项式函数来实现的,它的拟合模型是由研究区域内所有采样点的观测值建立的。分块内插是把需要建立数字高程模型的地区切割成一定尺寸的规则分块,在每一分块上展铺一张数学面。逐点内插是以待插点为中心,定义一个局部函数去拟合周围的数据点,数据点的范围随待插点的位置变化而变化,如移动拟合法、加权平均法、Voronoi图法等。

6.6.2 数字地形分析算法和参数对于分析精度的影响

影响地形分析精度的另一个因素是DEM的解译算法和参数选择,由于在离散DEM上实现定义在连续表面的地形属性计算,使得同一地形属性可能具有不同的解译算法,其结果与地形分析方法高度相关。

迄今为止,针对每个不同的数字地形分析目标,均有大量的研究并设计出了许多解决方法,这些方法或是因为不同地表单元的权值不同,如不同的差值方法,或是因为结果划分的标准不同,如判断可视化的规则,不同的分析解译方法导致同一问题得到的结果却略有不同。

许多分析方法选择的参数也会对分析结果产生重要的影响。如在视域分析中,第一个参数是观察点,位于山脊线观察点的视域比位于狭窄山谷观察点的视域要宽广。

DEM地形分析中的阈值选择对于分析结果的精度也是重要的影响因素。由于地形的非解析性,基于DEM的地形特征提取常常采用模拟法,如水流模拟法等。这时对地形特征部位的判断,就需要一个阈值,即某一点上的水流累积量大于给定的值,则为特征点,反之不是。所给的值称为阈值,其大小直接影响着所提取的地形特征形状和数量。

6.6.3　DEM 的精度评定技术与方法

DEM 精度评估可通过两种不同的方式来进行,一种是平面精度和高程精度分开评定,另一种是两种精度同时评定。对前者,平面的精度结果可独立于垂直方向的精度结果而获得,但对后者,两种精度的获取必须同时进行。在实际应用中,一般只讨论 DEM 的高程精度评定问题。

为了对 DEM 的精度进行评定,首先需要确定 DEM 的精度指标、精度标准和精度评定等级。如何评定 DEM 的质量,以往评定 DEM 的质量主要从精度的角度考虑,有学者提出增加 DEM 的派生数据(坡度、坡向、梯度)的精度作为 DEM 的质量指标,但主要是采用高程中误差衡量 DEM 的精度。

对于 DEM 精度的评估很难提出一个通用的评估标准,一般都是用中误差和最大误差来评估,这两个指标反映了格网点的高程值不符合真值的程度。

(1) 中误差,其公式是:

$$\sigma = \sqrt{\lim_{n \to \infty} \frac{1}{n} \sum_{k=1}^{n} (R_k - Z_k)^2}$$

式中,σ 为 DEM 的中误差;n 为抽样检查点数;Z_k 为检查点的高程真值;R_k 为内插出的 DEM 高程。高程真值是一个客观存在的值,但它又是不可知的,一般把多次观测值的平均值即数学期望近似地看作真值。中误差是内插生成的 DEM 数据格网点相对于真值的偏离程度,这一指标被普遍运用于 DEM 的精度评估。

(2) 最大误差,是指格网点的高程值不符合真值的最大偏离程度。

影响 DEM 成果精度的因素很多,包括矢量数据质量、生成 DEM 的方法、格网间距等。当矢量数据、生成 DEM 的方法相同时,格网间距选取是影响 DEM 精度的重要因素。因此,DEM 精度的评定,应综合考虑生产方法、过程数据质量、成果数据质量,提出相应的精度指标。

目前常用的 DEM 精度评定模型有抽样检查模型和剖面法模型:

(1) 抽样检查模型

抽样检查法即事先将抽样点按格网或任意形式进行分布,对生成的 DEM 在这些点处进行检查。将这些点处的内插高程和实际高程逐一比较得到各个点的误差,然后算出中误差。这种方法简单易行,是一种比较常用的方法。

(2) 剖面法模型

剖面法是将一定的剖面量测计算高程点,再和实际高程点进行比较的精度计算方法。剖面可以沿 X 方向、Y 方向或任意方向。可以用数学方法(如传递函数法)计算任意剖面的误差,也可以用实际剖面和内插剖面相比较的方法估算高程误差。

传递函数法的基础是傅立叶级数,其原理是任何一个连续曲面的剖面均可表式为一个傅立叶级数:

$$\sigma_{z,x}^2 = \frac{1}{2}\sum_{k=1}^{m}\left[1-H(U_k)\right]^2 C_k^2$$

$$H(U_k) = \frac{\overline{C_k}}{C_k} = \frac{\bar{a}_k^2 + \bar{b}_k^2}{a_k^2 + b_k^2}$$

式中，的 $\sigma_{z,x}^2$ 是在断面的高程误差(在 Y 断面上和在 X 断面上相同)；$\bar{a}_k$ 和 $\bar{b}_k$ 为断面实际曲线的傅立叶级数各项的系数；a_k 和 b_k 为断面内插曲线的傅立叶级数各项的系数。采用这种方法可评价 DEM 在任意断面上的精度。

应当指出，由于影响 DEM 精度因素的多样性，在考察 DEM 的精度时，不仅要考虑 DEM 的单点误差，还要考虑 DEM 在山区、平原地区、平缓地区和破碎地区的整体形状，使 DEM 不仅在单点的精度达到相当的水平，而且整个 DEM 的形状和实际地形保持一致。

6.7　课程实验

ArcGIS Spatial Analyst 模块提供了众多强大的栅格建模和分析的功能，利用这些功能可以创建、查询、制图和分析基于格网的栅格数据。使用 ArcGIS Spatial Analyst，用户可从现存数据中得到新的数据及衍生信息，分析空间关系和空间特征，计算点到点距离的综合代价等功能。同时，还可以进行栅格和矢量结合的分析。利用空间分析模块可以实现下列功能：

(1) 距离分析、密度分析；

(2) 寻找适宜位置、位置间的最佳路径；

(3) 距离和路径成本分析；

(4) 基于本地环境、邻域或待定区域的统计分析；

(5) 应用简单的影像处理工具生成新数据；

(6) 对研究区进行基于采样点的插值；

(7) 进行数据整理以方便进一步的数据分析和显示；

(8) 栅格矢量数据的转换；

(9) 栅格计算、统计、重分类等功能。

另外，ArcGIS 10.1 中该模块新增 5 个地理处理工具：多值提取至点、ISO 聚类非监督分类、模糊分类、模糊叠加和区域直方图。

ArcGIS Spatial Analyst 被紧密地集成在 ArcGIS Desktop 地理数据处理环境中，可以在 ArcGIS Desktop 的空间处理框架中使用，因此一些复杂问题的分析与解决比以往更加容易。地理数据处理模型不仅易于创建和执行，而且是独立存档的，使得用户能够迅速理解所进行的空间分析处理。

在 ArcGIS 10.1 中，已将地图代数无缝集成到 Python 环境中，从而取代了"栅格计算器"，这可以为用户提供更卓越的分析和建模体验。"地图代数"语法基本与以前相同，保证了用户对它的熟悉性及其易用的特性。同时，还引入了新的"影像分类"工具条，实现了训练样本的交互式创建和编辑，以及直方图评估窗口、散点图评估窗口和统计数据窗口，访问多元分析工具等。

下面将以西藏自治区达孜县的 DEM 数据为例,使用 ArcGIS 空间分析工具集下的 Surface 模块进行地形因子的提取。

ArcGIS 10.1 提供了基本的地形表面分析工具,集成在 Spatial Analyst 下的 Surface 工具集中,包括计算坡度、坡向、等高线、山体阴影等一系列操作(图 6-22)。

图 6-22　ArcGIS 地形分析工具集 Surface

使用该工具集下的 Slope、Aspect、Contour 提取基本地形因子,如图 6-23 所示。

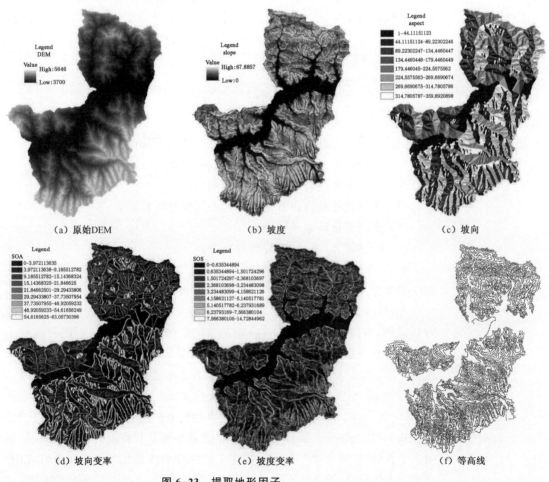

图 6-23　提取地形因子

2）水文分析

ArcGIS 10.1 Hydrology 模块提供了完整的水文分析模块,用户由某一区域的 DEM,通过填充洼地、计算水流方向、计算汇流累积量、提取河网栅格、河网矢量化等一系列操作,可以对某区域进行水文分析(图 6-24)。

图 6-24　ArcGIS 水文分析工具集 Hydrology

使用该工具集下的 Sink、Fill、Flow Direction、Flow Accumulation 进行水文分析,如图 6-25 所示。

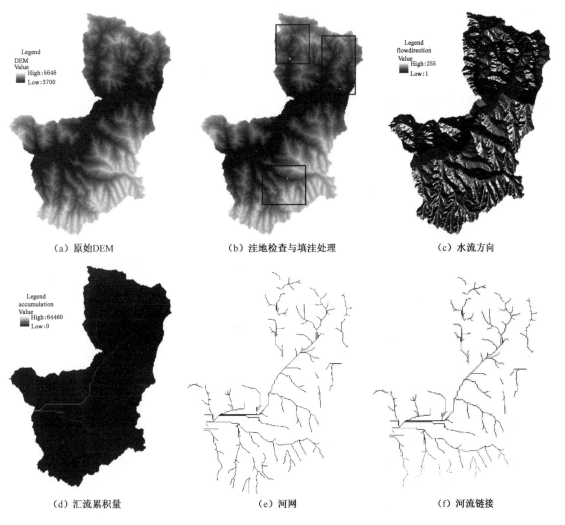

（a）原始DEM　　　　　　　（b）洼地检查与填洼处理　　　　　　　（c）水流方向

（d）汇流累积量　　　　　　　（e）河网　　　　　　　（f）河流链接

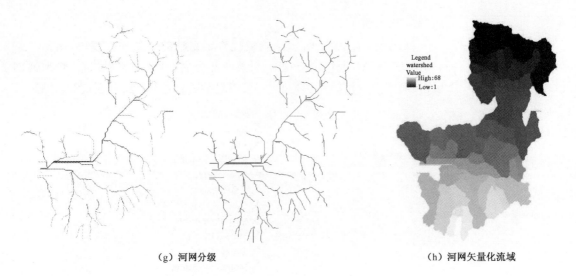

（g）河网分级　　　　　　　　　　　　　　（h）河网矢量化流域

图 6-25　水文分析

思考与练习题

简述水文分析步骤。

参考文献

［1］Maguire D J，Batty M，Goodchild M F. GIS，Spatial Analysis and Modeling［M］. Redlands：ESRI Press，2005.

［2］Hutchinson，M. F. Calculation of hydrologically sound digital elevationmodels［A］. in Proceedings of the Third International Symposium on Spatial Data Handling Sydney［C］. Sydney. International Geographical Union，Columbus，Ohio，1988.

［3］Hutchinson，M. F. A new procedure for gridding elevation and stream line data with automatic removal of spurious pits［J］. Hydrology，1989(106)：211-32.

［4］Lindsay，J. B. The Terrain Analysis System：A tool for hydro-geomorphicapplications［J］. Hydrological Processes，2010,19(5)：1123-1130.

［5］Zeverbergen，L. W. Thorne，C. R. Quantitative analysis of land surface topography［J］. Earth Surface Processes and Landforms，1987(12)：47-56.

［6］Jenson，S. K. Domingue J O. Extracting topographic structure from digital elevation data for geographic information system analysis［J］. Photogrammetric engineering and remote sensing，1988,54(11)：1593-1600.

［7］Shary，P. A. Sharaya，L. S. Mitusov，A. V. Fundamental quantitative methods of land surface analysis［J］. Geoderma，2002，107(1)：1-32.

［8］倪星航. 基于规则格网 DEM 提取地形特征线的方法研究［D］. 成

都:西南交通大学,2008.

[9] 吴中新,史文中. 地理信息系统原理与算法[M]. 北京:科学出版社,2003.

[10] 刘学军,王叶飞,曹志东,等. 基于 DEM 的地形曲率计算模型误差分析[J]. 测绘科学,2006(05):50-53,55.

[11] 周启鸣,刘学军. 数字地形分析[M]. 北京:科学出版社,2005.

[12] 李志林,朱庆. 数字高程模型[M]. 武汉:武汉大学出版社,2001.

[13] 刘学军,龚健雅,周启鸣,等. 基于 DEM 坡度坡向算法精度的分析研究[J]. 测绘学报,2004,33(3):258-263.

[14] Goodchild M F. GIS, spatial analysis and modeling overview. in Maguire D J, Batty M, Goodchild M F (eds.). GIS, spatial analysis and modeling[M]. Redlands: ESRI Press, 2005.

[15] 倪星航. 基于规则格网 DEM 提取地形特征线的方法研究[D]. 成都:西南交通大学,2008.

[16] 吴中新,史文中. 地理信息系统原理与算法[M]. 北京:科学出版社,2003.

[17] 周启鸣,刘学军. 数字地形分析[M]. 北京:科学出版社,2006.

[18] 汤国安,陈楠,刘咏梅,等. 黄土丘陵沟壑区 1:1 万及 1:1.5 万比例尺[J]. 水土保持通报,2001,21(4):34-36.

[19] 刘湘男,黄方,王平,等. GIS 空间分析原理与方法[M]. 北京:科学出版社,2005.

[20] 叶蔚,陶旸. DEM 地形可视性分析的统一模型构建与应用[J]. 地理信息世界,2009,7(1):19-24.

[21] FISHER P F. First experiments in viewshed uncertainty: the accuracy of the viewshed area[J]. Photogrammetric engineering and remote sensing, 1991(57): 1321-1327.

[22] Burbank D W. Characteristic size of relief[J]. Nature, 1992 (359): 483-484.

[23] 刘静,卓慕宁,胡耀国. 初论地表粗糙度[J]. 生态环境,2007(06):1829-1836.

[24] 毕晓玲. 地形因子在四川省滑坡灾害敏感性评价中的适用性分析[D]. 北京:首都师范大学,2011.

7 数字地形的可视化

7.1 地形可视化的概念

可视化是指运用计算机图形学中的相关技术,将自然界中复杂的自然现象和抽象的概念进行转化,并在屏幕上显示出来,从而便于理解现象、发现规律和传播知识。可视化涉及计算机图形学、图像处理、计算机视觉、计算机辅助设计等多个领域,已经成为一种研究数据处理、数据表达、决策分析等一系列问题的综合技术。按照研究对象的所属领域,可以将可视化分为科学可视化、数据可视化和信息可视化;按照不同的科学目的,可以将可视化分为描述性的可视化、分析性的可视化和探索性的可视化;按照技术的复杂性程度,可以将其分为基本可视化和高级可视化(表7-1)。

表7-1　可视化的分类

按照研究对象的所属领域	科学可视化、数据可视化和信息可视化
按照不同的科学目的	描述性的可视化、分析性的可视化和探索性的可视化
按照技术的复杂性程度	基本可视化和高级可视化

可视化技术最早运用于计算机科学中,并形成了可视化领域的一个重要分支——科学计算可视化(Visualization in Scientific Computing)。科学计算可视化是运用计算机图形学的原理和方法,将科学计算中产生的大量数据转为图形、图像,从而直观地表示数据的变化情况。近年来随着计算机技术的进一步发展,三维可视化得到了广泛的运用。三维可视化能够再现三维世界中的物体,从而便于浏览和分析真实地物。三维可视化最早应用于医学成像,目前已经在地理学、地质学、军事等领域发挥着重要的作用。

对于地图学和 GIS 来说,可视化并不是一个全新的概念,地图和 GIS 本身就是可视化的产物。但是随着科学技术的进一步发展,它已经超出了传统的符号化及视觉变量表示法的水平,进入了在动态、时空变换、多维的可交互的地图条件下探索和提高视觉效果的阶段。

可视化理论和技术在 90 年代初首次被应用于地图学和 GIS。国际制图学协会(ICA)在 1993 年召开的第十六届学术讨论会上宣布成立可视化委员会,其主要任务是定期交流可视化技术在地图学领域中的发展状况和研究热点,并加强与计算机领域的协作。1996 年该委员会与美国计算机协会图形学专业组(ACM SIGGRAPH)进行了跨学科的协作,制订了一项称为"Carto Project"的行动计划,旨在探索如何有效地将计算机图形学领域的理论和技术应用于空间数据可视化中,同时也探讨怎样从地图学的观点和方法来促进计算机图形学的发展。计划的第一个主题是"桌面虚拟现实和地图学——在三维空间中探索世界"。

目前地图学与 GIS 可视化方面的研究主要集中在五个方面:①应用动画技术制作动态地图;②运用 VR 技术进行地形环境仿真,真实再现和交互式观察、分析地景;③运用图形显示技术进行空间数据的不确定性和可靠性的检查,把抽象数据可视化;④交互式电子地图设计、编辑和制作;⑤用于视觉感受及空间认知理论的研究。

地形,即地球表面各种局部的空间实体状态,其三维真实感的绘制自然也成为可视化领域关注的热点。地形可视化,是以研究数字地面模型的显示、简化、仿真等内容的技术分支,其核心问题是解决海量地形数据构成的复杂地形表面模型与计算机图形硬件有限的绘制能力之间的矛盾。随着计算机技术和相关学科理论的发展,电子地形图的制作经历了线划地形图、实体型地形图和三维真实感地形图三个发展阶段。线划地形图、实体型地形图虽然具有一定的立体感效果,但信息量不足,实用性也不够;而三维真实感地形图能逼真地反映外部真实世界,相对于传统纸制地形图和计算机生成的线划地形图、实体型地形图,具有可视化程度高、实用方便、存储和查询方便、可实时生成等优点。

本章主要从二维地形可视化表达、三维地形可视化表达和虚拟现实三个方面来介绍数字地形的可视化。

7.2　二维可视化的表达

二维可视化是将现实世界的三维地形投影到二维平面上,并通过特定的符号来表达地形。由于在二维的平面上,无法产生三维的真实感效果,因此,通常采用将描述地形的各种参数叠加在一起的方法来增强地形图的可读性。目前常用的二维可视化的表达方式主要有等高线法、明暗等高线法、分层设色法、地形晕渲法等。

7.2.1　等高线法

在各种地形图中,最常用的描述地貌形态的方法是等高线法。等高线是地形图上高程相等的各个点连接起来形成的闭合曲线,通过等高线的组合可以用来表示地形的起伏。在一定比例尺的地形图上,用等高线的密度来表现地形坡度的大小,密度越大,地形坡度越大;反之,密度越小,坡度越小(图 7-1)。等高线还有明确的数量信息,地形的高程、坡度、坡向等地貌参数都能够在地形图上通过量测计算得出。此外,由于每类地貌都有自己独特的等高线,如高原为一圈一圈的同心圆,越靠近中心的圆高程越大,且大于 500 m,因此采用等高线法便于地图使用者快速了解区域内的整体地貌特征。但是使用等高线法表达也存在一些不足。等高线法表达的地貌是二维的,缺少立体效果,而且随着等高线密度的增加,无法分辨出每一条等高线。

为了增强等高线的立体效果,提出了很多改进的方法。波乌林于1895年提出了明暗等高线法,它根据假定的光源对地面照射形成的明暗程度,将背光部分的等高线设为黑色,受光部分的等高线设为白色,将底图设为灰色。利用明暗等高线制成的地形图,立体感明显要强于普通的等高线法制得的地形图(图7-2)。

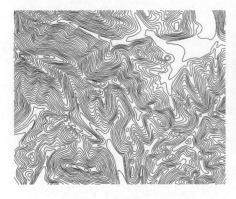 

图 7-1　等高线地形图　　　　图 7-2　明暗等高线地形图

7.2.2　分层设色法

分层设色法是在等高线的基础上,按照地形高程的大小,采用一定的颜色变化或者色调的深浅来表达地形起伏的方法(图7-3)。分层设色法在设色的时候需要考虑地貌表示的直观性、连续性和自然感等原则。目前普遍采用绿褐色系列,即按照高程的起伏,以绿、黄、棕、蓝色分别表示平原、丘陵、山地和海洋。

分层设色法能够明显地区分地貌高程带,更容易判读地势状况。利用色彩的立体特性,还可以使地图产生一定的立体感。但是采用颜色来表达地形,在深色的区域可能会造成注记不够清晰。由于人眼对颜色过渡的分辨能力并不高,地形的轮廓往往也不清晰。此外分层设色法虽然相较于等高线法产生了一定的立体效果,但立体感依然较差。因此,这种方法不太适用于大比例尺图和地势平坦的地区。在实际生产过程中,常与其他方法一起使用。

图 7-3　分层设色法得到的地形图

7.2.3　地形晕渲法

地形晕渲法是根据假定的光源对地面照射所产生的明暗程度,使用相应的灰度色调或者彩色渲染其阴影,从而造成视觉上的明暗对比,显示出地貌的起伏变化和形态特征(图7-4)。这种方法符合人眼观察实际地形的习惯,最接近真实地模拟了地形面。

晕渲法按照光照原则分类,可以分为直照晕渲、斜照晕渲和综合照晕渲;按照表现地貌的详细程度,可以分为全晕渲和半晕渲;按照色彩分类,可以分为单色晕渲、双色晕渲和彩色晕渲(表7-2)。

表7-2　晕渲法分类

按照光照原则	直照晕渲、斜照晕渲和综合照晕渲
按照表现地貌的详细程度	全晕渲和半晕渲
按照色彩分类	单色晕渲、双色晕渲和彩色晕渲

由于地面的凹凸起伏和阴影取决于太阳光的入射角和太阳高度角,在常规制图中常常根据人眼的视觉习惯,太阳方位角选择为 NW 方向,太阳高度角选择 45°。由于调整太阳光的入射方向可以得到完全不同的凹凸感,而且沿太阳光入射方向由于较大的地形高差会产生面积不同的阴影,这些阴影可能会遮盖相对较小的地貌现象。因此,在实际地貌研究中,需要不断地调整入射光的方向和太阳高度角来突显不同位置、不同大小的地貌现象。

地形晕渲法具有较好的立体效果,很适合用于需要突出地形要素的地图上,在实际使用过程中经常与等高线法、分层设色法一起使用。

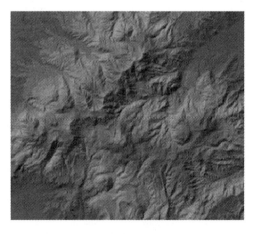

图 7-4　地形晕渲法得到的地形图

7.3　三维可视化的表达

二维可视化表达难以真实再现三维客观世界,随着科学技术的发展,地形的三维可视化表达已经得到越来越广泛的应用。三维可视化表达的方法主要有立体等高线模型、三维线框透视模型、地表景观模型等。

7.3.1 立体等高线模型

平面等高线可以在二维地形图上表达地形起伏特征,但不具有立体感(图7-5)。借助计算机技术,可以实现平面等高线的立体化表现,其实现方法是在地理坐标(x,y)的基础上,再加上表示高程的z坐标,从而实现等高线的立体化效果。

图7-5 立体等高线

7.3.2 三维线框透视模型

在地形可视化的早期,由于受到计算机可视化技术的限制,常采用三维线框透视模型来表达三维地形模型。三维线框透视模型根据透视原理,用点和线来表示三维对象。三维线框透视模型的优点是模型结构较为简单、便于硬件实现,适合表面是平面多边形的物体,但该模型也存在很多问题,如占用的内存过大等。此外,该方法还受到采样点个数的限制。

下面介绍三维线框透视模型涉及的基本原理和算法。

1)透视投影变换

三维显示的内容是由观察者的视点和视线方向决定的,因此显示器显示的流程大致可分为以下几步:首先在世界坐标系中生成图像,然后将世界坐标系中的图像描述转变到观察坐标系,最后将其通过透视投影映射到显示屏上。

世界坐标系和观察坐标系都是右手三维笛卡尔坐标系。其中观察坐标系的原点为观察参考点,Z_v轴负方向所指向的方向为观察方向,观察平面即投影平面平行于$X_vO_vY_v$平面。后续的可见面识别、投影变换、明暗处理等都将在观察坐标系内进行。下面介绍具体的变换步骤:

(1)平移观察参考点至世界坐标系的原点。设观察参考点的坐标为$P_0(x_0,y_0,z_0)$,则其对应的变换矩阵为

$$\boldsymbol{T}_{v1} = \begin{bmatrix} 1 & 0 & 0 & 0 \\ 0 & 1 & 0 & 0 \\ 0 & 0 & 1 & 0 \\ -x_0 & -y_0 & -z_0 & 1 \end{bmatrix}$$

（2）进行旋转变换使得观察坐标系的 X_v 轴、Y_v 轴和 Z_v 轴分别对应到世界坐标系的 X 轴、Y 轴和 Z 轴。设世界坐标系的 X 轴与观察坐标系的 X_v 轴的夹角为 θ，世界坐标系的 XOY 平面与观察坐标系的 $X_vO_vY_v$ 平面的夹角为 α，则旋转变化的矩阵为

$$\boldsymbol{T}_{v2} = \begin{bmatrix} \cos\theta & -\sin\theta & 0 & 0 \\ \sin\theta\cos\alpha & \cos\theta\cos\alpha & \sin\alpha & 0 \\ -\sin\theta\sin\alpha & -\cos\theta\sin\alpha & \cos\alpha & 0 \\ 0 & 0 & 0 & 1 \end{bmatrix}$$

故 (x_n, y_n, z_n) 在观察坐标系中的坐标 (x_{vn}, y_{vn}, z_{vn}) 可由下式得到：

$$\begin{bmatrix} x_{vn} \\ y_{vn} \\ z_{vn} \\ 1 \end{bmatrix} = T_{v1}\, T_{v2} \begin{bmatrix} x_n \\ y_n \\ z_n \\ 1 \end{bmatrix}$$

（3）将三维地表投影到二维屏幕上时，为了产生立体感强、形象逼真的效果，一般采用透视投影。在参考坐标系中，投影平面为 $X_vO_vY_v$ 平面，视点为 Z_v 轴上一点。因此进行透视投影时，只需要先将其进行透视变化，再向 $X_vO_vY_v$ 面进行正投影变化即可。

综上所述，对于已知视点在世界坐标系中的坐标 (x_s, y_s, z_s)、方位角 θ、俯仰角 α 以及投影面与视点的距离 f，世界坐标系内的任一点 (x_m, y_m, z_m) 在投影面的坐标 (x_t, y_t) 可由以下公式得出：

$$\begin{cases} x_t = \dfrac{(x_m - x_s)\cos\theta - (y_m - y_s)\sin\theta}{-(x_m - x_s)\sin\theta\sin\alpha - (y_m - y_s)\cos\theta\sin\alpha + (z_m - z_s)\cos\alpha} \cdot f \\ y_t = \dfrac{(x_m - x_s)\sin\theta\cos\alpha + (y_m - y_s)\cos\theta\cos\alpha + (z_m - z_s)\sin\alpha}{-(x_m - x_s)\sin\theta\sin\alpha - (y_m - y_s)\cos\theta\sin\alpha + (z_m - z_s)\cos\alpha} \cdot f \end{cases}$$

透视投影变换是一种很严密的数学模型，在改变视点或者视线方向时能很容易地绘制出不同的立体透视图。这也意味着对于 DEM 数据，浏览的视点和视线方向不同时，可在屏幕上显示出不同条件下的 DEM 的透视图，从而方便用户对 DEM 数据进行多角度、全方位的观测。

2）消隐算法

三维线框模型中比较重要的一点就是消隐处理。消隐处理即在给定了视点和视向之后，判断三维线框中的哪些点和线是可见的，哪些是不可见的。目前已有多种消隐算法，如深度缓存器算法（Z-buffer）、深度排序算法（画家算法）、区间扫描线算法、区域细分算法、光线投射算法等。这里简要介绍下深度缓存器算法、深度排序算法和光线跟踪法。

（1）深度缓存器算法

深度缓存器算法最早由 Catmull 提出，是一种最简单的图像空间消隐算法。由于通常选择 z 轴的负向为观察方向，因此算法沿着观察系统的 z 轴来计算各物体距离观察平面的深度，故该算法也称为 Z-buffer 算法。算法的基本思路如下：先将待处理的采样点坐标变换到图像空间，并计算其深度值；然后将其深度值与已存储在 z 缓存器中的同一像素处的深度值进行比较。如果该深度值大于已存储的深度值，则表明该采样点将原来的点覆盖了，故更新该像素中的深度值和颜色值。如果小于已存储的深度值，则表示其被原来的点覆盖了，不做任何处理。

深度缓存器算法所需要的存储空间比较大，需要帧缓存器来存放每个像素的颜色值，还需要深度缓存器来存放每个像素所对应的深度值。其详细的算法步骤如下：

① 初始化。将深度缓存器中的所有值均设为最小值，将帧缓存器中的值均设为背景色。

② 在把物体表面相应的多边形扫描转化成帧缓存中的信息时，对多边形内的每个采样点 (x, y) 进行以下处理：

a. 计算采样点 (x, y) 的深度 $z(x, y)$。假定多边形的平面方程为 $Ax + By + Cz + D = 0$。

如果 $C = 0$，则多边形的法线与 Z 轴垂直，多边形在 XOY 的投影为一条直线，可以不考虑这种情况。

如果 $C \neq 0$，则深度值为：

$$z(x, y) = \frac{-Ax - By - D}{C}$$

b. 如果 $z(x, y)$ 大于深度缓存器中在 (x, y) 处的值，则把 $z(x, y)$ 存入深度缓存器中的 (x, y) 处，再把采样点 (x, y) 处的颜色值存入帧缓存的 (x, y) 处。

（2）深度排序算法

深度排序算法是一种介于图形空间消隐算法和景物空间消隐算法之间的一种算法，由 Newell 在 1972 年提出。该算法首先将多边形按照离视点的远近进行排序，距离视点的距离越近，优先级越高；距离视点的距离越远，优先级越低。随后按照优先级从低到高进行扫描转换。由于该算法与画家创作油画时的情形类似：画家在创作时总是先画远处的背景，然后再画近处的景物，因此该算法也被称为画家算法。

深度排序算法的步骤如下：

① 计算所有多边形的深度最小值 Z_{min}，并按其从小到大的顺序将多边形存入一个先进先出的队列 M 中，同时初始化一个空的先进先出队列 N。

② 若 M 中的多边形个数为 1，则将 M 中的多边形直接加入 N 中，转④；如果 M 中的多边形个数大于 1，则按照先进先出的原则从 M 中取出多边形 A 进行处理，同时将 A 从 M 中删除。

③ 对 $Z_{\max}(A)$ 和 M 中任意多边形 B 的 $Z_{\min}(B)$ 进行判断。

a. 如果 M 中的任意多边形 B 的 $Z_{\min}(B)$ 都满足 $Z_{\min}(B) > Z_{\max}(A)$，则说明 A 是 M 内所有多边形中深度最深的，且与其他多边形在深度上没有任何重叠，如图 7-6 所示。故将 A 按先进先出的原则加入 N 中，转②；否则继续。

b. 如果 M 中存在多边形 B 使得 $Z_{\min}(B) < Z_{\max}(A)$，则说明 A 和 B 在深度上存在重叠，需要进行以下判断：

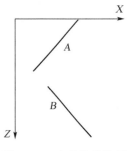

图 7-6　A 与其他边均无深度重叠

Ⅰ. 判断多边形 A 和 B 在 XOY 平面上的投影的包围盒有无重叠。若无重叠，如图 7-7 所示，则多边形 A 和 B 在队列中的顺序无关紧要，将 A 按先进后出的原则加入 N 中，转②；否则继续。

Ⅱ. 判断 A 是否完全位于 B 上 A 与 B 的重叠面之后。若是，如图 7-8 所示，则将 A 按先进后出的原则加入 N 中，转②；否则继续。

Ⅲ. 判断 B 上 A 与 B 的重叠面是否完全位于 A 之前如图 7-9。若是，则将 A 按先进后出的原则加入 N 中，转②；否则继续。

Ⅳ. 判断 A 与 B 在 XOY 平面上有无投影。若有，则将 A 按先进后出的原则加入 N 中，转②；否则，在 A 与 B 的投影的重叠区域任取一点，计算出 A 和 B 在该点处的 z 值。如果 A 的 z 值小，说明 A 距视点远，优先级低，将 A 按先进后出的原则加入 N 中，转②。如果 A 的 z 值大，则交换 A 与 B 的关系，将 B 作为当前的处理对象，转③。

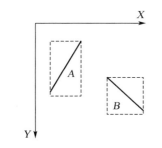

图 7-7　A 和 B 在 XOY 平面上的投影的包围盒无重叠

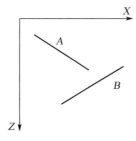

图 7-8　A 位于 B 上 A 与 B 的重叠面之后

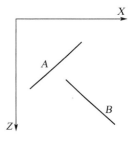

图 7-9　B 上 A 与 B 的重叠面完全位于 A 之前

④ 对于完成排序后的队列 N，按先进先出原则从队列中取出多边形进行扫描转换。

值得注意的是，该算法不能处理循环遮挡的情况。

（3）光线跟踪法

光线跟踪法是建立在几何光学基础上的一种算法，它模拟人的视觉效果，沿视线的路径跟踪场景的可见面。该算法的基本原理为：从视点出发，通过屏幕的任一像素构造一条射线，然后将射线与场景中的所有多边形求交，计算出所有的交点；再对所有的交点进行分类和排序，确定位于物体边界且距离最近的交点，从而绘制出一幅完整的图像。

光线跟踪法原理简单,可自动实现消隐,并能模拟较好的光照效果,取得高度真实感的图像。但是其主要问题在于求交点的计算量过大,很费时间,尤其是对于地域广阔、复杂多变的地形来说,该方法较不实用。

7.3.3 地表景观模型

为了使生成的三维模型更具有真实感,三维地表景观模型技术开始应用于地形的三维建模。地表景观模型是指在地形表面模型的基础上叠加各类纹理、影像等来表达地形特征。目前常见的地表景观模型主要有两种,一种是将遥感影像和数字地面模型叠合在一起,另一种是将数字地面模型和地面光照模型及数学模拟技术叠加在一起表示地形。下面具体介绍这两类模型:

1) 遥感影像与数字地面模型的复合显示

近年来,随着高分辨率卫星遥感技术的发展,其获取的地面影像精度越来越高。遥感影像与数字地面模型的复合显示技术,是将航空像片或卫星影像数据映射到数字地面模型上,从而建立具有真实感的三维地形。这种方法可以较真实地显示地面各种地物和人工建筑的颜色、纹理特征,但较难表达地形起伏特征。因此,常用来表达地面较平缓、地物丰富和人类活动较频繁的城镇等的地形。

DEM 作为一个反映地面高程的数据,是连续的模型,缺少突变区域。而遥感影像则是反映地物辐亮度的数据,两者之间没有直接的关联。因此在两者之间找到精确的同名地物点较为困难,从而影响配准的精度。

由于地形的影响,各个像元的光照条件不同,因而出现明暗差异及阴影。陈蕾等提出利用光照模型,将 DEM 数据转换成具有显著地形特征的影像,然后进行控制点选取的方法。该方法在一定程度上方便了控制点的选取,但由于地形变异的影响,生成的模拟图像与真实图像仍然有很大差异,并且基于光照模型模拟的图像上仍没有明显的地物点,造成了控制点选取的复杂性。

王辉等采用 DEM 提取河流信息,根据河流的拐点及河流交叉点作为特征点,再和遥感影像进行配准的方法。基于 DEM 提取河流信息,首先需要对 DEM 进行填洼处理,消除 DEM 中的洼地;然后利用 D8 算法进行河流流向的确定;接着根据流向确定每个栅格的汇流累计量;最后根据设置汇流阈值,提取河流信息。根据生成河流信息的 DEM 再与遥感影像进行配准。

2) 数字地面模型与地面光照模型及数学模拟技术的复合显示

数字地面模型、地面光照模型和数学模拟技术的综合显示技术是用一定的光照模型模拟光线照射到地面时所产生的视觉效果,经过明暗处理产生具有深度质感和灰度浓淡的图像,并用纯数学方法模拟地形表面的各种起伏特征和色彩纹理。

所谓光照模型,是根据光学物理的有关定律计算画面上景物表面各点投影到观察者眼中的光亮度和色彩组成的公式。从朗伯漫反射模型开始,目前已经提出了 Phong 模型、Cook-Torrace 模型等一系列考虑了不同因素

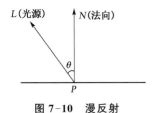

图 7-10 漫反射

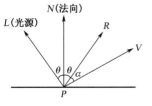

图 7-11 镜面反射

的光学模型。下面简单介绍以下几种常见的光照模型：

（1）漫反射光照模型

对于一个粗糙的、无光泽的表面，当其受到光线照射时，光线沿各个方向都做相同的反射，因此从任何角度观察该表面时亮度都相同，这种现象称为漫反射。如图 7-10 所示，设表面任一点 P 的法向量为 N，指向光源的向量为 L，N 和 L 的夹角为 θ。根据朗伯余弦定理，P 点处漫反射的强度为

$$I = I_d \cdot K_d \cdot \cos\theta$$

式中，I_d 为入射光的强度，K_d 为漫反射系数，且 $K_d \in [0,1]$。当 L 和 N 都已经规格化为单位向量时，其公式可写为

$$I = I_d \cdot K_d \cdot L \cdot N$$

从式中也可以看出，由于漫反射光在所有方向上等量反射，因此漫反射的强度 I 只与入射角有关，而与反射角无关，即其和视点的位置无关。

（2）镜面反射光照模型

对于理想的镜面反射，入射光与反射光分别位于法线的两侧，且入射角等于反射角（图 7-11）。但是对于实际地表，其镜面反射并不严格遵循光的反射定律，在这种情况下的镜面反射可以由 Phong 模型给出：

$$I = I_s \cdot K_s \cdot \cos^n\alpha$$

式中，I_s 为入射光的强度，K_s 为镜面反射系数，α 为视点方向与镜面反射方向的夹角，n 是与物体表面光滑度有关的常数，表面越光滑，n 越大。当 L 和 N 都已经规格化为单位向量时，其公式可写为

$$I = I_s \cdot K_s \cdot (R \cdot V)^n$$

（3）Phong 光照模型

对于实际的地面模型，综合上述的漫反射光和镜面反射光以及环境光的反射，可得到实用的 Phong 光照模型：

$$I = I_a \cdot K_a + \sum [I_d \cdot K_d \cdot L \cdot N + I_s \cdot K_s \cdot (R \cdot V)^n]$$

式中，I_a 为环境光的强度，K_a 为地面反射环境光的系数。在实际的应用中，其难点主要在于如何准确估计 K_a、K_d 和 K_s 这三个反射系数的值，目前主要还是凭经验来确定。

7.4　三维地形的动态显示

7.4.1　虚拟现实

虚拟现实（Virtual Reality）综合集成了计算机图形学、人机交互技术、人工智能、传感技术、网络并行处理等技术的最新发展成果，使得用户可以通过特定的输出设备，像在现实世界中一样来操纵虚拟环境。虚拟现实技术改变了过去人类除了亲身经历，就只能间接了解环境的模式，从而有效

扩展了自己的认知手段和领域。

早在 1929 年，Link E. A. 发明了一种飞行模拟器，可以使乘坐者实现对飞机的一种感觉体验，这可以说是人类模拟仿真物理显示的初次尝试。1966 年，第一个头盔显示器(Head Mounted Display，HMD)由 MIT 林肯实验室研制成功。1983 年美国陆军和美国国防部高级项目研究计划局(DARPA)共同制定并实施 SIMNET(Simulation Networking)计划，开创了分布交互仿真技术的研究和应用。SIMNET 的一些成功技术和经验对分布式 VR 技术的发展有重要影响。1984 年，McGreevy M. 和 Humphries J. 开发了虚拟环境视觉显示器，将火星探测器发回地面的数据输入计算机，构造了三维虚拟火星表面环境。1985 年产生了第一个数据手套，集成了传感器技术和光纤技术等，能感知手指关节的弯曲状态，精确定位，产生力反馈，能进行抓取、移动和旋转等动作。1987 年发明了多方位真实感体验的传感数据服。1989 年，美国 VPL 公司的创始人 Lanier J. 提出了 Virtual Reality 一词，很快这一词语被研究人员普遍接受，成为这一科学技术领域的专用名称。20 世纪 90 年代以后，随着计算机技术与高性能计算、人机交互技术与设备、计算机网络与通信等科学技术领域的突破和高速发展，以及军事演练、航空航天、复杂设备研制等重要应用领域的巨大需求，VR 技术进入了快速发展时期。

美国是虚拟现实技术的发源地，其虚拟现实技术的发展一直走在世界的前沿。美国宇航局(NASA)的 Ames 实验室完成了对哈勃太空望远镜的仿真，并正致力于一个叫"虚拟行星探索"(VPE)的试验计划，这一项目能使"虚拟探索者"(Virtual Explorer)利用虚拟环境来考察遥远的行星，他们的第一个目标是火星。现在 NASA 已经建立了航空、卫星维护 VR 训练系统，空间站 VR 训练系统，并且已经建立了可供全国使用的 VR 教育系统。麻省理工学院(MIT)作为研究人工智能、机器人和计算机图形学及动画的先锋，于 1985 年成立了媒体实验室，进行虚拟环境的正规研究。这个媒体实验室建立了一个名叫 BOLIO 的测试环境，用于进行不同图形仿真技术的实验。利用这一环境，MIT 建立了一个虚拟环境下的对象运动跟踪动态系统。

日本在虚拟现实技术的研究中也是居于领先位置的国家之一，在虚拟现实的游戏方面的研究做了很多工作。京都的先进电子通信研究所(ATR)系统研究实验室的开发者们正在开发一套系统，它能用图像处理来识别手势和面部表情，并把它们作为系统输入。该系统将提供一个更加自然的接口，而不需要操作者带上任何特殊的设备。东京大学的原岛研究室开展了 3 项研究：人类面部表情特征的提取、三维结构的判定和三维形状的表示、动态图像的提取。筑波大学工程机械学院研究了一些力反馈显示方法。他们开发了九自由度的触觉输入器：开发了虚拟行走原型系统，步行者只要穿戴上这套设备，就能如同行走一样迈动左右脚。

我国在虚拟现实技术上的研究和一些发达国家相比还有一定的差距，但政府相关部门和科研院校已经对此给予了高度关注。国家高技术研究发展计划、国家科委重点科技项目攻关计划和北京航空航天大学"211"工程建设项目,共同资助建立了分布式虚拟环境网络(Distributed Virtual Environment NETwork,DVENET),用于虚拟现实及其相关技术研究和教学。北京航空航天大学计算机系是国内最早进行 VR 研究、最有权威的单位之一,其建立了虚拟现实技术与系统国家重点实验室。实验室的主要研究方向是:虚拟现实中的建模理论与方法、增强现实与人机交互机制、分布式虚拟现实方法与技术、虚拟现实的平台工具与系统。浙江大学建立了 CAD & CG 国家重点实验室,开发出了一套桌面型虚拟建筑环境实时漫游系统,该系统采用了层面叠加的绘制技术和预消隐技术,实现了立体视觉,同时还提供了方便的交互工具,使整个系统的实时性和画面的真实感都达到了较高的水平。清华大学计算机科学和技术系对虚拟现实和临场感方面进行了研究,例如球面屏幕显示和图像随动、克服立体图闪烁的措施和深度感实验等方面都具有不少独特的方法。他们还针对室内环境水平特征丰富的特点,提出借助图像变换,使立体视觉图像中对应水平特征呈现形状一致性,以利于实现特征匹配,并获取物体三维结构的新颖算法。

1994 年 Burdea 和 Coiffet 等出版的 *Virtual Reality Technology* 一书中,阐述了虚拟现实技术具有的三个重要特征,即沉浸感、交互式和构想性(Immersion,Interaction,Imagination,3I)。沉浸感是指用户可以进入到虚拟环境中,并作为虚拟环境中的一员参与虚拟环境中物质间的变化与操作。对于多媒体系统及图像处理系统等,虽然这些系统也能够提供给用户听觉和视觉的感受,但是用户无法沉浸在系统中,这也是虚拟现实和其他技术最主要的区别。交互式是指用户可以通过特定的设备操纵虚拟环境,而虚拟环境也会给出相应的回应。构想性是指用户可以通过在虚拟环境中获取的信息,拓宽认知范围,也可通过逻辑推断等方式,合理判断虚拟环境未来的变化趋势。

虚拟现实系统主要由专业的图形处理计算机、应用软件、输入设备和输出设备等构成。特殊的输入输出设备是实现人机交互的重要工具。不同的项目可以根据实际的应用需求有选择地使用这些工具,主要包括头盔式显示器、跟踪器、传感手套、三维立体声音生成装置。

目前常用的虚拟现实系统大致可以分为以下四类:桌面虚拟现实系统、投入的虚拟现实系统、增强现实性的虚拟现实系统和分布式虚拟现实系统。桌面虚拟现实系统利用个人计算机和低级工作站进行仿真,计算机的屏幕用来作为用户观察虚拟境界的一个窗口,各种外部设备一般用来驾驭虚拟境界。桌面级的虚拟现实价格低廉且易携带,但用户体验不高。投入的虚拟现实系统提供完全投入的功能,使用户有一种置身于虚拟境界之中的感觉。它利用头盔式显示器、数据手套和其他设备,把参与者的视觉、听觉和其他感觉封闭起来,并提供一个新的、虚拟的感觉空间,使得参与者产生一种身在虚拟环境中并能全心投入和沉浸其中的感觉。由于其价格过高,因此不如桌面虚拟现实普及。增强现实性的虚拟现实系统将虚拟环境叠加在真实环境中,从而可以使用户感知到现实中无法感知或不方便感知的事物。增强现实性的虚拟现实技术交互性很强,在军事、医学等诸多领域有着广泛的应用。分布式虚拟现实系统是将异地多个用户通过计算机网络连接在一起,同时进入一个虚拟空间,共同体验虚拟世界。这种方式在多人网络游戏、远程虚拟会话中应用较广。

就虚拟现实的虚拟地形环境而言,其虚拟效果是否逼真,取决于人的感官对此环境的主观感觉,而人的信息感知约有80%是通过眼睛获取的,所以视觉感知的质量在用户对环境的主观感知中占有重要的地位。对于一个虚拟地形环境来说,其优劣取决于视景系统的好坏。因而,三维地形的实时动态显示作为三维视景仿真和虚拟现实的基础和重要组成部分,是产生"现实"感觉的首要条件。由于地形数据和地表特征的海量性,利用这些地理空间数据建立一个逼真、实时、可交互的地形环境并实现具体应用是一个复杂的工作,所以三维地形的实时动态显示成为了虚拟地形环境的一项关键技术。

7.4.2 三维地形动态显示的建模技术

1) 建模的基本过程

在现有的计算机条件下,庞大的数据量是实现地形动态实时显示的极大障碍,是影响动态显示速度的重要因素,因此三维地形建模是整个地形实时显示技术的核心内容,模型的好坏直接影响图形实时显示的质量和速度[②]。

实时动态虚拟地景有以下几个特征:

(1) 实时动态性。这是最基本、最关键的特征。

(2) 视域聚集性。当人眼注视某个区域时,这个区域应清晰详细,从而满足人的视觉心理感应。

(3) 三维交互性。对人的交互动作,系统图形应立即做出反应并产生相应的环境,这是影响用户感觉的一项重要指标。

(4) 层次细节特性。这样既可以保持距观察点较近区域的地形精度,又可以减少地形模拟所需的数据量,提高三维图形的生成速度,较好地平衡系统的实时性、地形模拟精度及地形模型数据量之间的矛盾。

基于以上四个特征,动态显示的基本过程如图7-12所示。

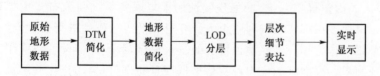

图 7-12 地形动态显示过程

2) 层次细节模型

目前的图形硬件设备在处理海量的地形数据时存在一定的困难,因此,为了提高显示的速度,需要对模型进行简化处理。层次细节简化(LOD)方法是在不影响画面显示效果的条件下,通过逐次简化景物的表面细节来减少场景的几何复杂性,从而提高绘制算法的效率。该技术对每一原始多面体模型建立几个不同逼近精度的几何模型,与原始模型相比,每个模型均保留了一定层次的细节。当从近处观察物体时,采用精细模型来表现地形,而当从远处观察物体时,则采用较为粗糙的模型。

层次细节技术发展至今,大致经历了离散 LOD 模型、连续 LOD 模型和多分辨率模型三个发展阶段。离散 LOD 模型是一组具有不同的复杂度和相似度的模型,同一个模型各处具有相同的细节层次水平,每个模型对应一个细节层次。当进行相邻层次的切换时伴有视觉上的突变感。连续 LOD 模型是指同一个模型各处具有相同的细节层次水平,不同模型间没有显示的细节层次差异,在绘制过程中,由相应的算法自动生成。多分辨率模型是指不同水平的细节层次同时存在于模型的不同区域,其在不同的模型切换时具有连续性,不会产生突变感。目前的研究主要集中在多分辨率模型上。

ROAM(Real-time Optimally Adapting Meshes)算法,是诸多 LOD 算法中广泛使用的方法之一。该算法的基本思想是:在对地形进行三维显示时,根据视点的位置和视线的方向来计算视点距离地形表面的三角片元的距离,再根据目标格网的空间粗糙度来判断是否对地形表面的三角片元进行分割和合并,从而最终形成逼近真实地形的简化地形表面。

等腰直角三角形是 ROAM 算法的基本数据单元,ROAM 算法主要是对三角形进行分割和合并的操作。从直角顶点作垂线将三角形分割为两个等腰直角三角形,此操作的逆过程定义为合并(图 7-13)。通过不同的递归分割和合并操作,算法可以将这个三角形地形表面控制到一定的细节程度上。

分割和合并是 ROAM 算法的基本操作。为了使模型达到更高的细节程度,可通过对低细节程度的模型进行递归分割操作;同时,这一过程又是可逆的,即通过合并,又可以将模型从高细节程度恢复到原本低的细节程度。这样,自底向上逐步细分互为可逆的算法,非常容易通过递归调用实现。为了避免在分割和合并的过程中出现裂隙,ROAM 定义了三角形的拓扑关系。

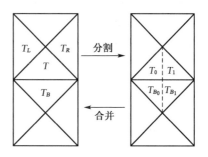

图 7-13 分割和合并

T_L、T_R 分别表示三角形 T 的左直角边邻接三角形和右直角边邻接三角形,T_B 表示 T 的斜边邻接三角形。ROAM 算法定义:如果要分割三角形 T,那么它的 T_B 三角形也要同时被分割,这样就能够保证在 T 和 T_B 邻接边上出现裂隙。在 T_B 被同时分割后,如果导致 T_B 和它斜边邻接三角形不在同一个细节层次上,就需要再递归地对这个低层次的邻接三角形进行分割。

在 ROAM 算法中,根据一定的误差尺度,通过分割和合并操作,就可以用有限数量的三角形来逼近地形表面,从而用简化模型提高视觉效果。因此,误差尺度的确定是决定 ROAM 算法效果的重要因素。

在地形模型中使用屏幕空间误差来度量原始地形表面和投影到屏幕上的片元之间的差异程度,这是一种与视点相关的度量误差方法。误差产生的原因是:当两个相邻三角形 T_0、T_1 合并成一个低层次的大三角形时,两个三角形所共享的直角顶点和新的三角形斜边垂足点之间存在高度差。ROAM 算法使用包围三角形的楔形的厚度表示这种几何误差,每个三角形所被包围的楔形的厚度都是自底向上建立的。对于三角形 T 及其父三角形(更高细节的三角形)T_0、T_1,其楔形厚度 e_T 的计算公式如下:

$$e_T = \mathrm{MAX}(e_{T_0}, e_{T_1}) + |\, Z_v - (Z_{v_0} + Z_{v_1})/2 \,|$$

式中,v_0、v_1 是 T 斜边的两个端点,v 是斜边中点。

将以上楔形三角形的厚度段投影到平面上,从而得到三角形的空间误差。计算三角形 T 的空间误差公式如下:

$$\delta_{\mathrm{screen}} = \frac{d\lambda\delta \, \sqrt{(e_x - v_x)^2 + (e_y - v_y)^2}}{(e_x - v_x)^2 + (e_y - v_y)^2 + (e_z - v_z)^2}$$

式中,$e(e_x, e_y, e_z)$ 为视点的坐标;d 为视点到投影平面的距离;δ 为世界坐标下的单位长度对应屏幕的像素个数。得出三角形屏幕空间误差的上限,据此确定出三角形分割和合并的优先层次,可以进行空间不同层次的划分。

思考与练习题

1. 使用 ArcGIS 软件,对地形数据进行等高线法、明暗等高线法、分层设色法、地形晕渲法等二维可视化表达,并比较各种方法的优缺点。

2. 使用 ArcGIS 软件的 ArcScene 的三维功能、Google Earth 软件的飞行模式,观察地形三维可视化的效果图。

3. 编程实现深度缓存器算法和深度排序算法,分析其优缺点及适用范围。

参考文献

[1] 汤国安,李发源,刘学军. 数字高程模型教程[M]. 北京:科学出版社,2005.

[2] 王明孝,张志华,杨维芳. 地理空间数据可视化[M]. 北京:科学出版社,2012.

[3] 王家耀,孙群,王光霞,等. 地图学原理与方法[M]. 北京:科学出版社,2006.

[4] 张继开,古梅,黄心渊. 三维地形可视化技术的研究[J]. 计算机仿真,2005,22(7):118-119.

［5］Smith M J，Clark C D. Methods for the visualization of digital elevation models for landform mapping［J］. Earth Surface Processes and Landforms，2005，30(7)：885-900.

［6］Kraak M-J，Ormeling F. Cartography：Visualisation of Spatial Data［M］. Essex：Prentice Hall：2003.

［7］Kersting O，Döllner J. Interactive 3D visualization of vector data in GIS［C］. Proceeding of the 10th ACM international symposium on the advances in GIS，2002.

［8］Szabo A. Computer graphic display visualization system and method：U S 6868525B1［P］. 2005-03-15.

［9］王永明.地形可视化［J］.中国图像图形学报(A辑)，2000，5(6)：449-456.

［10］辛海霞，吕秋灵，庞启秀.基于OpenGL的三维河床地形实时可视化技术研究与实现［J］.中国港湾建设，2006(3)：29-31.

［11］张继开，古梅，黄心渊.三维地形可视化技术的研究［J］.计算机仿真，2005，22(07)：118-119，148.

［12］张玲，杨晓平，魏占玉，等.三维数据的二维可视化方法综述［J］.地震地质，2014，36(1)：275-284.

［13］季伟.三维GIS中地形可视化技术的研究［D］.南京：河海大学，2002.

［14］陈传波，陆枫.计算机图形学基础［M］.北京：电子工业出版社，2007.

［15］周启鸣，刘学军.数字地形分析［M］.北京：科学出版社，2006.

［16］陈蕾，邓孺孺，彭小鹍.TM影像与DEM的地形光照模型配准法研究——以广州市为例［J］.热带地理，2008(03)：223-227.

［17］王辉，王思远，殷慧，等.基于河流特征的DEM与遥感影像配准［J］.遥感信息，2012(04)：13-15，33.

［18］徐青.地形三维可视化技术［M］.北京：测绘出版社，2000.

［19］赵沁平.虚拟现实综述［J］.中国科学(F辑：信息科学)，2009，39(1)：2-46.

［20］詹秦川，弓宸.虚拟现实技术的应用及发展现状分析［J］.产业与科技论坛，2014(7)：041.

［21］柯栋，杨春金.虚拟现实地理信息系统VRGIS的研究［D］.武汉：武汉理工大学，2006.

［22］张俊霞.三维地形可视化及其实时显示方法概论［J］.北京测绘，2001(2)：6-9.

［23］王臻.多分辨率LOD地形建模及简化技术研究［D］.合肥：合肥工业大学，2008.

［24］魏楠，江南.ROAM算法及其在地形可视化中的应用［J］.计算机工程与科学，2008，29(2)：66-68.

8　地形统计特征分析

8.1　基本概念

地形统计分析是指应用统计方法对描述地形特征的各种因子进行描述性统计分析、探索性统计分析及验证性统计分析,从而找出各类因子的变化规律和分布特征,以便更深层次地探讨地形演变特征。

DEM 作为一种空间数据,具有抽样性、概括性、多态性、不确定性、空间性等特征,使用统计学方法来对其进行分析,是最有效的方法之一。统计学方法可以对大量离散的数据进行收集、采样、整理和分析,并最终得出有价值的结论。

从地形分析的内容和统计方法来看,地形统计分析可以分为两部分:一是对各类地形因子的基本统计特征的分析;二是对地形因子之间的关联程度和分布规律的研究。本章按照基本统计量、空间自相关分析、回归分析和趋势面分析的次序介绍各种统计方法在 DEM 地形分析中的应用,最后简单介绍下地形统计特征分析的应用。

8.2　基本统计量

在地形表达中,较为常见的地形特征有坡度、坡向、高程、曲率等,研究这些地形特征的数据集范围、集中情况等,对 DEM 地形分析有重要的意义。常见的基本统计量有均值、中值、众数、极差、方差、标准差、变异系数、偏度、峰度等。

8.2.1　反映集中趋势的测度

反映集中趋势的测度主要是均值、中值和众数。

均值作为一组数据的代表,反映了数据集的平均水平,对于数据集 $\{x_1, x_2, \cdots, x_n\}$,其计算公式如下:

$$\bar{x} = \frac{1}{n} \sum_{i=1}^{n} x_i$$

中值也称为中位数,是将数据集 $\{x_1, x_2, \cdots, x_n\}$ 按从小到大的顺序排列后,取最中间的值。若样本总数 n 为奇数,则位于中间位置的那个数称为中值;若样本总数 n 为偶数,则取正中间的两个数的算术平均数为样本中值。

众数是样本中出现频率最多的一个数。

8.2.2 反映离散程度的测度

反映离散程度的测度主要有极差、方差、标准差和变异系数等。

极差是数据集中最大值和最小值之差。

$$R = \max(x_i) - \min(x_i)$$

式中，$\max(x_i)$ 表示数据集中的最大值；$\min(x_i)$ 表示数据集中的最小值。

方差和标准差都可以反映一组数据对于平均值的离散程度。方差 S^2 和标准差 S 的计算公式如下：

$$S^2 = \frac{1}{n}\sum_{i=1}^{n}(x_i - \bar{x})^2$$

$$S = \sqrt{\frac{1}{n}\sum_{i=1}^{n}(x_i - \bar{x})^2}$$

变异系数也是衡量数据集离散程度的一个统计量。变异系数越小，则偏离程度越小；反之，变异系数越大，偏离程度越大。变异系数的计算公式如下：

$$CV = \frac{S}{\bar{x}}$$

式中，S 为数据集的标准差，$\bar{x}$ 为数据集的均值。

8.2.3 反映正态分布的测度

反映正态分布的测度主要有偏度和峰度。

偏度计算公式如下：

$$b = \frac{1}{n}\sum_{i=1}^{n}(x_i - \bar{x})^3 \Big/ \left(\frac{1}{n}\sum_{i=1}^{n}(x_i - \bar{x})^2\right)^{3/2}$$

如图 8-1 当 $b < 0$ 时，数据集左偏；当 $b = 0$ 时，数据集呈正态分布；当 $b > 0$ 时，数据集右偏。

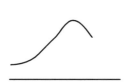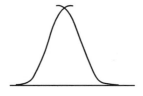

图 8-1　正态分布图

峰度的计算公式如下：

$$k = \frac{\frac{1}{n}\sum_{i=1}^{n}(x_i - \bar{x})^4}{\left(\frac{1}{n}\sum_{i=1}^{n}(x_i - \bar{x})^2\right)^2} - 3$$

图 8-2,当 $k = 0$ 时,数据集呈正态分布;当 $k > 0$ 时,数据集峰陡;当 $k < 0$ 时,数据集峰平。

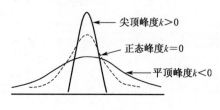

图 8-2　峰度分布图

8.3　空间自相关分析

在研究地理问题时,往往会发现观测值之间会按照某种规律排列在一起,这与经典统计学中所假定的数据之间相互独立是不一致的,一般将这种现象称为空间自相关。空间自相关是指单个变量之间存在的相互关联。根据地理学第一定律,任何事物都相关,距离越近的事物关系越密切,因此对于地形特征数据来说,数据之间必然存在自相关。分析其相关性,可以找到其特有的分布规律。

空间自相关可以分为正的空间自相关、负的空间自相关和不存在空间自相关。如果观测值的数值相似,则为正的空间自相关;如果观测值的数值相异,则为负的空间自相关;如果观测值在空间上随机排列,则不存在空间自相关。空间自相关还可分为全局空间自相关和局部空间自相关。全局空间自相关主要是研究整个区域空间对象的关联程度,从而来分析研究对象之间是否存在显著的空间分布规律。局部空间自相关统计量可以用来识别不同空间位置上可能存在的不同空间集聚模式,从而允许我们观察不同空间位置上的局部不平稳性,发现数据之间的空间异质性,为分类或区划提供依据。

8.3.1　空间权重矩阵

在研究空间自相关时,首先需要建立空间权重矩阵。空间权重矩阵 W 用来表示各个单元之间的邻接关系,一般用如下方式表示:

$$W = \begin{bmatrix} w_{11} & w_{12} & \cdots & w_{1n} \\ w_{21} & w_{22} & \cdots & w_{2n} \\ \vdots & \vdots & & \vdots \\ w_{n1} & w_{n2} & \cdots & w_{nn} \end{bmatrix}$$

W 是一个 $n \cdot n$ 的矩阵,当第 i 个单元和第 j 个单元有邻接关系时,w_{ij}

的值为 1；当第 i 个单元和第 j 个单元不存在邻接关系时，w_{ij} 的值为 0。此外通常规定一个空间单元与其本身不存在空间关系，即空间权重矩阵的主对角线的值均为 0。

在实际应用中，一般由以下两种方法来确定两个单元之间是否存在邻接关系：

（1）根据是否有公共的边界来判断。如果第 i 和第 j 个空间单元具有公共边界，则认为它们存在邻接关系，空间权重矩阵中的元素为 1；否则，则认为不存在邻接关系，空间权重矩阵中的元素为 0。

（2）根据两个空间单元之间的距离来判断。如果第 i 和第 j 个空间单元之间的距离位于某一给定的临界距离 d 之内，则认为它们存在邻接关系，空间权重矩阵中的元素为 1；否则，则认为不存在邻接关系不是邻居，空间权重矩阵中的元素为 0。

8.3.2 全局自相关统计量

常用的度量全局自相关的统计量有全局莫兰指数（Moran's I）、全局居耶瑞指数（Geary's C）和全局 General G 统计量。

1）全局莫兰指数（Moran's I）

全局莫兰指数是一种应用非常广的空间自相关统计量，它的计算公式如下：

$$I = \frac{n}{S_0} \frac{\sum_{i=1}^{n} \sum_{j=1}^{n} w_{ij}(x_i - \bar{x})(x_j - \bar{x})}{\sum_{i}^{n} (x_i - \bar{x})^2}$$

式中，x_i 表示第 i 个空间位置上的观测值，x_j 表示第 j 个空间位置上的观测值，w_{ij} 是空间权重矩阵 $W(n \times n)$ 的元素，表示了空间单元之间的邻接关系，$\bar{x}$ 是样本的均值，其计算公式如下：

$$\bar{x} = \frac{1}{n} \sum_{i=1}^{n} x_i$$

S_0 是空间权重矩阵 W 的所有元素之和，其计算公式如下：

$$S_0 = \sum_{i=1}^{n} \sum_{j=1}^{n} w_{ij}$$

一般根据标准化后的莫兰指数 Z_I 进行检验，即：

$$Z_I = \frac{I - E(I)}{\sqrt{Var(I)}}$$

$E(I)$ 和 $Var(I)$ 分别是全局莫兰指数的期望和方差。

在正态分布的假设下，全局莫兰指数的期望和方差分别为：

$$E_n(I) = -\frac{1}{(n-1)}$$

$$Var_n(I) = \frac{n^2 S_1 - n S_2 + 3 S_0^2}{S_0^2 (n^2 - 1)} - E_n^2(I)$$

式中，

$$S_0 = \sum_{i=1}^{n} \sum_{j=1}^{n} w_{ij}$$

$$S_1 = \frac{1}{2} \sum_{i=1}^{n} \sum_{j=1}^{n} (w_{ij} + w_{ji})^2$$

$$S_2 = \sum_{i=1}^{n} \Big[\sum_{j=1}^{n} (w_{ij} + w_{ji}) \Big]^2$$

在随机分布的假设下，全局莫兰指数的期望和方差分别为：

$$E_R(I) = -\frac{1}{(n-1)}$$

$$Var_n(I) = \frac{\left[(n^2 - 3n + 3) S_1 - n S_2 + 3 S_0^2\right] n - \left[(n^2 - n) S_1 - 2n S_2 + 6 S_0^2\right] b_2}{S_0^2 (n-1)(n-2)(n-3)} - E_R^2(I)$$

式中，

$$b_2 = \frac{n \sum_{i=1}^{n} (x_i - \bar{x})^4}{\Big[\sum_{i=1}^{n} (x_i - \bar{x})^2 \Big]^2}$$

其他参数值同上。

全局莫兰指数的取值范围为 −1 到 1，当全局莫兰指数显著为正时，存在显著的正相关，观测值之间相似；当全局莫兰指数显著为负时，存在显著的负相关，观测值之间相异；当全局莫兰指数接近 0 时，表明不存在空间自相关，观测值在空间上随机排列。

2）全局居耶瑞指数（Geary's C）

全局居耶瑞指数也是一种较常用的空间自相关统计量，其计算公式如下：

$$C = \frac{n-1}{2 S_0} \frac{\sum_{i=1}^{n} \sum_{j=1}^{n} w_{ij} (x_i - x_j)^2}{\sum_{i=1}^{n} (x_i - \bar{x})^2}$$

式中，x_i 表示第 i 个空间位置上的观测值；x_j 表示第 j 个空间位置上的观测值；w_{ij} 是空间权重矩阵 $W(n \times n)$ 的元素，表示空间单元之间的邻接关系；$\bar{x}$ 是样本的均值，其计算公式如下：

$$\bar{x} = \frac{1}{n} \sum_{i=1}^{n} x_i$$

S_0 是空间权重矩阵 W 的所有元素之和，其计算公式如下：

$$S_0 = \sum_{i=1}^{n} \sum_{j=1}^{n} w_{ij}$$

全局局耶瑞指数的检验和莫兰指数类似,也是根据标准化后的值进行的,其公式如下:

$$Z_C = \frac{C - E(C)}{\sqrt{Var(C)}}$$

$E(C)$ 和 $Var(C)$ 分别是全局居耶瑞指数的期望和方差。

在正态分布的假设下,全局居耶瑞指数的期望和方差分别为:

$$E_n(C) = 1$$

$$Var_n(I) = \frac{1}{2(n+1) S_0^2} [(2 S_1 + S_2)(n-1) - 4 S_0^2]$$

在随机分布的假设下,全局居耶瑞指数的期望和方差分别为:

$$E_R(C) = 1$$

$$Var_n(I) = \frac{1}{n(n-2)(n-3) S_0^2} \{(n-1)(n^2 - 3n + 3 - n b_2 + b_2) S_1$$

$$- \frac{1}{4} (n-1) [n^2 + 3n - 6 - (n^2 - n + 2) b_2] S_2$$

$$+ S_0^2 [n^2 - 3 - (n-1)^2 b_2] \}$$

全局居耶瑞指数总是正值,取值范围一般为 0 到 2,且服从渐近正态分布。当居耶瑞指数在 0 到 1 之间时,表明存在正的空间自相关;当局耶瑞指数大于 1 时,表明存在负的空间自相关;当居耶瑞指数值为 1 时,表明不存在空间自相关,即观测值在空间上随机排列。

3) 全局 General G 统计量

全局莫兰指数和全局居耶瑞指数均可以用来表明属性值之间的相似程度以及在空间上的分布模式,但它们并不能区分是高值的空间集聚还是低值的空间集聚,有可能掩盖不同的空间集聚类型。General G 统计量则可以识别这两种不同情形的空间集聚,其计算公式如下。

$$G(d) = \frac{\sum \sum w_{ij}(d) x_i x_j}{\sum \sum x_i x_j}$$

式中,x_i 表示第 i 个空间位置上的观测值;x_j 表示第 j 个空间位置上的观测值;$w_{ij}(d)$ 是根据距离规则定义的空间权重。

对 General G 统计量的检验采用下式:

$$Z = \frac{G - E(G)}{\sqrt{Var(G)}}$$

式中,$E(G)$ 和 $Var(G)$ 分别为 General G 统计量的期望值和方差。

在空间不聚集这一原假设下,全局 General G 的期望和方差分别是:

$$E(G) = \frac{\sum_{i=1}^{n} \sum_{j=1}^{n} w_{ij}(d)}{n(n-1)}$$

$Var(G)$

$$= \frac{b_0 \left(\sum\limits_{i=1}^{n} x_i^2\right)^2 + b_1 \sum\limits_{i=1}^{n} x_i^4 + b_2 \left(\sum\limits_{i=1}^{n} x_i\right)^2 \sum\limits_{i=1}^{n} x_i^2 + b_3 \sum\limits_{i=1}^{n} x_i \sum\limits_{i=1}^{n} x_i^3 + b_4 \left(\sum\limits_{i=1}^{n} x_i\right)^4}{n(n-1)(n-2)(n-3)\left[\left(\sum\limits_{i=1}^{n} x_i\right)^2 - \sum\limits_{i=1}^{n} x_i^2\right]^2}$$
$$- [E(G)]^2$$

当 General G 值高于 $E(G)$，且 Z 值显著时，观测值之间呈现高值集聚；当 General G 值低于 $E(G)$，且 Z 值显著时，观测值之间呈现低值集聚；当 General G 趋近于 $E(G)$ 时，观测值在空间上随机分布。

8.3.3 局部自相关指数

局部自相关可以用来检测局部位置上可能存在的关联模式，可以通过局部 G 统计量、局部莫兰指数、局部局耶瑞指数来分析。

1）局部 G 统计量

Getis 和 Ord 于 1992 年提出了度量每一个观测值与周围邻居之间是否存在局部空间关联的局部 G 统计量。该统计量是某一给定距离范围内邻近位置上的观测值之和与所有位置上的观测值之和的比值，能够用来识别位置 i 和周围邻居之间是高值还是低值的聚集。若不包括 i 位置之上的观测值，则为 G_i 统计量；若包括位置 i 上的观测值，则为 G_i^* 统计量。

G_i 和 G_i^* 的计算公式如下：

$$G_i(d) = \frac{\sum\limits_{j=1}^{n} w_{ij}(d) x_j}{\sum\limits_{j=1}^{n} x_j} (j \neq i)$$

$$G_i^*(d) = \frac{\sum\limits_{j=1}^{n} w_{ij}(d) x_j}{\sum\limits_{j=1}^{n} x_j}$$

采用以下公式进行检验：

$$Z = \frac{G - E(G)}{\sqrt{Var(G)}}$$

在不存在空间依赖性的原假设下，其相应的计算公式如下：

$$E(G_i) = \frac{\sum\limits_{j=1}^{n} w_{ij}(d)}{n-1}$$

$$Var(G_i) = \frac{w_i(s')^2(n-1-w_i)}{(\bar{x}')^2(n-1)^2(n-2)}$$

$$E(G_i^*) = \frac{\sum\limits_{j=1}^{n} w_{ij}(d)}{n}$$

$$Var(G_i^*) = \frac{w_i s^2 (n - 1 - w_i)}{\bar{x}^2 (n-1)^2 (n-2)}$$

式中,

$$\bar{x}' = \frac{\sum\limits_{j=1}^{n} x_j}{n-1}$$

$$(s')^2 = \frac{\sum\limits_{j=1}^{n} x_j^2}{n - 1 - \bar{x}'^2}$$

$$\bar{x} = \frac{\sum\limits_{j=1}^{n} x_j}{n}$$

$$s^2 = \frac{\sum\limits_{j=1}^{n} x_j^2}{n - \bar{x}^2}$$

如果 Z 值为正,且非常显著,则表明位置 i 周围的值相对较大,形成高值聚集;如果 Z 值为负,且非常显著,则表明位置 i 周围的值相对较小,形成低值聚集。

2)局部莫兰指数

局部莫兰指数的计算公式如下:

$$I_i = \sum_{j=1}^{n} w_{ij} z_i z_j$$

式中,z_i 和 z_j 是观测值的均值标准化。

全局莫兰指数 I 和局部莫兰指数 I_i 之间的关系如下:

$$I = \frac{1}{n} \sum_{i=1}^{n} I_i$$

局部莫兰指数的检验一般采用条件随机化或者随机排序方法。一般当 I_i 值较小时,表明位置 i 周围的值相对较大,形成高值聚集;当 I_i 值较大时,则表明位置 i 周围的值相对较小,形成低值聚集。

3)局部居耶瑞指数

局部居耶瑞指数的计算公式如下:

$$C_i = \sum_{j=1}^{n} w_{ij} (z_i - z_j)^2$$

式中,z_i 和 z_j 是观测值的均值标准化。

全局居耶瑞指数和局部局耶瑞指数的关系如下:

$$C = \frac{n-1}{2n^2} \sum_{i=1}^{n} C_i$$

局部居耶瑞指数的检验和局部莫兰指数的检验类似。一般当 C_i 值较小时,表明位置 i 周围的值相对较大,形成高值聚集;当 C_i 值较大时,则表明位置 i 周围的值相对较小,形成低值聚集。

8.4 回归分析

回归分析是确定两种或两种以上变量间相互依赖的定量关系的一种统计分析方法。按照涉及的自变量的多少,可分为一元回归分析和多元回归分析;按照自变量和因变量之间的关系类型,可分为线性回归分析和非线性回归分析。

8.4.1 一元线性回归分析

所谓一元线性回归,就是基于一个自变量的线性方程式展开的回归分析过程,由于其是所有回归分析中最简单的,故又称为简单线性回归。

一元线性模型的函数表达式为:

$$y = ax + b$$

式中,x 为自变量;y 为因变量;a 为斜率;b 为截距。

假设有 n 个样本:$(x_1, y_1), (x_2, y_2), \cdots, (x_n, y_n)$,则根据最小二乘法原理,可以求得 a 和 b 的值:

$$a = \frac{\sum_{i=1}^{n} (x_i - \bar{x})(y_i - \bar{y})}{\sum_{i=1}^{n} (x_i - \bar{x})^2}$$

$$b = \bar{y} - a\bar{x}$$

对于回归分析的检验,一般有 5 种方法,分别是相关系数检验(检验拟合优度)、标准误差检验(检验预测精度)、F 检验(检验线性关系)、T 检验(检验相关强度)和 DW 检验(判断模型预测误差是否来自随机干扰)。相关系数检验、F 检验和 DW 检验属于整体检验,用于评估整个模型。T 检验属于局部检验,用于评估模型参数。标准误差检验则分为回归标准误差检验和参数标准误差检验,前者属于整体性检验,后者属于局部性检验。

对于多元回归分析来说,应该根据不同的检验目的选择合适方法。但对于一元线性回归,除了标准误差检验和 DW 检验之外,其余的几种方法完全等价,故只需要进行相关系数检验、标准误差检验和 DW 检验即可。

1)相关系数检验

相关系数主要用于检验回归模型的线性关系的显著性程度,在一元线性回归中可以反映自变量对因变量的解释程度,一般用 R 表示,其计算公式如下:

$$R = \frac{\sum_{i=1}^{n} (x_i - \bar{x})(y_i - \bar{y})}{\sqrt{\sum_{i=1}^{n} (x_i - \bar{x})^2 \sum_{i=1}^{n} (y_i - \bar{y})^2}}$$

R 的取值为 $-1\sim1$。当 R 为 0 时表示不相关，$R>0$ 表示正相关，$R<0$ 表示负相关。

相关性检验的一般步骤如下：(1)计算相关系数 R。(2)拟定显著性水平。如要求置信度达到 95%，则显著性水平取 $\alpha=0.05$。(3)查找相关系数表，找出剩余自由度 $v=n-m-1=n-2$ 时，R 的临界值 $R_{a,n-m-1}$。(4)进行判断。当 $|R|\geqslant R_{a,n-m-1}$ 时，说明 x 与 y 之间在 α 水平下显著相关，检验通过；当 $|R|<R_{a,n-m-1}$ 时，说明 x 与 y 之间在 α 水平下关系不显著。

2）标准误差检验

标准误差用于检验回归模型的预测精度，其计算公式如下：

$$s=\sqrt{\frac{1}{n-m-1}\sum_{i=1}^{n}(y_i-\hat{y_i})^2}$$

式中，$v=n-m-1$ 为剩余自由度；n 为数据个数；m 为变量个数。由于误差值会受到量纲的影响，一般采用 $\dfrac{s}{y}$ 来判断预测精度。

3）F 检验

F 检验主要用于检验 x 与 y 之间的线性统计关系是否可以接受。对于一元线性回归，$m=1$，从而其计算公式为：

$$F=\frac{\dfrac{1}{m}\sum_{i=1}^{n}(\hat{y_i}-\bar{y})^2}{\dfrac{1}{n-m-2}\sum_{i=1}^{n}(y_i-\hat{y_i})^2}=\frac{vR^2}{1-R^2}$$

F 检验的一般步骤如下：(1)建立原假设和对立假设。原假设 $H_0:p=0$，即相关性不显著；对立假设 $H_1:p\neq0$，即显著相关。(2)拟定显著性水平。如要求置信度达到 95%，则显著性水平取 $\alpha=0.05$。(3)计算统计量 F 的值。(4)查找 F 检验表，找出剩余自由度 $v=n-2$ 时的临界值 $F_{a,m,n-m-1}$。当 $F\geqslant F_{a,m,n-m-1}$ 时，即否定原假设，得出整体显著相关；当 $F<F_{a,m,n-m-1}$ 时，说明 x 与 y 之间在 α 水平下关系不显著，所建模型无效。

4）t 检验

t 检验用于检验回归系数 α 是否具有统计意义，其计算系数 α 的估计值与其标准化标准误差的比值的公式如下：

$$t=\frac{\alpha}{\hat{s_a}}=\frac{\alpha}{\dfrac{s}{\sqrt{\sum_{i=1}^{n}(x_i-\bar{x})^2}}}=\frac{R}{\sqrt{\dfrac{1}{v}(1-R^2)}}$$

从上述公式也可发现，在一元线性回归中，F 的值等于 t 的平方。

t 检验的一般步骤如下：(1)计算 t 的值。(2)拟定显著性水平。如要求置信度达到 95%，则显著性水平取 $\alpha=0.05$。(3)查找 t 分布表，找出剩余自由度 $v=n-2$ 时，t 的临界值 $t_{a,n-m-1}$。(4)进行判断。当 $|t|\geqslant t_{a,n-m-1}$ 时，说明在 α 水平下显著相关；当 $|t|<t_{a,n-m-1}$，说明回归方程不成立。

5）DW 检验

DW 检验,即 Durbin-Watson 检验,又叫做残差序列相关检验。由于回归方程是由最小二乘法得到的,故样本值和预测值之间必存在一定的误差,因此实测方程可以表示为:

$$y_i = ax_i + b + \varepsilon_i$$

式中,ε_i 称为残差,且应该满足 $\varepsilon_i \sim WN(0, \delta^2)$,即均值为 0、方差为常数的白噪声序列。DW 检验即检验残差是否满足假定条件。若满足,即说明残差序列不存在自相关;若不满足,说明残差序列存在自相关。

DW 检验的一般步骤如下:(1)计算 DW 的值。假定残差序列存在自相关,即

$$\varepsilon_i = \rho\varepsilon_{i-1} + \mu_i$$

于是可用如下的公式计算 DW 的值:

$$DW = \frac{\sum\limits_{i=2}^{n}(\varepsilon_i - \varepsilon_{i-1})^2}{\sum\limits_{i=1}^{n}\varepsilon_i^2} = 2(1 - \rho)$$

根据公式可知,当 $\rho = 0$ 时,序列无关,此时 $DW = 2$;当 $\rho = 1$ 时,序列显著正自相关,此时 $DW = 0$;当 $\rho = -1$ 时,序列高度负相关,此时 $DW = 4$。(2)拟定显著性水平。如要求置信度达到 95%,则显著性水平取 $\alpha = 0.05$。(3)查找 DW 检验表,找出变量数为 1、样本总数为 n 时的临界值 d_1 和 d_u。(4)进行判断。规则如表 8-1。

表 8-1　*DW* 值检验判断

DW 值	检验结果	结论
$4 - d_1 \leqslant DW < 4$	否定假设,有负相关序列	模型不能接受
$0 < DW \leqslant d_1$	否定假设,有正相关序列	模型不能接受
$d_u < DW < 4 - d_u$	接受假设,无序列相关	模型可以接受
$d_1 < DW \leqslant d_u$	无法判定	待定
$4 - d_u \leqslant DW < 4 - d_1$	无法判定	待定

从上面的检验步骤也可以看出,DW 检验存在两个不确定的区域,在这两个区域之内的检测无法判断。此外,DW 检验要求样本值大于 15,而且 DW 检验只能检测一阶自相关,无法检测高阶自相关。

8.4.2　多元线性回归分析

在现实世界中,任何事物的变化都是由多种因素共同造成的,因此更常用到多元线性回归分析来解决问题。多元线性回归模型的矩阵形式表示如下:

$$y = X\beta + \varepsilon$$

$$y = \begin{bmatrix} y_1 \\ y_2 \\ \vdots \\ y_n \end{bmatrix} \quad X = \begin{bmatrix} 1 & x_{11} & x_{12} & \cdots & x_{1k} \\ 1 & x_{21} & x_{22} & \cdots & x_{2k} \\ \vdots & \vdots & \vdots & \vdots & \vdots \\ 1 & x_{n1} & x_{n2} & \cdots & x_{nk} \end{bmatrix}$$

$$\varepsilon = \begin{bmatrix} \varepsilon_1 \\ \varepsilon_2 \\ \vdots \\ \varepsilon_n \end{bmatrix} \quad \beta = \begin{bmatrix} \beta_0 \\ \beta_1 \\ \vdots \\ \beta_k \end{bmatrix}$$

式中，y 是因变量的观测值向量；X 是自变量的观测值矩阵；ε 是误差项向量；β 是回归系数向量。

多元回归分析的检验和一元回归分析类似，包括相关系数检验、标准误差检验、F 检验、t 检验和 DW 检验，但是要更复杂一些，下面进行具体的介绍。

1）相关系数检验

对于多元回归分析的检验，包括以下几种相关系数：复相关系数、简单相关系数、偏相关系数和部分相关系数。

复相关系数用于检验观测值和预测值之间关系的强度，即模型的总体拟合程度，其计算公式如下：

$$R = \sqrt{\frac{\sum_{i=1}^{n} (\hat{y_i} - \bar{y})^2}{\sum_{i=1}^{n} (y_i - \bar{y})^2}}$$

R 的取值范围为 $0 \sim 1$。

简单相关系数反映各个变量两两之间的相关关系。如对于自变量 x_k 和因变量 y，其简单相关系数可表示为如下公式：

$$R_{yx_i} = \frac{\sum_{i=1}^{n} (x_{ik} - \bar{x}_k)(y_i - \bar{y})}{\sqrt{\sum_{i=1}^{n} (x_{ik} - \bar{x}_k)^2 \sum_{i=1}^{n} (y_i - \bar{y})^2}}$$

简单相关系数旨在反映变量两两之间的线性关系，但实际上，每个简单相关系数不可能绝对不包括其他因素的相关成分。为了克服简单相关系数的这种缺陷，有学者设计了另一种检验指标，称为偏相关系数。对于二变量的情况，其计算公式如下：

$$R_{x_1 y} = \frac{R_{yx_1} - R_{yx_2} R_{x_1 x_2}}{\sqrt{(1 - R_{yx_2}^2)(1 - R_{x_1 x_2}^2)}}，这里假定 x_2 固定不变$$

$$R_{x_2y} = \frac{R_{yx_2} - R_{yx_1}R_{x_1x_2}}{\sqrt{(1-R_{yx_1}^2)(1-R_{x_1x_2}^2)}}, \text{这里假定 } x_1 \text{ 固定不变}$$

式中，R_{yx_1}，R_{yx_2} 和 $R_{x_1x_2}$ 分别为 x_1 与 y，x_2 与 y 和 x_1 与 x_2 之间的简单相关系数。

部分相关系数用来反映每个变量对模型的拟合程度，其计算公式如下：

$$R_{yx_i} = \sqrt{R_M^2 - R_{Mx_i}^2}$$

式中，R_M 为复相关系数，R_{Mx_i} 为取出 x_i 的复相关系数。

2）标准误差检验

标准误差检验需要检验两部分内容，分别是因变量的标准误差和回归系数的标准误差。

因变量的标准误差计算公式如下：

$$s = \sqrt{\frac{1}{n-m-1}\sum_{i=1}^{n}(y_i - \hat{y_i})^2}$$

回归系数的标准误差计算公式如下：

$$s_{b_i} = s \cdot \sqrt{p_{ii}}$$

式中，s 是因变量的标准误差；p_{ii} 为 $(\boldsymbol{X}^T\boldsymbol{X})^{-1}$ 矩阵的第 i 行第 i 列的值。在计算得到相应的标准误差值后，后面的检验同一元线性回归。

3）F 检验

F 检验用于验证变量之间的线性关系，其计算公式如下：

$$F = \frac{\sum_{i=1}^{n}(\hat{y_i} - \bar{y})^2}{\dfrac{m}{n-m-1}\sum_{i=1}^{n}(y_i - \hat{y_i})^2}$$

4）T 检验

t 检验用于检验回归系数，对于二元线性回归，其计算公式如下：

$$t_1 = \frac{a_1}{s_{a_1}}, t_2 = \frac{a_2}{s_{a_2}}$$

$$s_{a_1} = s \cdot \sqrt{\frac{Var(x_2)}{n[Var(x_1)Var(x_2) - Cov(x_1,x_2)^2]}}$$

$$s_{a_2} = s \cdot \sqrt{\frac{Var(x_1)}{n[Var(x_1)Var(x_2) - Cov(x_1,x_2)^2]}}$$

式中，Var 表示方差；Cov 表示协方差；s 表示因变量的标准误差。

5）DW 检验

DW 检验主要检验残差序列是否存在相关性，其基本思路和计算方法与一元线性回归相一致。

8.5　趋势面分析

趋势面分析是利用数学曲面模拟地理系统要素在空间上的分布及变化趋势的一种数学方法,实质上是通过回归分析原理,运用最小二乘法拟合一个二元非线性函数,模拟地理要素在空间上的分布规律,展示地理要素在地域空间上的变化趋势。

通常把实际的地理曲面分解为趋势面和剩余面两部分。趋势面是由变化比较缓慢、影响遍及整个研究区的区域成分组成,反映了区域性的变化规律,它受大范围的系统性因素影响,属于确定性因素作用的结果;而剩余面是变化比较快且影响局部区域的部分,对应于微观局域,是随机因素影响的结果。趋势面是一种抽象的数学曲面,它抽象并过滤掉了一些局域随机因素的影响,使地理要素的空间分布规律明显化。趋势面分析方法在模拟资源、环境、人口及经济要素在空间上的分布规律上有着广泛的应用。

8.5.1　趋势面模型的建立

趋势面分析的一个基本要求,就是所选择的趋势面模型应该是剩余值最小,而趋势值最大的,这样拟合度精度才能达到足够的准确性。空间趋势面分析,正是从地理要素分布的实际数据中分解出趋势值和剩余值,从而揭示地理要素空间分布的趋势与规律。常用的计算趋势面的数学方程式有多项式函数和傅立叶级数,这里主要介绍多项式函数。

设 x,y 和 z 分别表示平面上的坐标以及高程值,$z_i(x_i,y_i)(i=1,2,\cdots,n)$ 为一组实测的数据,则多项式趋势面的表达方式为:

$$z = a_0 + a_1 x + a_2 y + a_3 x^2 + a_4 xy + a_5 y^2 + a_6 x^3 + a_7 x^2 y + a_8 xy^2 + \cdots + a_k y^p$$

需要注意的是,在实际应用中,往往要用次数低的趋势面逼近起伏变化比较小的地理要素数据,用次数高的趋势面逼近起伏变化比较复杂的地理要素数据。次数低的趋势面使用起来比较方便,但具体到某点拟合较差;次数较高的趋势面只在观测点附近效果较好,而在外推和内插时则效果较差。

8.5.2　趋势面的检验

趋势面需要经过检验才能确定其是否能应用到实际研究中。常用的检验有 R^2 检验、F 检验和逐次检验。

1) R^2 检验

拟合度系数 R^2 是检验趋势面的重要指标,其计算公式如下:

$$R^2 = \frac{S_R}{S_D + S_R}$$

$$S_R = \sum_{i=1}^{n} (\hat{z}_i - \bar{z})^2$$

$$S_D = \sum_{i=1}^{n} (z_i - \overset{\wedge}{z_i})^2$$

式中，S_D 为剩余平方和，表示随机因素对 z 的影响；S_R 为回归平方和，表示自变量对 z 的离差的总影响。S_R 越大，S_D 越小，就表示因变量与自变量的关系越密切。R^2 越大，趋势面的拟合度越高。

2）F 检验

F 检验是对趋势面拟合的显著性检验，其计算公式如下：

$$F = \frac{S_R/k}{S_D/n-k-1}$$

式中，k 是趋势面的项数（常数项除外）。

检验步骤如下：(1)建立原假设和对立假设。原假设 $H_0:p=0$，即相关性不显著；对立假设 $H_1:p \neq 0$，即显著相关。(2)拟定显著性水平。如要求置信度达到 95%，则显著性水平取 $\alpha = 0.05$。(3)计算统计量 F 的值。(4)查找 F 检验表，找出剩余自由度 $v = n-m-1$ 时的临界值 $F_{a,m,n-m-1}$。当 $F \geqslant F_{a,m,n-m-1}$ 时，即否定原假设，得出整体相关显著；当 $F < F_{a,m,n-m-1}$，说明 x 与 y 之间在 α 水平下关系不显著，所建模型无效。

3）逐次检验

在多项式趋势面分析和检验中，有时需要对相继两个阶次的趋势面模型的适度性进行比较。为此，需要求出较高次多项式方程的回归平方和与较低次多项式方程的回归平方和之差，将此差除以回归平方和的自由度之差，得出由于多项式次数增高所产生的回归均方差，然后将此均方差除以较高次多项式的剩余均方差，得出相继两个阶次趋势面模型的适度性比较检验值 F。若所得 F 值是显著的，则较高次多项式对回归做出了新贡献；若 F 值不显著，则较高次的多项式对于回归并无新贡献，即新得到的多项式趋势面对某事件而言贡献少，没有应用的必要，选取较低次的多项式趋势面即可。

8.6 案例分析

本案例主要研究江苏省的林地分布与高程的关系。江苏省地处东部沿海地区，地形以平原为主，平原占江苏省总面积的 90% 以上，在西南部有部分低山丘陵地带，整体海拔高度处于一个较低的水平，绝大部分地区的海拔在 50 m 以下，高程最高点在云台山玉女峰，位于连云港市境内。

林地的海拔分布差异反映了地形地貌对林地的影响。一般而言，林地集中分布在海拔较低的地区。提取 1980 年到 2010 年之间的 6 个年度的江苏省林地现状数据与最新的 ASTER GDEM 高程数据，做空间叠加分析，统计林地在各个海拔高程段上的分布。

从林地的高程分布来看，有 0.41% 的林地位于海拔 0 m 以下，主要分布于部分沿海滩涂地带，从图 8-3 中可以看出，高程低于 60 m 的林地分布占了江苏省所有林地面积的 46.72%，符合江苏省总体海拔分布规律。而在江苏省为数不多的高海拔地区也有相当一部分林地存在,是因为在这些高程较高的地方,多数为低山丘陵地区,植被覆盖丰富,森林广阔,还有一部分被划为了自然保护区。总体来说,以 2010 年江苏省林地分布的高程分布规律来看,虽然林地总体面积偏少,但是其高程分布还是属于一个比较合理的范围。

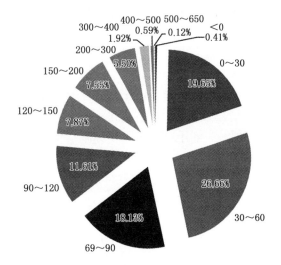

图 8-3　2010 年江苏省林地高程分布图

以 2010 年江苏省林地分布来看,将高程划分为<0 m、0～30 m、30～60 m、60～90 m、90～120 m、120～150 m、150～200 m、200～300 m、300～400 m、400～500 m 以及大于 500 m 等 11 个分段,对分布在各个分段的林地面积进行统计分析,并进行拟合。

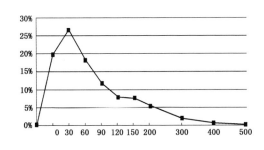

图 8-4　林地随高程变化频率分布图

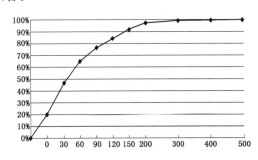

图 8-5　林地随高程变化频率累计图

根据划分的 11 个高程分段,通过统计分析得到林地随高程变化频率分布图(图 8-4),并将图 8-4 中各个分段的频率分布进行累加求和得到林地随高程变化频率累计图(图 8-5)。对于图 8-4 和图 8-5,都呈现出非常明显的规律,因此,对林地随高程变化频率分布进行分段线性拟合,经过多次试验,得到以下拟合的趋势函数曲线和变化临界值如下:

$$\mu_h = \begin{cases} -0.069\,4h^2 + 0.407\,3h - 0.335\,4 & (h \leqslant 60\ m) \\ -0.086\ln(h) + 0.180\,6 & (h > 60\ m) \end{cases}$$

式中，h 为海拔高程。在拟合的趋势函数曲线中，第一段（60 m 以下）函数的拟合精度 R^2 为 0.998 5，第二段（60 m 以上）函数的拟合精度 R^2 为 0.979。两段拟合精度都非常高，具有良好的准确度和可信度。

研究结果表明，江苏省境内 46.72% 的林地分布在小于 60 m 的区域，76.46% 的林地分布在小于 120 m 的区域，97.38% 的林地分布在小于 300 m 的区域，可见，林地分布存在低多高少，并且随着高程的增加分布逐渐减少的规律。当然，这和江苏省大部分区域处于较低高程段有关。

根据收集到的从 1980 年到 2010 年间的六个时相的江苏省林地分布数据的高程分布情况（表 8-2），结合表 8-2 和图 8-6 可以看出，从 1980 年到 2010 年的 30 年间，各高程段的林地分布数量变化不大，尤其在高于 200 m 的高程地区，林地数量分布基本上没有变化。

因此，1980 年到 2010 年林地不同高程分布情况可以大体划分为以下三个部分：

第一部分是高于 300 m 的区域，这些区域 30 年来林地面积基本上没有变化，是因为这些区域属于江苏省海拔较高的区域，多分布在山林之中，而这些山林受到人类的开发、干扰较少，而且很大一部分都被划为自然保护区，属于严禁开发区域，常年来由于外界因素干扰小，自然环境稳定，林地已经达到一个饱和稳定的状态，所以 30 年来基本上没有变化。

第二部分是高程从 60 m 到 300 m 的区域，这些区域属于江苏省的腹地，属于江苏段水域的中上游地区，也是城市分布最广的区域。这些区域的特点是有大量的城市群，面积广阔，很容易受到城市发展和经济增长的影响。从图 8-6 中也可以看出，这部分区域的林地分布数量要明显高于高程高于 300 m 的区域，且从 2005 年开始，各个高程段的林地都有一个小的跌幅，但总体趋于稳定。从林地分布情况说明 2005 年是江苏省城市大量发展，城镇化进展最快的阶段，后来又稳定下来。但是从宏观来看，说明政府对城市扩张和林地的关系处理得比较合理，并没有让林地面积因为城镇化的进程而受到较多的影响。

第三部分是高程小于 60 m 的区域，这一区域林地分布也较多，因为属于江苏段水域的下游地区，气候潮湿，非常利于植被的生长，是林地和人类活动交互最为密切和激烈的区域，加上海岸冲击、滩涂的形成，面积数量变化也较为剧烈，变化的规律性不大。从剧烈的变化中也可以看出，从 2005 年以后，各个高程段的植被均有不同程度的减少，这与江苏海岸、港口的扩建有关。

表 8-2　1980—2010 年林地不同高程分布情况

	1980 年	1995 年	2000 年	2005 年	2008 年	2010 年
<0	13.12	13.33	13.64	13.75	13.35	12.7
0～30	717.09	715.99	696.43	757.12	688.85	613.8
30～60	968.66	906.7	955.38	956.05	937.42	832.96

	1980 年	1995 年	2000 年	2005 年	2008 年	2010 年
60～90	591.81	583.55	584.36	585.61	567.99	566.4
90～120	374.06	369.23	371.02	371.9	357.29	362.7
120～150	251.1	248.63	250.41	250.99	241.85	245.99
150～200	239.03	235.73	239.09	240.15	232.59	235.74
200～300	171.71	171.47	171.75	173.65	169.04	171.78
300～400	59.22	59.31	59.45	60.23	59.62	59.9
400～500	18.8	18.83	18.83	18.86	18.86	18.35
500～650	3.86	3.86	3.85	3.85	3.85	3.77

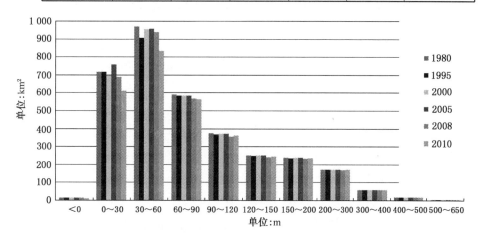

图 8-6 1980—2010 年各年度林地高程分布图

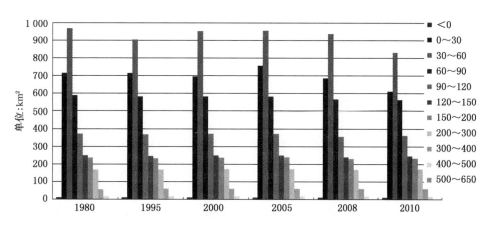

图 8-7 不同高程段各年度林地分布图

换一个角度,从不同高程段各年度林地分布变化来看近 30 年林地的变化情况,也能发现一定的规律(图 8-7,图 8-8):(1)从 1980 年到 2010 年,各高程段林地面积的构成比例基本维持不变,换言之,从 2010 年江苏省林地随高程变化频率分布得出的在各个年度均具有代表性,能基本说明江苏省林地随高程变化的规律。(2)30年来,江苏省林地面积总体变化不大,大体规律基本相似。(3)在1995年和2010年林地面积相对于别的年份有较为明显的下滑,可以大胆猜测,1995年由于开发不当,对林地进行了一定程度的影响,但后来即使调整政策,维持了对林地的保护,而2010年以来极有可能是城市开发到一定程度,对高程分布较高的林地也进行了开发,因此导致各个高程段林地面积的减少(尤其是高海拔地区)。

在各高程区段内部,随时间的推移,变化也略为不同(图8-8),主要表现在:小于0 m的区域,呈现先增大再减小的规律,拐点出现在2005年,在2005年之后,由于对沿海滩涂利用力度的加大,导致了这一区域林地面积的减少;0~60 m的区域,除了1995年到2005年外,其他年份林地面积都有较大幅度的减少,尤其是到了近年来,这种趋势越发明显,这是由于这一部分区域是经济高度发达区域,城市可用面积已经达到极限,只能开发林地,而政府只能加大高海拔地区的林地保护来保证整体林地的总量维持稳定;在60~120 m、120~200 m和200~400 m这三个区域,整体规律大体一致,总结起来,除了2005年到2008年林地有一定程度减少外,别的时期

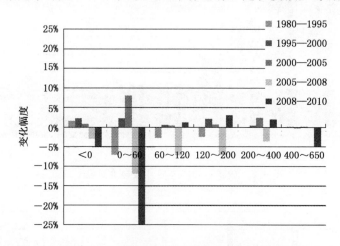

图8-8 江苏省林地不同高度的变化幅度图

林地面积均在稳定增加,是江苏省林地最为稳定的区域,发展也较为合理;在400~650 m区域,长期以来林地面积都维持在一个非常稳定的状态,但是到了2008年以后,也出现了一定程度的下滑,下滑量达到了4.9%。

实验:

(1)利用给定的地形数据,统计该地区高程的均值、中值、众数、极差、方差、标准差、变异系数、偏度、峰度,分析给定的地形类型。

(2)利用给定的数据,进行全局和局部的空间自相关分析,确定高值聚集区和低值聚集区,并比较各类指数的优劣。

(3)根据给定的参考点进行趋势面分析,对比分析在选择不同的多项式系数时,其拟合面的优劣,从而确定最佳的多项式系数。

思考与练习题

1. 地形统计特征分析的基本统计量有哪些?请分别简述其计算公式

及物理意义。

2. 请描述空间自相关分析在地形统计分析中的作用和意义;同时,请列举常用的三种全局自相关统计量,并写出其计算公式及其物理意义。

3. 请自行下载数据,并设计实验,利用一元线性回归模型开展地形特征分析。

参考文献

[1] 周启鸣,刘学军.数字地形分析[M].北京:科学出版社,2006.

[2] 陈彦光.地理数学方法:基础和应用[M].北京:科学出版社,2011.

[3] 韦玉春,陈锁忠.地理建模原理与方法[M].北京:科学出版社,2005.

[4] 王江萍,马民涛,张菁.趋势面分析法在环境领域中应用的评述及展望[J].环境科学与管理,2009,34(1):1-5.

9　数字地形分析的应用

　　数字地形分析是随着数字高程模型的发展而出现的地形分析方法,是指以数字地面模型为核心的关于地形数据的获取、表示以及在此基础上的地形分析等诸多方面研究的集成框架,其研究内容主要包括:基本地形因子的计算、地形特征提取、可视性分析、水系特征分析、道路分析等。数字地形分析技术是进行各种地形因素相关的空间模拟的基础技术,是对DEM 应用范围和领域的扩展和延伸。

　　DEM 是多学科交叉与渗透的高科技产物,它的重要特征是任何一个可转换为数字地面特性数据,都与特定的三维地理坐标相结合。它在国防建设和国民生产中有很高的利用价值。

　　(1) 作为国家地理信息的基础数据。我国国家空间数据基础设施的框架数据现在强调 4D 产品的建设,即:数字线划图(Digital Linear Graphs,DLG);数字高程模型(Digital Elevation Models,DEM);数字正射影像图(Digital Orthophoto Quadrangles, DOQ);数字栅格图(Digital Raster Graphs,DRG)。

　　(2) 工程项目中的挖填方计算。在大型工程设计中,估算施工的土方量既困难又很重要。现如今土方估算中应用格网点数字高程模型,可以大量节省内、外业工作量,所有数字计算和逻辑判断都由计算机自动完成,能使估算过程达到自动化和规范化水平。

　　(3) 线路勘察设计中的应用。传统的铁路、公路和输电线路的设计方法不仅需要大量费时费力的野外勘测工作,而且所设计出的线路不可避免地存在大量的弊端及缺陷。为线路工程而建立的 DEM 是为了便于求得线路纵、横断面上的地形信息,自动或半自动地求得最佳线路设计。

　　(4) 水利建设工程中的应用。水利枢纽工程要经过勘测、规划、设计等阶段,最后才能施工建成。传统的水利枢纽设计中的方案比选,因为涉及大量的复杂计算,很难提出较多的方案进行组合选择,而且设计周期较长,结果很可能遗漏了更好的设计方案,致使工程费用增加,利用 DEM 能够更方便快捷地进行库区等高线地形图的绘制、库区规划、坝线选择和坝轴线处河谷断面图绘制等。

　　(5) 军事工程中的应用。DEM 可应用于军事工程方面,例如对飞行器飞行的各种模拟,有些模拟是非常复杂的,其中地形场是真实世界的再现。DEM 在军事中还可以用于对使用地形匹配导引技术的导弹的飞行模拟、陆地雷达的选址及炮兵的互视性规划等方面。

　　(6) 其他应用,如电台和电视台发射机的选址、洪水淹没区损失估算分析、山区日照分析和 GIS 中的三维可视化等,并且还可以由 DEM 派生出平面等高线图、立体等高线图、等坡度图、晕渲图、通视图、景观图等。

从地形分析的复杂性角度,可以将地形分析分为两大部分:即地形因子的计算提取和复杂地形分析。许多地形因子都是基于 DEM 数据进行一阶或二阶计算推导出来的,也有的是通过某种组合或复合运算得到的。如坡度、坡向、变异系数等因子是对 DEM 进行一阶求导得到的;平面曲率、剖面曲率等是对 DEM 求二阶导数得到的。不同的地形因子反映不同的地貌特征,这些地形因子都是反映自然界特点的最基本的地理要素。总体上说,可以将地形因子分为两类:微观地形因子和宏观地形因子。微观地形因子是对地面上具体的某个点的特征进行描述,如果范围是一定区域,微观地形因子则没有实际意义。而宏观地形因子是对一定区域内的地貌特征进行描述,在某一具体的点上宏观地形因子是没有实际意义的。复杂地形分析主要有水文分析、通视分析等,本章以庐山地区为例,主要详细介绍了各种地形因子的提取过程以及复杂地形的分析过程。

9.1 基本地形因子的提取

地形因子反映了地形曲面的固有特征,也是其他复合地形参数、工程应用和地学模型的基础。本节主要介绍基本地形因子的计算与提取。

9.1.1 坡度与坡向

坡度与坡向是相互联系的两个地形因子,坡度反映斜坡的倾斜程度,坡向反映斜坡所面对的方向。作为地形特征分析和可视化的基本要素,坡度和坡向在流域单元、景观单元和形体测量等的研究中地位十分重要。坡度和坡向与其他地形因子一起使用,有助于诸如森林蕴藏量估算、水土保持、野生动植物保护、选址分析、土地利用及其他应用问题的解决。例如,在农业土地开发中,大于 25°的坡度一般被认为是不适宜耕种的,而在热带经济作物耕地规划中,坡向则是在评估寒冷冻害风险时的重要因子。

坡度是点函数,是定义在点上的,只有理论意义而不具备地理意义,因此在实际应用中,常根据一定的标准将坡度进行分类,这样计算出的坡度才具有一定的地理和实际意义。例如土地利用中的坡度分级,如表 9-1。

表 9-1 坡面特征分析的自然地域导向表

坡度指标	地形表现部分
<3°	平坦平原、盆地中央部分、宽浅谷底底部、台面
3°~5°	山前地带、山前倾斜平原、冲积扇、洪积扇、浅丘、岗地、台地、谷底等
5°~15°	山麓地带、盆地周围、丘陵
15°~25°	一般在 200 m 到 1 500 m 的山地中
25°~30°	大于 1 000 m 山地坡面的上部(接近山顶部分)
30°~45°	大于 1 500 m 山体坡面的上部
>45°	地理意义上的垂直面

若坡度以 α 表示,根据表 9-1 可知:当 $\alpha < 5°$ 时为平地;当 $5° \leqslant \alpha < 15°$ 时为缓坡;当 $15° \leqslant \alpha < 25°$ 时为中坡;当 $25° \leqslant \alpha < 30°$ 时为中陡坡;当 $30° \leqslant \alpha \leqslant 45°$ 时为陡坡;当 $\alpha > 45°$ 时,地理意义上为垂直面。

选取江西省庐山地区的 DEM 数据进行坡度提取,并按照表 9-1 的分类标准进行分类,结果如图 9-1。

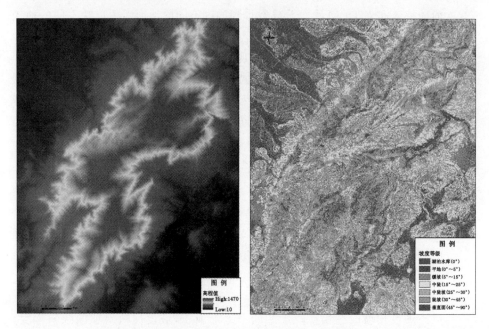

图 9-1 庐山 DEM 数据及局部地区坡度分级图

必须注意的是,上述根据坡度划分的斜坡分类在实际应用中有可能有不同的名称和坡度指标,这要取决于区域的特点、应用目的和专业需要。例如在对农业机械化的限制性土地质量评价中,斜坡分类和坡度指标的选取需要根据采用的农业机械类型而定。

坡向是斜坡方向的量度。坡向(A)的量纲是度,从正北为 $0°$ 开始,顺时针移动,回到正北以 $360°$ 结束。坡向是圆的度量,坡向 $10°$ 比 $360°$ 更靠近 $360°$。因此,用坡向做数据分析之前,我们经常需对坡向进行转换,常用的方法是将坡向分为北、东、南、西共 4 个基本方向,或者北、北东、东、南东、南、南西、西、北西共 8 个基本方向,并把坡向作为类别数据,如图 9-2。

按照 8 个基本方向提取的庐山地区的坡向图,如图 9-3 所示。

作为地形特征分析和可视化的基本要素,坡度和坡向在流域单元、景观单元和地貌测量等研究中十分重要。当与其他变量一起使用时,坡度和坡向有助于解决森林蓄积量估算、土壤侵蚀、野生生物栖息地适宜性、选址分析以及其他许多领域的问题。

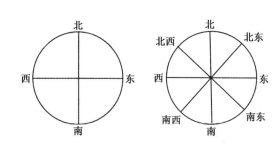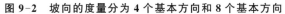

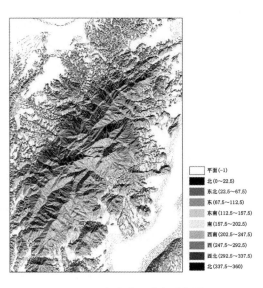

	平面 (-1)
	北 (0~22.5)
	东北 (22.5~67.5)
	东 (67.5~112.5)
	东南 (112.5~157.5)
	南 (157.5~202.5)
	西南 (202.5~247.5)
	西 (247.5~292.5)
	西北 (292.5~337.5)
	北 (337.5~360)

图 9-2　坡向的度量分为 4 个基本方向和 8 个基本方向　　图 9-3　庐山地区坡向分级图

9.1.2　平面曲率与剖面曲率

高程、坡度和坡向反映了局部地形表面的基本特征,但在地表物质运动和曲面形态刻画方面,仅这几个参数还不够,需要引入曲率参数。地面曲率因子是对地形表面某点的扭曲变化程度的定量化,在垂直方向和水平方向上的分量分别成为平面曲率和剖面曲率。对地面坡度沿最大坡降方向的地面高程变化率的度量为剖面曲率,亦可以称为坡度变化率。坡度变化率是地形单元中坡度变化的描述,或者说是坡度的坡度。相应的,平面曲率即为坡向变化率,坡向变化率则是坡向变化程度的量化表达,即坡向的坡度。实际上,坡度变化率、坡向变化率与解析几何中的直线方程的斜率有着相同的几何意义,这两个因子在地貌形态结构研究中具有重要的意义。

在 ArcMap 中对得到的坡度图层再次执行坡度命令,即可得到剖面曲率,对坡向数据再次执行坡度命令,即可得到平面曲率。对庐山地区求剖面曲率和平面曲率得到的结果如图 9-4。

地形表面曲率是局部地形曲面在各个截面方向上的形状、凹凸变化的反映,反映了局部地形结构和形态,也影响着土壤有机物含量的分布,在地表过程模拟、水文、土壤等领域有着重要的应用价值和意义。

9.1.3　坡长

目前对于坡长的定义存在不同的说法,早期将坡长称之为地表径流线长度,是指从径流出现的那一点到集中于一定槽床的前沿地表流动的距离,也就是等于两水道间平均距离的一半,因此它约等于两倍河网密度的倒数。现在一般来说,坡长是指坡面的水平投影长度,而不是指坡面长度,通用的定义是在坡面上,给定点,逆流而上到水流起点,(又称源点)之间轨迹的最大水平投影长度。

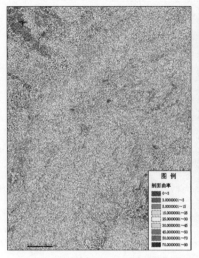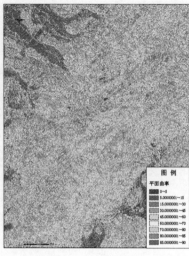

图 9-4　庐山地区剖面曲率和平面曲率示意图

　　由坡长的定义可知,坡长是由流线产生的,故而对一个点上的坡长,根据其区域性特点,从而引申出两种关于坡长的类型,一种是由该点沿流线向上直至水流源点(山顶点或山脊线)的水平投影距离,称之为径流坡长;另一种是由点沿流线向下直至该研究区域的出水口的水平投影距离,称之为整体坡长。径流坡长和整体坡长均在水文学、地学、灾害防治等方面有很多的应用,如表 9-2。

表 9-2　坡长的分类和应用

坡长类型	概念	应用方面
径流坡长(上坡坡长)	该点沿流线向上直至水流源点(山顶点或山脊线)的水平投影距离	水土侵蚀、地形特征提取、地貌分析、公路建设等
整体坡长(散水坡长)	该点沿径流线向下直至该研究区域的出水口的水平投影距离	洪峰曲线、洪水估量、流速估计等

　　目前在 DEM 上进行坡长的计算方法按原理大体上可以分为以下三类:

　　(1) 基于非累计流量的直接计算法(Non-Cumulative Slope Length,NCSL)(Hickey,2000);

　　(2) 基于累计流量的单元汇水面积(Specific Contribution Area,SCA)计算法(Desmet and Govers,1996a);

　　(3) 基于水流强度指数(Stream Power Index)的间接计算法(Moore et al.,1992b;Mitasova,et al.,1996)。

　　在一般的 DEM 地形地貌分析中,使用较多的为上述前两者。其中第三种方法是基于流量指数的坡长,并不是直接计算物理含义上的坡长,而是计算坡长坡度的合成因子(USLE 中的 LS 因子),并认为 LS 因子是地表径流输沙能力的度量,从而将代表地表曲面形态的 LS 因子的计算解释为流量和坡度成非线性函数关系的无量纲输沙能力指数的计算。一般在水土保持和水文方面利用较多。

在 ArcGIS 中，坡长是利用高程值和坡度值通过间接计算得到的，首先利用 Slope 工具计算坡度值，再用 Raster Caculation 工具计算坡长 Ls：

$$Ls = \frac{hight}{\sin\left(\dfrac{slope \times \pi}{180}\right)}$$

以庐山地区为例，根据以上公式得到的坡长结果如图 9-5 所示。

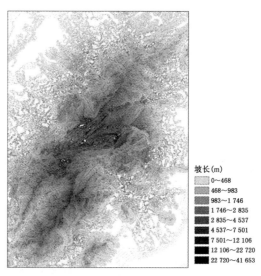

坡长(m)
0~468
468~983
983~1 746
1 746~2 835
2 835~4 537
4 537~7 501
7 501~12 106
12 106~22 720
22 720~41 653

图 9-5　庐山地区坡长图

坡长是水土保持、土壤侵蚀等研究中的重要因子之一，其他外在条件相同时，物质沉积量、水力侵蚀和冲刷的强度依据坡面的长度来决定，坡面越长，汇集的流量越大，侵蚀和冲刷力就越强。同时坡长也直接影响地面径流的速度，进而影响对地面土壤的侵蚀力。目前很多水土流失方程和土壤侵蚀方程等都将坡长作为其中的一个因子。

9.2　复合地形因子的提取

9.2.1　地形起伏度

地形起伏度的研究随着 DEM 数据库的建立，逐渐兴盛起来。将地形起伏度作为划分地貌类型的一项重要指标是国内外地图编制的基本特征。地形起伏度是指地形表面某一特定范围内，海拔最高点与最低点的高程之差，反映在栅格数字高程模型上则是指某一领域的栅格范围内，最高点与最低点对应栅格的高程值之差。可表示为如下公式：

$$R_{Fi} = H_{\max} - H_{\min}$$

式中，R_{Fi} 指分析区域内的地形起伏度；$H_{\max}$ 指分析窗口内的最大高程值；$H_{\min}$ 指分析窗口内的最小高程值。

地形起伏度，首先要求出一定范围内海拔高度的最大值和最小值，然后对其求差值即可。求一定范围内的最大值和最小值,可使用 Spatial A-nalysis 工具集下的"领域分析"→"块统计"来计算,设置 Statistic type 为最大值和最小值,邻域设置可以为圆,也可以为矩形,邻域大小可根据自己的要求来确定,设置的分析窗口半径不同,所统计的高程值也会发生变化,同时计算得到的地形起伏度亦随之变化,因此,确定样区的最佳分析窗口半径是地形起伏度提取时的关键,将直接决定样区地形起伏度的提取效果和结果的有效性。

下面以庐山地区为例,提取得到的地形起伏度如图 9-6。

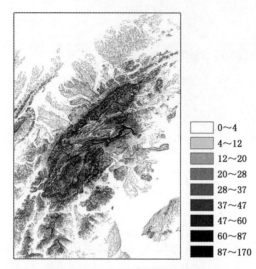

图 9-6 庐山地区地形起伏度

地形起伏度在土壤侵蚀敏感性评价、冻融侵蚀敏感性评价、水土流失定量评价、地质环境评价等方面得到了广泛应用。作为反映地形起伏的宏观地形因子,在区域性研究中,利用 DEM 数据提取地形起伏度能够直观地反映地形起伏特征,反映区域地表的切割侵蚀程度,可以深刻地表征区域构造活动强度的差异,常常被用于造山带、高原山脉等发育演化特征的研究。在水土流失研究中,地形起伏度指标能够反映水土流失类型区的土壤侵蚀特征,比较适合作为区域水土流失评价的地形指标。

9.2.2 地表粗糙度

粗糙度是流体力学引进的一个重要参数,是现代地球表面各种物质流运动研究中不可或缺的一个重要概念。作为研究地、气相互作用的基本参数之一,其大小在一定程度上反映了近地表气流与下垫面之间的物质和能量交换、传输强度及它们之间的相互作用大小。地表粗糙度是反映地表的起伏变化和衡量地表侵蚀程度的重要量化指标,可表示地面的破碎程度,广泛应用于陆面过程模拟、气象场模拟、空气质量模拟、大范围地表水热通量的估算、风能预测和风电场选址等方面。

地表粗糙度一般定义为地表单元的曲面面积 $S_{曲面}$ 与其在水平面上的投影面积 $S_{水平}$ 之比。用数学公式表达为:

$$R = \frac{S_{曲面}}{S_{水平}}$$

在实际应用时,当分析窗口为3×3时,可用下面的近似公式求解:

$$R = \frac{1}{\cos(S)}$$

此时,基于 DEM 的地表粗糙度的提取主要分为以下两个步骤:

(1) 根据 DEM 提取坡度因子 S;

(2) 根据公式 $R = \dfrac{1}{\cos(S)}$ 计算地表粗糙度。

以庐山地区为例,提取得到的地表粗糙度如图 9-7。

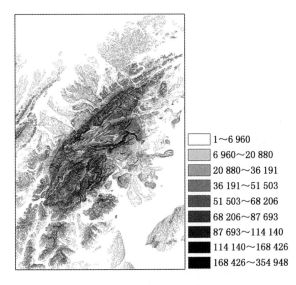

图 9-7 庐山地区地表粗糙度

需要强调的是,粗糙度也称为动力学粗糙,度本质上是描写自然界物质运动—质(动)量流、热流,水流和电磁力流等的数学模型的次生产物,是一个由边界诸自然条件确定的常数或变数。和流体运动阻力系数一样,粗糙度与其说是常量,不如说是变量或是各地表参数的函数,至今并未找到一个公认的适合于各种流动的通用和精确的计算公式。所以,人们就采用了还原论和针对性的办法,将理论分析、模拟研究和实验确定相结合来获取地表粗糙度。地表粗糙度在一定程度上反映了地质构造运动的幅度,同时对水土流失、农业灌溉、洪涝灾害、地质灾害有重要的应用意义。

9.2.3 地表切割深度

相对于地表起伏度,地表切割深度是针对于局部小范围内,地表垂直方向上割裂程度的示量,通常用一定汇水面积内的相对高差来表示,它能够很好地反映出区域内的沟谷深度和相对高差。地表切割深度直观地反映了地表被侵蚀切割的情况,并对这个地学现象进行了量化。

地表切割深度是指地面某点的邻域范围内的平均高程与该邻域范围

内的最小高程的差值,可用以下公式表示:

$$D_i = H_{\text{mean}} - H_{\text{min}}$$

式中,D_i 指地面每一点地表切割深度;H_{mean} 指一个固定分析窗口内平均高程;H_{min} 指一个固定分析窗口内最低高程。地表切割深度提取的关键是一定距离的选取,其提取算法可参照地表起伏度的提取。

以庐山地区为例,提取得到的地表切割深度如图 9-8。

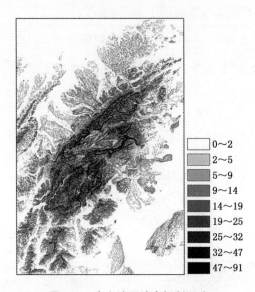

图 9-8 庐山地区地表切割深度

地表切割深度直观、定量化地反映了地表被侵蚀切割的情况,是研究水土流失及地表侵蚀发育状况时的重要参考指标,并对此地理现象进行了量化。切割深度是影响滑坡发育的重要影响因素之一,主要表现在:随斜坡不断变高变陡,坡体的应力状态改变,张力带范围扩大,在坡脚处形成应力集中而使斜坡的稳定性不断降低,最终导致斜坡演化为滑坡。

9.2.4 山脊线与山谷线

山脊线和山谷线构成了地形起伏变化的分界线(骨架线),因此它对于地形地貌的研究具有重要的意义。对于水文物理过程研究而言,由于山脊、山谷分别表示分水性与汇水性,山脊线和山谷线的提取实质上也是分水线与汇水线的提取。已有的自动提取山脊线和山谷线的方法,按照使用的数据大致可以分为三种:①基于数字化等高线数据的方法;②基于规则格网 DEM 数据的方法;③基于 Delaunay 三角网和 Voronoi 数据的方法。

在对山脊线、山谷线提取的实际计算方法中,基于规则格网 DEM 数据的方法是主要方法。从原理上来分,主要分为以下五种:

1) 基于图像处理技术的原理

因为规则格网 DEM 数据事实上是一种栅格形式的数据,可以利用数字图像处理中的技术来设计算法。利用数字图像处理技术设计的算法大都采用各种滤波算子进行边缘提取。

基于该原理有一种简单移动窗口的算法,其主要思路是:

(1) 计一个 2×2 窗口以对 DEM 格网阵列进行扫描;

(2) 第一次扫描中,将窗口中的具有最低高程值的点进行标记,自始至终未被标记的点即为山脊线上的点;

(3) 第二次扫描中,将窗口中的具有最高高程值的点进行标记,自始至终未被标记的点即为山谷线上的点。

2) 基于地形表面几何形态分析原理

基于地形表面几何形态分析原理的典型算法就是断面极值法。其基本思想就是地形断面曲线上高程的极大值点就是分水点,而高程的极小值点就是汇水点。该方法的基本过程为:

(1) 找出 DEM 的纵向与横向的两个断面上的极大、极小值点,作为地形特征线上的备选点;

(2) 根据一定的条件或准则将这些备选点划归各自所属的地形特征线。

3) 基于地形表面流水物理模拟分析原理的算法

该算法的基本思想是:按照流水从高至低的自然规律,顺序计算每一栅格点上的汇水量,然后按汇水量单调增加的顺序,由高到低找出区域中的每一条汇水线。根据得到的汇水线,通过计算找出各自汇水区域的边界线,就得到了分水线。算法采用了 DEM 的整体追踪分析的思路与方法,分析结果具有系统性好,还便于进行相应的径流成因分析。

4) 基于地形表面几何形态分析和流水物理模拟分析相结合

基本思路是:首先采取较稀疏的 DEM 格网数据,按流水物理模拟算法提取区域内概略的地形特征线;然后用其引导,在其周围邻近区域对地形进行几何分析,来精确地确定区域的地形特征线。这一算法的基本过程可归纳为:

(1) 概略 DEM 的建立;

(2) 地形流水物理模拟;

(3) 概略地形特征线提取;

(4) 地形几何分析;

(5) 地形特征线精确确定。

5) 平面曲率与坡位组合法

首先利用 DEM 数据提取地面的平面曲率及地面的正负地形,取正地形上平面曲率的大值即为山脊,负地形上平面曲率的大值为山谷。该种方法提取的山脊、山谷的宽度可由选取平面曲率的大小来调节,方法简便、效果好。

基于 DEM 的这种地形表面流水物理模拟分析的原理是:对于山脊线而言,由于它同时也是分水线,那么对于分水线上的那些栅格,由于分水线的性质是水流的起源点,通过地表径流模拟计算之后这些栅格的水流方向都应该只具有流出方向而不存在流入方向,也就是其栅格的汇流累积量为零。通过对零值的汇流累积值的栅格的提取,就可以得到分水线,也就得到了山脊线;对于山谷线而言,由于其具有汇水的性质,那么对于山谷线的提取,可以利用反地形的特点,即是利用一个较大的数值减去原始的 DEM 数据,而得到了与原始地形完全相反的地形数据,也就是原始的 DEM 中的山脊变成负地形的山谷,而原始 DEM 中的山谷在负地形中就变成了山脊,那么,山谷线的提取就可以在负地形中利用提取山脊线的方法进行提取。

基于 DEM 利用水文分析的方法提取山脊线和山谷线的技术流程图如图 9-9。

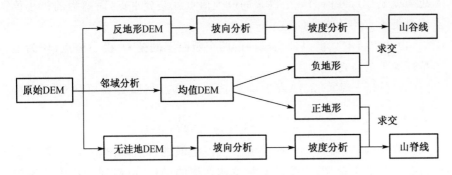

图 9-9 提取山脊线和山谷线的技术流程图

下面利用庐山地区的 DEM 数据提取山脊线,具体的操作步骤如下:

(1) 将庐山地区的 DEM 数据记为 DEM,提取坡向数据,记为 Aspect;

(2) 对坡向数据进行坡度分析,得到平面曲率数据,记为 SOA;

(3) 求取原始 DEM 数据的最大高程值为 H,利用栅格计算器计算反地形 DEM 数据,公式为 H-DEM,得到反地形 DEM,记为 DEM1;

(4) 计算反地形 DEM 的坡向,记为 Aspect1;

(5) 对反地形坡向数据进行坡度分析,得到反地形的平面曲率,记为 SOA1;

(6) 使用栅格计算器,公式为 $((SOA) + SOA1) - Abs(SOA - SOA1))/2$,可求出没有误差的 DEM 坡向变率,记为 SOA';

(7) 对原始 DEM 数据进行邻域分析,使用邻域分析工具集下的块统计工具,设置统计类型为平均值,邻域的类型为矩形(也可以为圆),邻域的大小为 50 像元×50 像元,则可得到均值 DEM 图层,记为 MeanDEM;

(8) 使用栅格计算器,公式为 DEM−MeanDEM,可求出正地形分布区域,记为 C;

(9) 使用栅格计算器,公式为 $(C>0)$ & $(SOA'>70)$,即可求出山脊线;

(10) 山谷线的提取类似,只要将上面对正地形 DEM 所进行的操作更换为负地形,并修改第 9 步公式为 $C<0$ & $SOA'>70$ 即可;

(11) 最终得到的山脊线结果如图 9-10 所示。

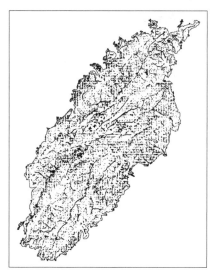

图 9-10　庐山地区山脊线提取结果

9.3　庐山地区水文分析

流域是常用于自然资源管理与规划的水文单元,按地形划分,是指具有共同出水口的地表水流经的集水区域。流域分析是指用 DEM 和栅格数据运算来勾绘流域并提取河网等地形要素。

DEM 数据是流域地形、地物识别的重要数据源,DEM 中蕴含了丰富的地貌与水文信息。水文分析所用的 DEM 数据应选取地形起伏度较大的地区,对于平坦地区效果较差。本节我们选用庐山地区的 ASTER GDEM 数据,分辨率为 25 m,地理坐标系为 WGS - 84,投影为墨卡托投影,如图 9-11。

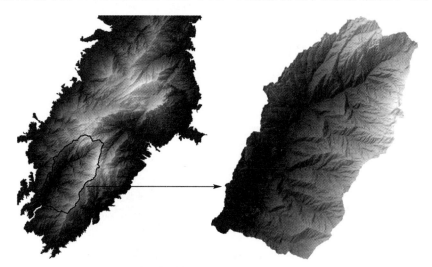

图 9-11　庐山地区 DEM 数据

利用 ArcGIS 中的水文分析工具(Hydrology Tools),可以根据 DEM 数据提取出某地区的水系并进行一定的分析,如河网分级、流域划分等。此外,利用 DEM 还可以对一些水文现象进行分析,例如河流袭夺现象,还可以进行水库蓄水或洪水的淹没分析等。

本节以庐山地区的 DEM 数据为例,利用 ArcGIS 环境下的(ArcHydro Tool)工具集进行洼地的填充、汇流累积量的计算、水流长度的计算、河网的提取、河网分级以及流域的确定,具体的流程图如图 9-12。

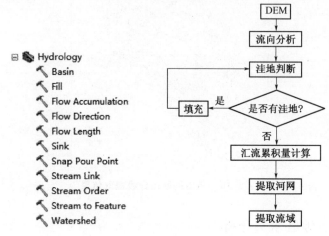

图 9-12　ArcGIS 水文分析工具集和流域分析流程图

9.3.1　洼地填充

DEM 被认为是比较光滑的地形表面的模拟,但是由于内插的原因以及一些真实地形(如喀斯特地貌)的存在,使得 DEM 表面存在着一些凹陷的区域。那么这些区域在进行地表水流模拟时,由于低高程栅格的存在,从而使得在进行水流流向计算时在该区域会得到不合理的或错误的水流方向,因此,在进行水流方向的计算之前,应该首先对原始 DEM 数据进行洼地填充,得到无洼地的 DEM。

ArcGIS 在水文工具集 Hydrology 下提供了洼地检测 Sink 工具,输入 DEM,得到洼地分布数据如图 9-13(a),利用 Fill 工具进行填充,得到填充后的无洼地 DEM 数据如图 9-13(b)。

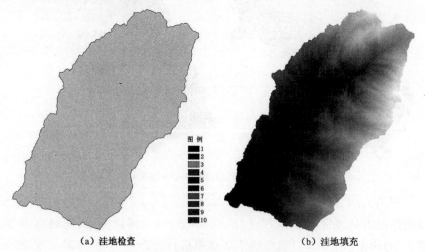

(a) 洼地检查　　　　　　　　　　(b) 洼地填充

图 9-13　洼地提取及填注处理

9.3.2 流向确定

流向栅格显示水流离开每一个已填洼高程栅格单元时的方向。确定流向的方法中目前使用最广泛的是八方向法，ArcGIS 也是用该方法确定流向。八方向法赋予一个栅格单元的流向指向周边 8 个栅格单元中的每一个栅格单元，该栅格单元的距离权重坡度最大。该方法的局限是不允许水流分散到多个栅格单元。

在 ArcGIS 中使用 FlowDirection 工具，输入填充后的 DEM 数据，即可得到流向栅格数据。本工具的可选项【Direction of measurement(optional)】如果勾选，则 DEM 数据边缘的栅格会被强制向 DEM 数据区域外流出，而不再按 D8 算法进行计算，一般不选择。下降率栅格用于显示从沿流向的各像元到像元中心间的路径长度的最大高程变化率，以百分比表示，可以选择输出。得到的水流方向结果如图 9-14(a)，再对其进行重分类，如图 9-14(b)。

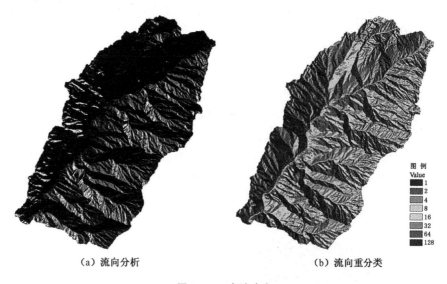

（a）流向分析   （b）流向重分类

图 9-14　水流方向

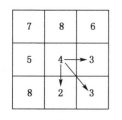

图 9-15　多流向方法原理

八方向法在汇流区和边界明确的峡谷地区能够取得较好的结果，但是它趋向于在主方向上产生平行的水流，并且无法充分表示凸地和山脊线处的分流。目前，已经有其他算法将随机性引入流向计算中，并允许流向扩散，如 $D\infty$（D 无穷大）方法。八方向法在汇流区和边界明确的峡谷地区能够取得较好的结果，属于单流向法，但是它趋向于在主方向上产生平行的水流，并且无法充分表示凸地和山脊线处的分流。目前，已经有其他算法引入流向计算中，并允许流向扩散，称为多流向法，这类方法所考虑的仍然是中心栅格点与周围 8 个栅格点之间的关系，水流路径也是一维的线，由中心栅格点指向邻域栅格点，但与单流向不同的是，多流向方法将水流以某种比例分散给高程较低的相邻栅格点，如图 9-15 所示。

多流向方法按照水流流量分配权重的不同可以分为：固定水流分配权重法、基于汇流面积的水流分配权重法、基于局部地形特征的水流分配权重法以及基于局部形态单元的水流分配权重法。

9.3.3 水流长度

水流长度通常是指在地面上一点沿水流方向到其流向起点(终点)间的最大地面距离在水平面上的投影长度。该值可以表征该点的水的侵蚀强度,对水土保持的分析有重要意义。对于水流长度的提取,在ArcGIS中提供了两种方向上的水流长度的提取方式,一种是顺流计算,一种是逆流计算。

ArcToolbox 中的 Flow Length 工具主要用来计算水流长度,需要输入流向栅格数据。本工具有两个可选项,Direction of measurement(option)中 DOWNSTREAM 是指到下游出水口的水流长度,UPSTREAM 是指到上游源头的水流长度;Input weight raster 是在像元需要权重时输入,默认不添加。下面选择下游出水口的水流长度进行计算,最终得到的结果如图 9-16。

图 9-16 获取水流长度

9.3.4 汇流分析

汇流分析即计算汇流累积量,自上游起汇入某一像元的栅格数目,用于确定水流路径。每一个栅格的流量就代表该像元处有多少水流到这里,为后续的河网提取做数据准备。

在 ArcGIS 中该过程用到 Flow Accumulation 工具,输入无洼地 DEM 流向分析的结果,运行得到汇流累积量结果如图 9-17(a),然后对其进行重分类,得到图 9-17(b)。

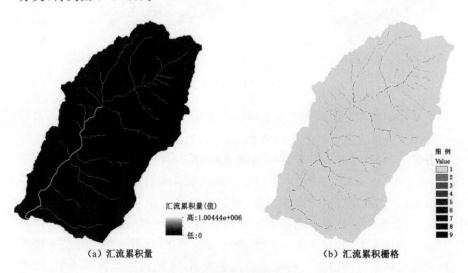

(a) 汇流累积量 (b) 汇流累积栅格

图 9-17 汇流累积量并进行重分类

流量累积栅格可以用两种方式来解释:第一,高累积值的栅格单元一般对应于河道,而 0 累积值的栅格单元通常是山脊线;第二,如果乘以栅格单元的大小,所得的值等于排水面积。

9.3.5 河网生成

河网的生成是在汇流累积量计算的基础上完成的,在河网提取之前,首先要确定汇流累积量的阈值。在汇流累积量的计算中,每一个栅格单元的汇流累积量代表着能够注入该栅格的所有单位水量的参数,当栅格的汇流累积量大于某一个给定的阈值的时候,就认为该栅格单元是位于水系上的。若阈值设置得过大,则只能提取主干河道;若阈值设置得小,河网提取的则过于密集。所以汇流阈值是河网提取的关键参数,也是河流认定的最低门槛。阈值的设置取决于很多的因素,例如坡度、地表植被以及地形起伏度等,因此,在实际的操作过程中会根据不同的地形情况设置不同的阈值。

生成河网需要用到 ArcGIS 中的栅格计算器 Raster Calculator 工具,在地图代数表达式处输入公式"Con("flow_acc">10 000,1)",该表达式是指选取汇流累积量大于10 000 的栅格单元,并赋值为 1,输入到新的栅格里面。10 000 的阈值是人为设定的,阈值不同提取的河网也不同,需要做多个阈值的河网结果图,进行对比后选择所需的河网。如图 9-18 是阈值分别为5 000、10 000、20 000、50 000 所提取的河网,通过对比,选取 20 000 为最佳阈值。

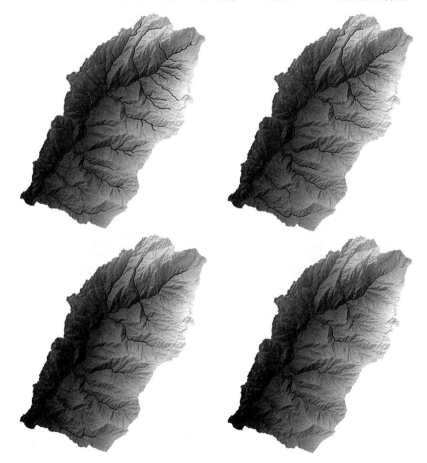

图 9-18　阈值分别为 5 000、10 000、20 000、50 000 的河网

9.3.6　河流链接

河流链接用于向各交汇点之间的栅格线状网络的各部分分配唯一值，从而将栅格河网分割成不含汇合点的栅格河网片段，也可以得到该汇水区域的出水点。河流链接后的栅格河网也可以矢量化成河道。这些数据对于水量和水土流失等研究具有重要作用。此外，出水口点的确定，也为后续的流域分割做了数据准备。河流链接的计算需要基于水流方向数据和栅格河网数据。

ArcGIS 中提供了 Stream Link 工具来进行河流链接，输入最佳阈值下的河网栅格及无洼地 DEM 的流向分析结果，得到的链接栅格如图 9-19(a)，将该删格数据转成矢量线状要素如图 9-19(b)。

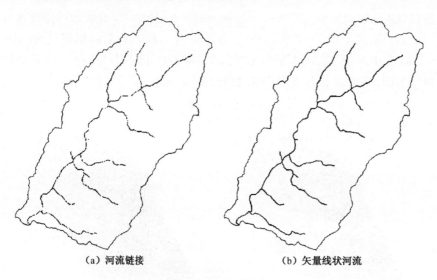

(a) 河流链接　　　　　　　(b) 矢量线状河流

图 9-19　河流链接

9.3.7　河网分级

河网分级是一种将河流网络中的河道赋予一定级别的方法，根据河流的级别，可以推断河流的一些特点。常见的包括 Strahler 法和 Shreve 法两种，两种方法都将最上游的河段赋值为 1 级；Strahler 法与 Shreve 法的区别在于前者仅在河流级别相同的河流交汇时级别才会提高，后者是任何两条河流交汇时级别都会为两者之和。

打开 ArcGIS 中的 Stream Order 工具，输入最佳阈值下的河网栅格及无洼地 DEM 的流向分析结果，分别使用 Strahler 和 Shreve 方法得到河网分级结果如图 9-20。

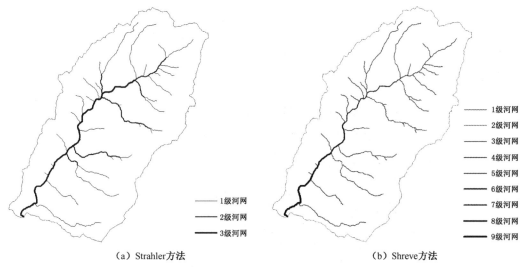

<table>
<tr><td>（a）Strahler方法</td><td>（b）Shreve方法</td></tr>
</table>

图 9-20　河网分级结果

9.3.8　集水区域

　　流域的集水区由分水岭分割而成,需要根据流向栅格来确定哪些区域的像元流到一块儿。盆域分析工具可以将整个区域分割成很多流域,从而可以提取出自己感兴趣的流域进行研究,减少工作量。而分水岭工具与盆域分析略有区别,后者是一个较大的集水区域,而分水岭工具得到的是更小的流域单元,以应用于不同的研究需求。

　　执行 Hydrology 工具集中的 Basin 命令,生成流域盆地,而执行 Watershed 命令则生成集水区域(贡献区域)。值得注意的是,ArcGIS 中的 Hydrology 工具集中的 Basin 工具所提取的所有流域盆地均是人为盆地的出水口在研究区域的边缘。

　　下面分别以 Basin 和 Watershed 命令生成庐山地区的流域,如图 9-21。

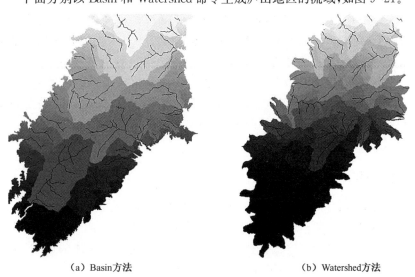

<table>
<tr><td>（a）Basin方法</td><td>（b）Watershed方法</td></tr>
</table>

图 9-21　流域盆地及集水区域

通过水文分析工具的应用,有助于了解排水系统和地表水流过程的一些基本概念和关键过程,以及怎样通过 ArcGIS 水文工具从 DEM 数据上获取更多的水文信息。将庐山整个区域的 DEM 作为地图,进行流域分析,得到的水系分布及流域划分图如图 9-22。

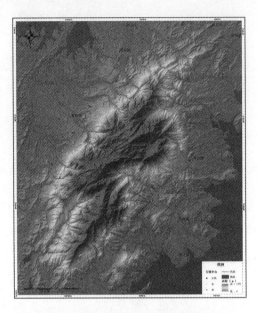

图 9-22 庐山地区流域水系分布图

庐山地区河流水系的空间分布整体上受构造线和抬升中心控制,大致存在两个分水中心(岭):山体北部较明显,以虎背岭—牯牛岭—日照峰—大月山—梭子岭一线为中心,主要河谷分别呈平行状向东北、南西延伸;山体南侧则不明显,空间形状以仰天坪—小汉阳峰—汉阳峰一线呈"之"字形。在庐山北部,河谷的发育主要受到褶皱构造和岩性的影响,主要的河流大致沿北东—南西向、南东—北西向构造线延伸。如王家坡河流谷地,主流大致顺向斜谷向北东方向延伸,其支流受倾伏褶曲的影响,与主流成锐角相交,形成树枝状水系。青莲寺谷地的河流主谷沿向斜构造向东北方向流去,青莲寺以上发育为树枝状,向下为主干状,但至三叠泉以后,河流突然折向东南,沿断裂线发育,兼有直角状水系的特征。由于东谷、锦绣谷、剪刀峡、石门涧、三叠泉谷地侵蚀基准面相对较低,发育在这些主谷的支流溯源侵蚀,在合适时期便产生河流袭夺现象,导致水系的演变,变平行状水系为网格状水系。

9.3.9 淹没分析

利用 DEM,可以建立显示淹没面积范围的图。大坝的修建会淹没上游低于一定高程且与坝址相连的范围。若只是简单地将 DEM 分为一定的高程,这将不能显示真实的淹没面积。为了寻求地形上相连的面积,需要应用 GIS 的邻近功能(Neighborhood Function)。

在该实验中,我们假设要修建一座坝,这将导致坝址处上游水位增高

20 m,就需要绘制出淹没水体分布图，计算淹没深度及淹没水体的体积。

1）数据准备

（1）在 ArcGIS 中添加填充后的 DEM 数据 FillDem 及河网栅格数据 Stream。

（2）根据 FillDem 生成阴影数据 Hillshade，并拖动到 FillDem 下面，设置 FillDem 的透明度（Transparent）为 30%，显示结果如图 9-23。

2）明确流出点（Pour point）

流出点是流域内高程最低的水流出口点。该流域内的高程变化范围为 150 m 到 1 470 m。

图 9-23 进行淹没分析的 DEM

在 Raster Calculator 中建立关系式："FillDem"<151，生成新栅格图层 Calculation，它有两个单元值：0（假）和 1（真），且只有一个值为 1 的单元，其他单元均为 0（如图 9-24（a）），这代表了最低高程或者说是流出点的位置。利用 Raster Calculator 建立关系式"Calculation3"/"Calculation3"，产生新图层 PourPoint，它只有一个单元值 1，如图 9-24（b）。

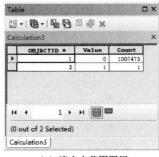 

（a）流出点范围图层　　　　　　（b）流出点图层

图 9-24 流出点栅格的属性表

放大流域内最低点部分，找到流出点如图 9-25 所示。

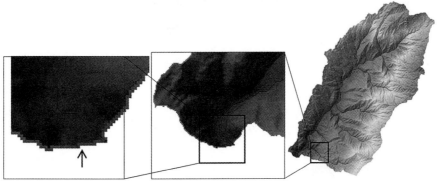

图 9-25 流出点

3）明确流出点的精准高程值

利用 Identify 工具，准确点击流出点所在处，确定显示流出点的高程值为 150 m，这也是坝址所在处。

4）获取淹没水体分布图

假设修建坝后水位上涨 20 m，那么上游低于等于 170 m，而且与流出点相连的区域将被淹没。

（1）在栅格计算器中建立关系式："FillDem"≤=170，产生一个新图层 Calcu1。这个关系式将在整个区域内选择高程低于等于 170 m 的栅格单元，但这些单元不一定与流出点相连。实际上，只有高程低于等于 170 m 而且与流出点相连的区域将被淹没。所以，首先要去除所有与坝处不相连的栅格单元，为此运用 RegionGroup 功能。

（2）将 Calcu1 用自身相除。运用 Raster Calculator，建立关系式："Calcu1"/"Calcu1"，产生的新图层 Calcu2，将只有一个单元值。

（3）在 Raster Calculator 对话框建立关系式：RegionGroup（"Calcu2"），产生的新图层 Calcu3 将有两个单元值 1 和 2。值为 1 的单元表示高程低于等于 170 m 而且与 PourPoint 相连的区域，值为 2 的单元表示高程低于等于 170 m 但与 PourPoint 不相连的区域。所以，值为 1 的单元表示的是真实的淹没区域，运用 Raster Calculator，从图层 Calcu3 选择值为 1 的单元，产生一个名为 Calcu4 的新图层。

（4）为了去除 0 值，运用 Raster Calculator，将主题 Calcu4 用自身相除，产生的新图层 Flooded Area 表示的是实际淹没区域，如图 9-26。

图 9-26 淹没区域分布

一旦建立了淹没图，淹没面积就可以计算出来（提示：淹没区域的栅格单元个数与每个单元的面积相乘就得出总的淹没面积）。还可以利用 DEM 计算淹没深度，从指定的淹没水位减去每个淹没单元的高程将会给出淹没深度。

5）获取淹没区域的 DEM

在 Raster Calculator 中建立关系式："FillDem"×"FloodedArea"，以取

得淹没区域的 DEM,命名为 FloodDem(图 9-27)。

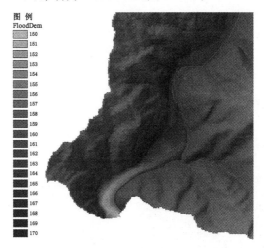

图 9-27　淹没区域 DEM

6)计算淹没深度

坝址处水位上涨 20 m,坝址处高程为 170 m,所以最大淹没高程为 170 m。在 Raster Calculator 中建立关系式:170－"FloodDem",即用最大淹没高程减去淹没区每个单元的高程值,得到淹没深度数据 FloodDepth,对 FloodDepth 进行重新分类:0~3 m 为淹没程度浅;3~10 m 为淹没程度中等;10~15 m 为淹没程度深;大于 15 m 为淹没程度很深。得到的分类结果如图 9-28 所示。

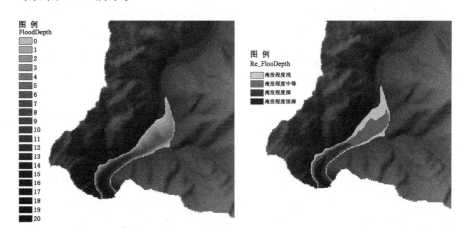

图 9-28　计算淹没深度并重分类

7)明确淹没水体体积

完成淹没深度图后,可以进行淹没水体体积的计算。每个单元面积与相应的水深值相乘,可以得出各单元的水体体积。然后将所有单元的水体体积相加,就能取得整个淹没区域的淹没水体体积。

(1)计算水体体积之前,首先需要知道每个单元的面积,即分辨率。查看 FloodDepth 属性中的 Source,每个栅格单元的尺寸(CellSize)为 5,故而每个栅格单元的面积为 5×5=25。

(2) 运用 Raster Calculator 建立如下关系：5×5× "Reclass_FlooDepth"，得到水体体积栅格 WaterVolume。

(3) 打开 WaterVolume 的属性表，右击 Value 字段，选择 Statistics。注意在统计报告中，Sum 值表示的是淹没区域的总的水体体积。该实验中，总的水体体积约为 250 m³（图 9-29）。

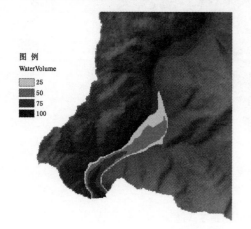
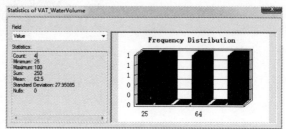

图 9-29　计算淹没水体体积并统计

利用 DEM 生成的集水流域和水流网络，成为大多数地表水文分析模型的主要输入数据。地表水文分析模型可以用于研究水资源的分析与管理，洪水水位预警，受污染源影响地区的划分，以及预测地貌的改变对整体区域的影响程度等，还可以应用于农业、森林、交通道路、城市和区域规划等诸多领域，还可以分析地表形状与变化，具有十分重要的意义。这些应用需要知道水流流经某一区域的方式，以及该地区地貌的改变对水流的流动的影响，流域分析可以提供直观的数据进行流域管理，并为水文建模提供必要的输入数据。

在自然资源的管理和规划中，经常用流域作为水文单元。流域分析的一个重要应用是流域管理。流域管理通过协调土地利用、土壤和水以及连接上下游区域之间的相互关系，达到组织和规划人类活动的目的。其中要求进行承载力分析，不仅可以提供流域边界，还可以提供流域管理计划中极为有用的水文参数。流域分析的另一个主要应用是作为水文建模的必要输入数据，包括子流域、河段、汇流点、源和汇等水文要素的参数和连通性数据，这些数据可以建成完整的流域模型。此外，流域分析生成的地形要素，还可用于洪水预报模型和融雪径流模型等的输入数据。

9.4　DEM 与 3D 地形打印

3D 打印（简称 3DP）是一种以数字模型文件为基础，运用粉末状金属或塑料等可粘合材料，通过逐层打印的方式来构造物体的"增材"式制造方法。3D 打印起源于 19 世纪末出现的分层制作地形图的技术，在 1980 年代得以发展与推广，通常在模具制造、工业设计等领域被用于制造模型，后逐渐用于一些产品的直接制造。传统的 DEM 数据都是在计算机平面上通过二维图像展示三维空间的复杂地形,尽管有附加的阴影或晕渲效果,但并不能很好地展现地形的原貌。因此,如果能够将 DEM 数据与 3D 打印结合,将克服上述不足。日本国土地理院(Geographical Survey Institute,GSI)在 2014 年起开始提供和推广用于 3D 地形打印的数字高程模型数据。将 DEM 数据通过 3D 打印展示出来,就可以更清晰直观地再现真实地表形态的起伏变化。当然,这对 DEM 数据的精度提出了更高的要求。

在本节实验中,我们使用的平台有两个:QGIS、STLview。QGIS(Quantum GIS)是一款著名的开源型、桌面 GIS 平台,具有用户界面友好、扩展性强、跨平台运行等优点,可运行在 Linux、Unix、Mac OS X 和 Windows 等平台之上;相较于商业 GIS,QGIS 的文件体积更小,需要的内存和处理能力也更少。针对 3D 打印,目前主要使用 STL 三维图形文件格式。STLview 则是一款可以阅读 STL 文件的免费软件,用户可以选择任意角度、任意距离预览 STL 文件。

9.4.1 获取 DEM

获取 DEM 有很多种方式。这里介绍两种,分别是通过 Google Maps 开源数据获取高程点再转化,以及通过相关政府网站或地理空间数据云(http://www.gscloud.cn/)直接获取精细的 DEM 数据,本实验数据均来自地理空间数据云网站。

1) 通过 Google Maps Elevation API 获取高程数据再插值

在绘制超小区域的地形图时,常需要超高精度的高程数据。目前主流的公开高程数据中,ASTER GDEM 的精度较高,为 1 弧秒,即约 30 米一个数据点。研究者可以通过 Google Maps Elevation API 获取米级精度的数据。Google Maps Elevation API 提供地球表面所有位置的海拔高度数据,包括海床上的深度位置(此类位置返回负值)。

Google Maps 提供了多种客户端 API 以实现批量获取高程。此处以 Python 客户端为例。

(1) 需要安装 Google Map API 的 Python 模块:

```
$ pip install -U googlemaps
```

(2) 获取免费密钥。

在 Google Maps API 网站获取免费密钥。需要注意的是:每个用户最多可能只能申请 10 个免费密钥;每个密钥,每天 2 500 次免费请求,每次请求最多 512 个位置,每秒最多 50 次请求。

(3) 参考如下脚本批量获取高程数据。

```
#! /usr/bin/env python
# -*- coding: utf-8 -*-
import googlemaps
```

```python
import numpy as np


def request_elevation(xmin, xmax, xinc, ymin, ymax, yinc, maxnum=512):

    xlist = np.arange(xmin, xmax, xinc)
    ylist = np.arange(ymin, ymax, yinc)
    points = [(y, x) for y in ylist for x in xlist]

    requestnum = int(np.floor(len(points) / maxnum) + 1)
    npoints = np.array_split(points, requestnum)
    if requestnum > 2500:
        print("Error: Request number exceed! Change grid or region.")

    return [gmaps.elevation(locations=loc.tolist()) for loc in npoints]


# 设置要下载高程数据的经度范围、纬度范围以及网格间隔
xmin, xmax, xinc = 120.000, 129.005, 0.00005
ymin, ymax, yinc = 30.000, 30.005, 0.00005

gmaps = googlemaps.Client(key='YOU_API_KEY')

# Generate all locations
elevations = request_elevation(xmin, xmax, xinc, ymin, ymax, yinc)

# output data with format 'longitude    latitude elevation resolution'
with open("Elevations.dat", "w") as f:
    for loclist in elevations:
        for subloc in loclist:
            outputstr = "{:.5f}  {:.5f}  {:.5f}  {:.5f}\n".format(
                subloc['location']['lng'],
                subloc['location']['lat'],
                subloc['elevation'],
                subloc['resolution'])
            f.writelines(outputstr)
```

完成后将获得批量点数据,即含有经纬度及高程坐标的点,可以将这些数据导入 ArcGIS,通过插值获得数字高程数据。

2）通过政府网站或地理空间数据云直接获取 DEM 数据

本节实验以台湾省花莲县为实验区,DEM 数据来自台湾政府资料开放平台(http://data.gov.tw/)免费开放的 20 米精度 DEM 数据资料(资料全名:"内政部"20 公尺网格数值地形模型数据)。与 ASTER GDEM 比较,它的优点主要体现在两方面:一是作为免费获取 DEM 资料,其空间分辨率优于 ASTER 30 米分辨率 DEM 数据集;二是按照行政区划分幅管理(如:分幅_花莲县 20MDEM),而 ASTER DEM 则采用经纬度 1°分幅,对一般应用而言,无需进行图幅拼接处理。应注意的是,该数据集仅覆盖中国台湾省地区,其高程系统采用 2001 台湾高程基准(TaiWan Vertical Datum 2001,简称 TWVD 2001)。

获取 DEM 后,在数据准备环节需要将下载得到的 DEM 数据加载到 QGIS 中,并且设置好坐标参考系统。在这里,可以选择将 DEM 数据一次性都载入,然后拼接联合。为方便起见,本节选取花莲县的一幅 DEM 数据进行实验。

在 QGIS 中加载 DEM 数据,考虑到实验区较小且位于台湾省内,选择坐标参考系统 TWD97/TM2 zone 121。如图 9-30。

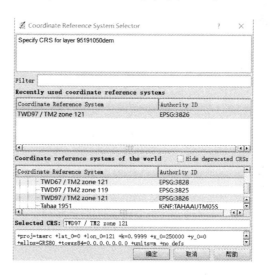

图 9-30　设置坐标参考系统

9.4.2　DEMto3D

这一步是将 DEM 数据应用 DEMto3D 工具输出成可以有逼真立体效果的 STL 文件。

在 QGIS 的 Plugins 选项下选择 manage and install plugins,在输入框中输入 dem,选择 DEMto3D 并安装(图 9-31)。安装完成后可在 Raster 选项下查看。

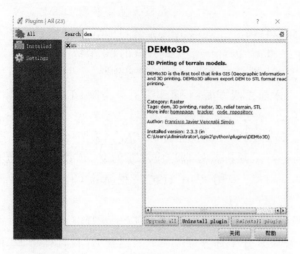

图 9-31　安装 DEMto3D 工具

在 Raster 选项下选择 DEM 3D printing。scale 比例尺越小，精度越大。我们也可以自己选择起算高度。如图 9-32 所示。

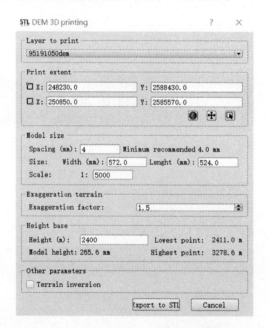

图 9-32　DEM 3D printing 设置参数

这一步完成后输出的是 STL 文件，我们需要专门的软件才能打开它。

9.4.3　3D 打印

下载 STLview 软件，就可以打开刚刚生成的文件并预览效果。在 STLview 视图中，可以自由地选择观看模型的角度和远近。如图 9-33 所示是台湾花莲县某山区的高精度 DEM 转 3D 模型。

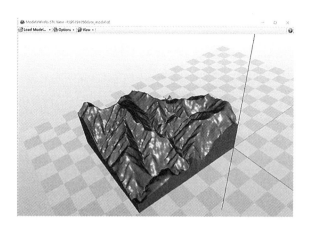

图9-33　3D打印效果预览

在充分预览效果后，我们就可以利用已有的 STL 文件进行 3D 打印了。在原始 DEM 精度较高、QGIS 比例尺设置合理的情况下，经过 3D 打印的成果将是对原地形的高精度模拟。

思考与练习题

1. 综合实验设计：DEM 在地学研究中得到广泛应用，请结合自己的专业背景与研究兴趣，选择一个具体研究领域（如自然灾害、数字地貌、水文分析等），设计技术路线，采集数据，开展实验分析并完成专题研究报告。

2. 阅读专业文献，并结合自己的认识，请分析数字地形分析的技术发展趋势及其地形应用的发展前景。

参考文献

［1］戴一鸣. 数字地形分析［D］. 长沙：中南大学，2005.

［2］毕晓玲. 地形因子在四川省滑坡灾害敏感性评价中的适用性分析［D］. 北京：首都师范大学，2011.

［3］周启鸣，刘学军. 数字地形分析［M］. 北京：科学出版社，2006.

［4］张康聪（Kang K. T.）. 地理信息系统导论［M］. 陈建飞，张筱林，译. 北京：科学出版社，2010.

［5］李俊. 基于 DEM 的黄土高原坡长的自动提取和分析［D］. 西安：西北大学，2007.

［6］Burbank D W. Characteristic size ofrelief［J］. Nature，1992（359）：483-484.

［7］刘静，卓慕宁，胡耀国. 初论地表粗糙度［J］. 生态环境，2007(06)：1829-1836.

［8］俞伟斌. 基于 DEM 的数字流域时空特征及提取研究［D］. 杭州：浙江大学，2014.

［9］刘湘男，黄方，王平，等. GIS 空间分析原理与方法［M］. 北京：科学

出版社,2005.

[10] 叶蔚,陶旸. D E M 地形可视性分析的统一模型构建与应用[J]. 地理信息世界,2009,7(1):19-24.

[11] FISHER P F. First experiments in viewshed uncertainty: the accuracy of the viewshed area[J]. Photogrammetric engineering and remote sensing, 1991(57): 1321-1327.

[12] 李志林,朱庆.数字高程模型[M].武汉:武汉大学出版社,2001.